Oliver Maier

Modellbasierte Entwicklung eines aktiven Sicherheitssystems für elektrifizierte Fahrräder

Karlsruher Schriftenreihe Fahrzeugsystemtechnik
Band 61

Herausgeber
FAST Institut für Fahrzeugsystemtechnik
Prof. Dr. rer. nat. Frank Gauterin
Prof. Dr.-Ing. Marcus Geimer
Prof. Dr.-Ing. Peter Gratzfeld
Prof. Dr.-Ing. Frank Henning

Das Institut für Fahrzeugsystemtechnik besteht aus den Teilinstituten Bahnsystemtechnik, Fahrzeugtechnik, Leichtbautechnologie und Mobile Arbeitsmaschinen.

Eine Übersicht aller bisher in dieser Schriftenreihe erschienenen Bände finden Sie am Ende des Buchs.

Modellbasierte Entwicklung eines aktiven Sicherheitssystems für elektrifizierte Fahrräder

von
Oliver Maier

KIT Scientific Publishing

Dissertation, Otto-von-Guericke-Universität Magdeburg
KIT-Fakultät für Maschinenbau

Tag der mündlichen Prüfung: 08. Januar 2018
Gutachter: Prof. Dr.-Ing. Roland Kasper
Prof. Dr. rer. nat. Frank Gauterin

Impressum

KIT Scientific Publishing

Karlsruher Institut für Technologie (KIT)
KIT Scientific Publishing
Straße am Forum 2
D-76131 Karlsruhe

KIT Scientific Publishing is a registered trademark
of Karlsruhe Institute of Technology.
Reprint using the book cover is not allowed.

www.ksp.kit.edu

Print on Demand 2018 – Gedruckt auf FSC-zertifiziertem Papier

ISSN 1869-6058
ISBN 978-3-7315-0778-9
DOI 10.5445/KSP/1000081286

Modellbasierte Entwicklung eines aktiven Sicherheitssystems für elektrifizierte Fahrräder

Dissertation

zur Erlangung des akademischen Grades

Doktoringenieur
(Dr.-Ing.)

von

Oliver Maier, M.Sc.

geb. am 05.04.1988 in Böblingen

genehmigt durch die Fakultät für Maschinenbau
der Otto-von-Guericke-Universität Magdeburg

Gutachter:
Prof. Dr.-Ing. Roland Kasper
Prof. Dr. rer. nat. Frank Gauterin

Promotionskolloquium am 08.01.2018

Kurzfassung

Die bei elektrifizierten Fahrrädern vorhandene elektrische Energie bietet neue funktionale Möglichkeiten wie zum Beispiel ein aktives Sicherheitssystem zur Unterstützung des Fahrers beim Bremsvorgang. Im Rahmen dieser Arbeit wird durch einen fahrbaren Prototypen die Machbarkeit eines solchen Systems nachgewiesen, welches die Vorderradblockade als auch den Überschlag (um die Fahrzeugquerachse) verhindert. Das sogenannte bremsdynamische Assistenzsystem zielt auf hydraulisch betätigte Bremsen ab, beeinflusst die kritischen Fahrsituationen durch Bremsdruckmodulation und ist untergliedert in Blockierverhinderer (BV) und Überschlagverhinderer (ÜV).

Methodisch wurde das aus dem Kraftfahrzeugbau für mechatronische Systeme bewährte V-Modell exemplarisch auf das Fahrrad übertragen. Wesentlicher Bestandteil des V-Modells ist die Systementwicklung mithilfe von Modellen. Hierfür wurde eine durchgängige modellbasierte Entwicklungsumgebung bestehend aus Model-in-the-Loop Simulation, Hardware-in-the-Loop Prüfstand und Rapid-Control-Prototyping Versuchsträger geschaffen. Die Umgebung ermöglicht, aktive Sicherheitssysteme großteils ohne aufwändige und gefährliche Fahrversuche zu entwickeln.

Der BV kombiniert aus der Literatur bekannte Reglerentwürfe und verwendet die aus dem Drehzahlsensorsignal am Vorderrad berechnete Radumfangsbeschleunigung als Regelgröße. Während der Systemtests verhinderte der BV außer bei niedrigen Geschwindigkeiten von kleiner 10 km/h eine Vorderradblockade und garantierte so die Stabilität und Lenkbarkeit des Fahrrads. Der ÜV basiert auf einer Zweipunktregelung in der Zustandsebene und nutzt die von einer Inertialsensoreinheit am Fahrradaufbau gemessene Vertikalbeschleunigung und Nickrate. Im Gegensatz zu bekannten Systemen ist ein Drehzahlsensor am Hinterrad nicht nötig. Der ÜV zeigt in den Systemtests sowohl eine hohe Robustheit als auch Zuverlässigkeit und erfüllt die gestellten Anforderungen insbesondere hinsichtlich einer geringen Hinterradabhebehöhe und -dauer.

Abstract

The electrical energy on electrified bicycles offers new functional possibilities such as an active safety system to assist the rider during the braking process. This work shows the technical feasibility of such a system by presenting a rideable prototype. The so-called braking dynamics assistance system (BDA) prevents the cyclist from both front wheel lockup and rollover (along the vehicle's transverse axis). The BDA aims at hydraulically actuated brakes, influences the critical cycling situations by brake pressure modulation and is subdivided into anti-lock and anti-rollover functions.

The well-known V-model, well-established methodology for the development of similar mechatronic automotive systems, has been transferred to bicycles. An essential component of the V-model is the model-based system design. For this purpose, an integrated development environment consisting of a model-in-the-loop simulation, a hardware-in-the-loop test bench and a rapid-control prototyping test bike were created. The environment allows the development of active safety systems largely without complex and dangerous road tests.

The anti-lock braking function recombines controller designs known from literature and uses the wheel circumferential acceleration as the controlled variable, which is calculated by the front wheel speed sensor signal. Apart from speeds lower than 10 km/h, the ABS prevents the front wheel from locking and ensures both stability and controllability of the bicycle during the system tests. The anti-rollover braking function is based on a bang-bang control in the phase space and uses vertical acceleration as well as the pitch rate, which are measured by an inertial sensor unit mounted on the bicycle body. In contrast to known systems, an additional wheel speed sensor at the rear wheel is not necessary. The anti-rollover braking system showed a high robustness and reliability in the system tests and fulfilled the requirements, particularly with respect to a small rear wheel lift-off height and duration.

Inhaltsverzeichnis

Abkürzungsverzeichnis

ABS	Antiblockiersystem
BA	Basisanforderung
BDA	Bremsdynamisches Assistenzsystem
BEA	Begeisterungsanforderung
BMBF	Bundesministerium für Bildung und Forschung
BMS	Batteriemanagementsystem
BFO	Brake Force One GmbH
BV	Blockierverhinderer
CFD	Computational Fluid Dynamics
DMP	Daten Management Plattform
EBM	Equation-Based Simulation Model
EU	Europäische Union
FAST	Institut für Fahrzeugsystemtechnik
GEA	Gesetzliche Anforderung
HiL	Hardware-in-the-Loop
IAF	Institut für Angewandte Forschung
IMU	Inertial Measurement Unit
IMS	Institut für Mobile Systeme

KIT	Karlsruher Institut für Technologie
LA	Leistungsanforderung
MBM	Multi-Body Simulation Model
MiL	Model-in-the-Loop
MTB	Mountainbike
OvGU	Otto-von-Guericke-Universität Magdeburg
Pedelec	Pedal Electric Cycle
PNR	Point of No Return
RCP	Rapid-Control-Prototyping
RLM	Rear wheel Lift-off Mitigation
SEW	Signal- und Energiewandler
SG	(Prototypen-)Steuergerät
UDV	Unfallforschung der Versicherer
Unimog	Universal-Motor-Gerät
USB	Universal Serial Bus
ÜV	Überschlagverhinderer
VRU	Vulnerable Road User

Vorwort und Danksagung

Die vorliegende Arbeit entstand während meiner Tätigkeit als wissenschaftlicher Mitarbeiter im vom Bundesministerium für Bildung und Forschung (BMBF) geförderten Projekt „BikeSafe". Das Projekt wurde am Institut für Angewandte Forschung (IAF) der Hochschule Pforzheim bearbeitet und hatte eine Dauer von drei Jahren. Industrielle Partner des Projekts waren die Robert Bosch GmbH, die Gustav Magenwirth GmbH & Co. KG und die IPG Automotive GmbH.

Die wissenschaftliche Betreuung der Arbeit wurde durch das Institut für Mobile Systeme (IMS) der Otto-von-Guericke-Universität (OvGU) Magdeburg durchgeführt. Mein außerordentlicher Dank gilt aus diesem Grund Herrn Prof. Dr.-Ing. Roland Kasper für die Ermöglichung des kooperativen Promotionsverfahrens, die wissenschaftliche Förderung und Betreuung sowie für die Übernahme des Hauptreferates. Für die Übernahme des Korreferates, das große entgegengebrachte Interesse an der Arbeit und den regelmäßigen Austausch gebührt mein Dank ebenfalls Herrn Prof. Dr. rer. nat. Frank Gauterin vom Institut für Fahrzeugsystemtechnik (FAST) des Karlsruher Instituts für Technologie (KIT).

Herrn Prof. Dipl.-Ing. Jürgen Wrede und Herrn Prof. Dr.-Ing. Martin Pfeiffer von der Hochschule Pforzheim danke ich für das in mich gesetzte Vertrauen, die sehr gute Betreuung und die durchweg nicht nur fachlich, sondern auch menschlich hervorragende Unterstützung. Des Weiteren gilt mein Dank Herrn Prof. Dr.-Ing. Stefan Hillenbrand für sein großes Engagement und die zahlreichen Fachgespräche, in welchen wesentliche Ideen zum Gelingen dieser Arbeit entstanden. Frau Prof. Dr. phil. Christa Wehner möchte ich für die interdisziplinäre Zusammenarbeit auf dem Gebiet der Unfallforschung danken. Ein großes Dankeschön gilt weiterhin allen Kolleginnen und Kollegen der Hochschule Pforzheim, die zu dieser Arbeit sowie einem freundschaftlichen und angenehmen Arbeitsumfeld beitrugen. Besonderer Dank gebührt auch den Studentinnen und Studenten, die ich Rahmen von Projekt,-

Studien- und Abschlussarbeiten sowie Praktika betreuen durfte. An dieser Stelle seien namentlich Herr Cornelius Bott, B.Eng., Herr Benedikt Györfi, B.Eng., Herr Andreas Kubatschek, B.Eng., Herr Jonas Mathias Lucas, B.Eng., Herr Simon Scharpf, B.Eng. und Herr Samuel Steeb, B.Eng. genannt.

Von der Robert Bosch GmbH möchte ich insbesondere Herrn Dr. rer. nat. Gregor Dasbach, Herrn Georg Widmaier, M.Sc. und Herrn Alessandro Moia, M.Sc. für ihr großes Interesse und die vielen fachlichen Diskussionen danken. Frau Dipl.-Ing. Ramona Bach von der IPG Automotive GmbH und Herrn Dipl.-Ing (FH) Stefan Fritschle von der Gustav Magenwirth GmbH & Co. KG danke ich für ihr Engagement und ihre große Hilfsbereitschaft. Bei Herrn Dr.-Ing. Hans-Joachim Unrau und Herrn Dipl.-Ing. (BA) Andreas Freund vom FAST des KIT bedanke ich mich für ihre vielfältigen Impulse und Ideen auf dem Gebiet der Reifenforschung.

Meinen Eltern Ralf und Monika, meinen Geschwistern Steffen und Hannah und dem Rest meiner Familie danke ich herzlich für ihre große Unterstützung während meines gesamten Ausbildungswegs. Meiner Freundin Melanie möchte ich für ihre Geduld und das entgegengebrachte Verständnis während der arbeitsintensiven vergangenen Zeit danken.

Stuttgart, im Mai 2017

Oliver Maier

1 Einleitung

1.1 Motivation

Die Leichtigkeit der Fortbewegung bei der Fahrt mit einem elektrifizierten Fahrrad begeistert. So wurden nach (Eisenberger, E-Bike-Markt, 2016) in Deutschland im Jahr 2015 insgesamt 535.000 Fahrräder mit elektrischem Hilfsantrieb (kurz: Elektrofahrräder) verkauft. Dies entspricht einem Zuwachs von 11,5 % gegenüber dem Vorjahr. Langfristig wird ein Anteil von 15 % Elektrofahrräder im gesamten deutschen Fahrradmarkt erwartet. Mit einem Anteil von 95 % aller verkauften Elektrofahrräder in Deutschland sind vor allem Fahrräder mit pedalbewegungsabhängiger elektrischer Tretunterstützung, sogenannte Pedelecs, beliebt. Hauptnutzer von Pedelecs sind Personen mittleren und gehobenen Alters (Flaig & Tautscher, 2016). Der vorrangige Anschaffungsgrund der letzteren Personengruppe liegt meist in der Kompensation nachlassender körperlicher Leistungsfähigkeit bei Aktivitäten mit dem Fahrrad. Die jüngere Generation motiviert vor allem der Modalwechsel hin zum Fahrrad für bspw. die Pendelstrecke zur Arbeit (Rose, 2012) (Kovácsová, et al., 2016). Diesen Nutzungskontexten entsprechend sind 33 % aller verkauften Fahrräder in Deutschland Trekkingräder und 21 % Cityräder (Eisenberger, Jahresbericht, 2016).

Im Rahmen der Verkehrssicherheit werden Fußgänger, Fahrradfahrer und Kraftradfahrer als Gruppe der ungeschützten Verkehrsteilnehmer (engl.: Vulnerable Road User, kurz. VRU) zusammengefasst (ERTRAC, 2011). Laut Erhebungen der Europäischen Union (EU) sind 45 % aller Unfalltoten dieser Verkehrsteilnehmergruppe zuzuordnen (Urban & Op den Camp, 2013). Im Vergleich zur stark rückläufigen Gesamtzahl der im Straßenverkehr schwer oder tödlich verletzten Personen, nimmt die Zahl für VRU deutlich langsamer ab (Wegman, Zhang, & Dijkstra, 2012). Während Fußgänger den absolut größten Anteil aller schwer oder tödlich verletzten Personen innerhalb der Gruppe der VRU darstellen, sind motorisierte Zweiradfahrer in einem unverhältnismäßig hohen Maße an derartigen Unfällen beteiligt (Urban & Op den

Camp, 2013). In der EU bestehen Bedenken zur Verkehrssicherheit von Elektrofahrrädern (Urban & Op den Camp, 2013), einer neuen Untergruppe der motorisierten Zweiräder. Aufgrund des noch jungen Erfolgs der Elektrofahrräder sind verlässliche amtliche Unfallstatistiken erst ab 2017 zu erwarten (Gehlert, 2014).

Als die vielversprechendsten Ansätze zur Verbesserung der Verkehrssicherheit von motorisierten Zweirädern gelten fahrer-, fahrzeug- und straßenseitige Sicherheitssysteme, Fahrzeug-Fahrzeug- und Fahrzeug-Infrastruktur-Kommunikationssysteme sowie intelligente Verkehrsmanagementsysteme (ERTRAC, 2011). Hinsichtlich der fahrzeugseitigen Systeme zählen vor allem aktive Sicherheitssysteme, welche den Fahrer auf der Stabilisierungsebene bei kritischen Fahrsituationen unterstützen, als effektive Maßnahme (Grimaldi, 2014). Im Kraftradbereich sind aktive Sicherheitssysteme bereits erfolgreich in den Markt eingeführt und weit verbreitet. Populärstes Beispiel ist das Antiblockiersystem (ABS), welches einer Radblockade und der damit verbundenen Reduktion der Reifenlängs- und -querkräfte während des Bremsvorgangs entgegenwirkt (Bosch, ABS , 2013). Ab 2017 ist ABS bei allen neuzugelassenen Krafträdern mit mehr als 125 Kubikzentimeter Hubraum in der EU Pflicht (EU, 2013). Aufgrund der fahrdynamischen Eigenschaften von Zweirädern (hohe Schwerpunktlage bei kurzem Radstand) verfügt ein qualitativ hochwertigeres ABS meist über die Zusatzfunktionalität einer Hinterradabhebeerkennung. Zur Verhinderung eines Überschlags (um die Fahrzeugquerachse) wird nach erkanntem Hinterradabheben der Bremsdruck am Vorderrad reduziert und so der Überschlag verhindert.

1.2 Problemstellung und Zielsetzung

Die bei elektrifizierten Fahrrädern vorhandene elektrische Energie bietet für den Betrieb aktiver Sicherheitssysteme auch am Fahrrad sehr günstige Voraussetzungen. Zum aktuellen Zeitpunkt sind allerdings noch keine Systeme auf dem Markt verfügbar. Eine direkte Übertragung der von Krafträdern bekannten aktiven Sicherheitssysteme auf Fahrräder ist wegen physikalischer (bspw. Massenverhältnis von Fahrzeug und Fahrer) und ökonomischer (bspw. hohe Modellvarianz bei geringer Stückzahl) Randbedingungen nicht möglich. Größter Nachteil bekannter mechanischer Lösungen ist, dass sie nur auf bestimme Fahrereigenschaften (bspw. Masse) und Umweltbedingungen (bspw. Fahrbahnreibwert) eingestellt werden können und somit in vielen Fällen nicht optimal wirken. Weiterhin sind die Systeme anfällig gegen Verstellung und Verschmutzung. (Wrede, Kött, & Kühne, Dynamic Safety System, 2008)

Ziel dieser Arbeit ist, die Machbarkeit eines aktiven Sicherheitssystems für elektrifizierte Fahrräder in einer für den Serieneinsatz realistischen Form nachzuweisen. Das sogenannte bremsdynamische Assistenzsystem (BDA) soll sowohl eine Vorderradblockade als auch einen Überschlag verhindern und zielt auf die bei elektrifizierten Fahrrädern weit verbreiteten hydraulisch betätigten Bremsen ab. Das BDA soll nur die Vorderradbremse einbeziehen, da ein Blockieren des Hinterrades seltener auftritt und im Allgemeinen besser beherrschbar ist (Funke, 2007). Zudem kann so die Forderung des Gesetzgebers nach zwei unabhängig voneinander wirkenden Bremskreisen beim Fahrrad auf einfache Weise erfüllt werden (StVO, 2017). Der prototypische Funktionsnachweis soll anhand von Trekkingrädern in Pedelecausführung geführt werden, da diese einerseits den höchsten Marktanteil besitzen, andererseits eine große Ähnlichkeit mit Cityrädern aufweisen. Als Entwicklungsmethodik soll das aus dem Kraftfahrzeugbau für mechatronische Systeme bekannte und bewährte V-Modell exemplarisch auf das Fahrrad übertragen werden. Wesentlicher Bestandteil des V-Modells ist die rechnerbasierte Entwicklung großer Teile des Systems mithilfe von Modellen. Zu diesem Zweck soll für die Systementwicklung eine durchgängige modellbasierte Entwicklungsumgebung geschaffen und angewendet werden.

1.3 Struktur der Arbeit

Die vorliegende Arbeit untergliedert sich in vier wesentliche Teile.

Der erste Teil umfasst den Stand der Wissenschaft und Technik und wird in Kapitel 2 beschrieben. Für das Fortbewegungsmittel Fahrrad werden die notwendigen Begriffe und Grundlagen detailliert eingeführt. Der anschließende Überblick zu aktiven Sicherheitssystemen bei Zweirädern zeigt die Grund- und Zusatzfunktionalitäten bestehender Systeme auf und fasst bisherige fahrradrelevante Entwicklungsaktivitäten im akademischen und industriellen Umfeld zusammen. Die nachfolgende Gegenüberstellung von im Fahrradbereich vorherrschenden und in der Fahrzeugmechatronik etablierten Entwicklungsmethoden zeigt eine deutliche Diskrepanz und motiviert dazu, die etablierten Methoden konsequent auf das Fahrrad zu übertragen.

Der zweite Teil wird in Kapitel 3 beschrieben und befasst sich sowohl mit den verwendeten Methoden als auch erstellten Werkzeugen. Als Entwicklungsmethodik wird das V-Modell in leicht abgewandelter Form als Makrozyklus eingeführt. Die zur Analyse und Spezifikation dienenden Werkzeuge (absteigender Ast des V-Modells) umfassen einen modular aufgebauten Versuchsträger mit fahrversuchsspezifischen Konfigurationen sowie validierte Umgebungsmodelle einschließlich deren umfassender Parametrierung. Die Werkzeuge zur Unterstützung von Integration und Test (aufsteigender Ast des V-Modells) enthalten eine Model-in-the-Loop (MiL) Simulation, einen Hardware-in-the-Loop (HiL) Prüfstand sowie ein am Versuchsträger implementiertes Rapid-Control-Prototyping (RCP) System zur Eigenschaftsabsicherung im Fahrversuch.

Der dritte Teil setzt sich aus der Herleitung des Systemkonzepts, dem Entwurf der Subsysteme, deren Integration und dem Systemtest zur Eigenschaftsabsicherung zusammen. Die Herleitung des Systemkonzepts wird in Kapitel 4 dargestellt. Den Ausgangspunkt stellen aus der Unfallforschung generierte Anwendungsfälle dar. Die Anwendungsfälle ermöglichen die Ableitung von Anforderungen und wichtigen Einflussgrößen. Das definierte Systemkonzept sieht die Untergliederung in Blockierverhinderer (BV) und Überschlagverhinderer (ÜV) vor. Der Entwurf der beiden Subsysteme ist Inhalt von Kapitel 5. Für beide Subsysteme werden die verwendeten Sensoren und deren Signalverarbeitung, die Fahrsituationsanalyse sowie die umgesetzte Regelphilosophie beschrieben. Der Gesamtentwurf für das Funktionsmuster des aktiven Sicherheitssystems entsteht durch die Integration der Subsysteme. Im nachfolgenden Kapitel 6 werden die Eigenschaften des

Gesamtentwurfs im Systemtest abgesichert. Ausgehend von MiL Simulationen über die Nutzung des HiL Prüfstands hin zu RCP im Fahrversuch erfolgt der Systemtest stets realitätsnäher. Der Nutzung jedes Entwicklungswerkzeugs liegt ein Mikrozyklus bestehend aus Test, Bewertung und Optimierung zugrunde.

Der in Kapitel 7 beschriebene vierte Teil der Arbeit bewertet die eingesetzten Methoden, aufgebauten Werkzeuge sowie erzielten Ergebnisse und leitet weiterführende Forschungsfragen ab. Zunächst werden die Stärken und Schwächen, Optimierungspotenziale und Transfermöglichkeiten der Entwicklungsmethodik und -werkzeuge analysiert. Unter Berücksichtigung physikalischer und technischer Kriterien wird das Funktionsmuster des aktiven Sicherheitssystems gegenüber dem Stand der Wissenschaft und Technik eingeordnet. Weiterführende Forschungsfragen geben einen Ausblick hinsichtlich alternativer Systemkonzepte, durchzuführender Untersuchungen bzgl. der Mensch-Maschine-Interaktion und zukünftiger Sicherheitssysteme bei elektrifizierten Fahrrädern.

2 Grundlagen und Forschungsstand

2.1 Fortbewegungsmittel Fahrrad

2.1.1 Rechtliche Einordung

Nach dem Wiener Übereinkommen sind *Fahrräder* im Sinne des Straßenverkehrs „jedes Fahrzeug mit wenigstens zwei Rädern, das ausschließlich durch die Muskelkraft auf ihm befindlicher Personen, insbesondere mit Hilfe von Pedalen oder Handkurbeln, angetrieben wird“ (UN, 1968). Neben dem menschlichen Antrieb verfügen *Elektrofahrräder* über einen zusätzlichen elektrischen Antrieb. Elektrofahrräder sind folglich hybridelektrische Fahrzeuge. Sie werden nach (StVO, 2017) in die drei Klassen Pedelec, schnelles Pedelec (kurz: S-Pedelec) und E-Bike unterschieden. Aufgrund der geringen Verbreitung von E-Bikes werden im Rahmen dieser Arbeit nur Pedelecs und S-Pedelecs näher betrachtet. Der wesentliche Unterschied zwischen letzteren beiden Elektrofahrradtypen liegt in deren rechtlicher Einordnung. Pedelecs zählen als Fahrrad gemäß Wiener Übereinkommen. Eine Motorunterstützung ist bis zu einer Fahrgeschwindigkeit von 25 km/h bei einer maximalen Nennmotorleistung von 250 W zulässig. S-Pedelecs zählen als Kleinkraftrad und dürfen nur mit einem entsprechenden Führerschein gefahren werden. Eine Motorunterstützung ist ohne Treten bis zu einer Fahrgeschwindigkeit von 20 km/h, mit Treten bis zu einer Fahrgeschwindigkeit von 45 km/h bei einer maximalen Nennmotorleistung von 500 W erlaubt.

2.1.2 Aufbau elektrifizierter Trekkingräder

Die nachfolgende Zusammenfassung baut auf dem in (Barzel, Bollschweiler, & Smolik, 2008), (Gressmann & Müller, 2013), (Müller & Müller, 2011) und (Smolik, Bollschweiler, & Ziese, 2010) enthaltenem Grundlagenwissen auf.

Das elektrische Antriebssystem bei Elektrofahrrädern stellt ein mechatronisches System dar. Das *Grundsystem* umfasst das konventionelle Fahrrad, welches hinsichtlich seines Aufbaus an die bei Elektrofahrrädern herrschenden höheren Betriebslasten angepasst ist und mechanische Aufnahmen für die Komponenten des elektrischen Antriebssystems bietet. Je nach Antriebsanordnung in Form von Nabenmotoren in den Laufrädern oder Mittelmotoren in bzw. am Tretlager unterscheiden sich Sensorik, Informationsverarbeitung und Aktorik. Im Fokus dieser Arbeit stehen Tretlagerantriebe, welche sich insbesondere aufgrund ihrer fahrdynamischen Vorteile im Fahrradmarkt durchgesetzt haben. Die typische *Sensorik* bei dieser Antriebsart erfasst Trittkraft oder -moment, Pedalfrequenz und Fahrgeschwindigkeit. Letztere wird am Hinterrad nach dem Prinzip eines konventionellen Fahrradtachos mit einem Speichenmagnet einmal pro Umdrehung erfasst. Die *Informationsverarbeitung* beinhaltet einen Algorithmus, welcher aus den Messgrößen und dem mittels *Mensch-Maschine-Schnittstelle* erfassten gewünschten Unterstützungsgrad des Fahrers die zur aktuellen Fahrsituation passende motorische Unterstützung berechnet. Die *Aktorik* basiert üblicherweise auf einem Gleichstrommotor mit Permanentmagneten in Kombination mit einem untersetzten Getriebe. Das von der Aktorik erzeugte Drehmoment wirkt additiv zum Fahrertrittmoment an der Kurbel und wird über eine Kette oder einen Zahnriemen an das Hinterrad übertragen. Die *Energieversorgung* des mechatronischen Systems erfolgt durch einen elektrischen Akkumulator, welcher aufgrund seines hohen Gewichts einen deutlichen Einfluss auf die fahrdynamischen Eigenschaften des Elektrofahrrads besitzt. Am vorteilhaftesten und auch gängigsten ist eine Positionierung am Unterrohr im Bereich des Trinkflaschenhalters.

Neben den Einflüssen des elektrischen Antriebssystems sind insbesondere die Sitzposition, der Rahmen, die Federung, die Laufräder und die Bremsen entscheidend für die Fahrdynamik eines Fahrrads. Haupteinsatzzwecke eines Trekkingrads sind sowohl der Alltag als auch Touren und Reisen auf befestigten und unbefestigten Wegen. Charakteristisch ist eine *Sitzposition* mit einer Neigung des Oberkörpers um ca. 45° nach vorne. Das Gewicht des Fahrers verteilt sich zu ca. 50% auf Sattel und Lenker sowie zu 50% auf die Pedale. Bei den *Rahmen* dominieren der klassische Diamantrahmen für

Herren-, der Trapezrahmen für Damenmodelle. Der überwiegende Teil der Trekkingräder ist heute mit einer *Tauchfederung* an der Gabel und einer gefederten Sattelstütze ausgerüstet. Vollgefederte Rahmen sind nur in den obersten Preisklassen zu finden und werden in dieser Arbeit nicht betrachtet. Der Fahrbahnkontakt wird durch 28 Zoll *Laufräder* mit Drahtspeichen und (Natur-)Straßenreifen hergestellt. Die *Bremsung* erfolgt mit mechanisch oder hydraulisch betätigten Felgenbremsen sowie hydraulisch betätigten Scheibenbremsen. Letzteres Bremssystem ist bei Pedelecs am meisten verbreitet und liegt im Fokus dieser Arbeit.

In der Literatur ist die Strukturierung von Bremssystemen in Betätigungseinrichtung, Übertragungseinrichtung und Bremse gängig (Pickenhahn & Straub, 2012). Die Betätigungseinrichtung bei hydraulisch betätigten Scheibenbremsen ist der Bremshebel am Lenker. Der Bremshebel nimmt die vom Fahrer eingebrachte Betätigungskraft auf und verstärkt diese durch eine mechanische Übersetzung (i = 5…7). Die sich ergebende Kraft wirkt über einen Stößel auf den Geberkolben, welcher die sich im Geberzylinder befindende Bremsflüssigkeit in die Übertragungseinrichtung, die typischerweise aus einem Kunststoffgeflecht bestehende Bremsleitung, verdrängt. Neben dem Geberkolben befinden sich eine Rückstellfeder sowie eine Schnüffelbohrung im Geberzylinder. Letztere stellt die Verbindung zum Ausgleichsbehälter des bei Fahrrädern typischerweise geschlossenen Bremssystems dar. Für das Verständnis dieser Arbeit ist wichtig, dass die Schnüffelbohrung bereits bei leichter Betätigung des Bremshebels überfahren wird und in diesem Zustand keine Bremsflüssigkeit mehr nachfließen kann. Die in die Bremsleitung verdrängte Bremsflüssigkeit, welche im Fahrradbereich überwiegend mineralölbasiert ist, verschiebt in der Bremszange die jeweils als gegenüber liegendes Paar positionierten Nehmerkolben in den Nehmerzylindern. Die Nehmerkolbenflächen sind stets kleiner als die Geberkolbenfläche, wodurch eine hydraulische Übersetzung (i = 4…6) entsteht. Die an den Nehmerkolben entstehende Kraft bewirkt ein Ausfahren der Kolben und der Bremsbeläge. Nach Überwindung des Lüftspiels werden die Bremsbeläge an die Bremsscheibe gepresst, wodurch die zur Fahrradverzögerung notwendige Reibkraft entsteht (μ = 0,5…0,7). Der Rückzug der Bremsbeläge und der

Nehmerkolben erfolgt im drucklosen Zustand durch jeweils einen sich im Nehmerzylinder befindenden Kolbendichtring.

2.1.3 Vorderradblockade

Die an der Bremsscheibe wirkende Reibkraft ergibt gemeinsam mit dem Reibradius nach dem Hebelgesetz das am Rad wirkende Bremsmoment M_{Rad}. Das Bremsmoment bedingt nach dem Drallsatz am Rad nach Gl. (2.1) eine Winkelverzögerung $\ddot{\varphi}_{\mathrm{Rad}}$, wobei J_{Rad} das beim Fahrrad kleine Massenträgheitsmoment des Rads (J_{Rad} = 0,15…0,2 kgm²), r der statische Rollhalbmesser und F_{x} die am Rad wirkende Umfangskraft in longitudinaler Richtung ist. Die Radwiderstände wie Rollwiderstand, Schwallwiderstand oder auch ein mögliches Restbremsmoment durch unzureichendes Lüftspiel sind vernachlässigt.

$$M_{\mathrm{Rad}} - F_{\mathrm{x}} \cdot r = J_{\mathrm{Rad}} \cdot \ddot{\varphi}_{\mathrm{Rad}} \tag{2.1}$$

Die am Rad wirkende Umfangskraft F_{x} ergibt sich unter Annahme einer kraftschlüssigen Verbindung zwischen Reifen und Fahrbahn nach Gl. (2.2), wobei μ der Kraftschluss und F_{z} die am Rad wirkende Aufstandskraft in vertikaler Richtung ist.

$$F_{\mathrm{x}} = \mu \cdot F_{\mathrm{z}} \tag{2.2}$$

Die Gefahr einer hohen Winkelverzögerung am Vorderrad $\ddot{\varphi}_{\mathrm{V,Rad}}$ besteht folglich, wenn ein so großes Bremsmoment eingeleitet wird, dass der maximale Kraftschluss, der sogenannte Haftbeiwert μ_{h}, bei gegebener Radaufstandskraft unzureichend ist. Gleiches tritt auf, wenn bei ausreichendem Kraftschluss die Radaufstandskraft aufgrund der verzögerten dynamischen Radlastverlagerung durch die Tauchfederung an der Gabel noch nicht aufgebaut ist. Letzterer Vorgang wird als dynamisches Vorderradüberbremsen bezeichnet und tritt insbesondere bei hohen Bremsmomentgradienten während bspw. einer Not- oder Schreckbremsung auf (Weidele, 1994) (Willumeit, 1994).

Eine hohe Winkelverzögerung bedingt eine starke Abnahme der Winkelgeschwindigkeit am Rad $\dot{\varphi}_{\mathrm{Rad}}$, wodurch sich gegenüber einem frei rollenden Rad mit der Winkelgeschwindigkeit $\dot{\varphi}_{0,\mathrm{Rad}}$ eine hohe Differenz ergibt. Der resultierende Bremsschlupf S_{Brems} ist nach Gl. (2.3) definiert.

$$S_{\mathrm{Brems}} = \frac{\dot{\varphi}_{0,\mathrm{Rad}} - \dot{\varphi}_{\mathrm{Rad}}}{\dot{\varphi}_{0,\mathrm{Rad}}} \tag{2.3}$$

Im Falle einer Radblockade, bei welcher die Geschwindigkeit am Rad gleich Null und die Geschwindigkeit des Fahrradaufbaus (gleichbedeutend mit einem frei rollen Rad) ungleich Null ist, nimmt der Bremsschlupf den Wert 1 an. In diesem Fall tritt zwischen Reifen und Fahrbahn vollständiges Gleiten auf, welches unter der Annahme $\mu_{\mathrm{h}} > \mu_{\mathrm{g}}$ die maximal am Rad übertragbare Umfangskraft $F_{\mathrm{x,max}}$ reduziert. Die Annahme ist gemäß Abbildung 2.1 für (1) trockenen Beton und (2) nassen Asphalt gültig, für (3) lockeren Schnee und (4) nasses Glatteis ungültig. Im Fokus dieser Arbeit liegt die Verhinderung einer Vorderradblockade für die ersten beiden Fälle.

Neben den Zusammenhängen von Kraftschluss und Bremsschlupf in longitudinaler Richtung ist für die prinzipiell rollinstabilen Einspurfahrzeuge die laterale Richtung von besonderer Bedeutung. Abbildung 2.2 zeigt zu diesem Zweck den Zusammenhang von Kraftschluss, Bremsschlupf und Schräglaufwinkel α. Zu erkennen ist die starke Abnahme des seitlichen Kraftschlusses μ_{S} und damit des Seitenführungspotentials des Reifens schon bei relativ geringen Bremsschlupfwerten. Ziel eines ABS muss folglich sein, den Bremsschlupf innerhalb der in Abbildung 2.1 und Abbildung 2.2 markierten Flächen zu halten.

2.1.4 Hinterradabheben und Überschlag

Im Vergleich zu Kraftfahrzeugen tritt bei der Abbremsung eines Fahrrads in Folge des ungünstigen Verhältnisses von Schwerpunkthöhe zu Radstand eine prozentual deutlich stärkere Radlastverlagerung auf, welche im Extremfall zu einem Hinterradabheben mit Überschlag führen kann. Eine Gegenüberstellung der wichtigsten bremsdynamischen Parameter eines PKWs, Kraftrads und Elektrofahrrads findet sich in (Maier, Pfeiffer, Scharpf, & Wrede, 2016).

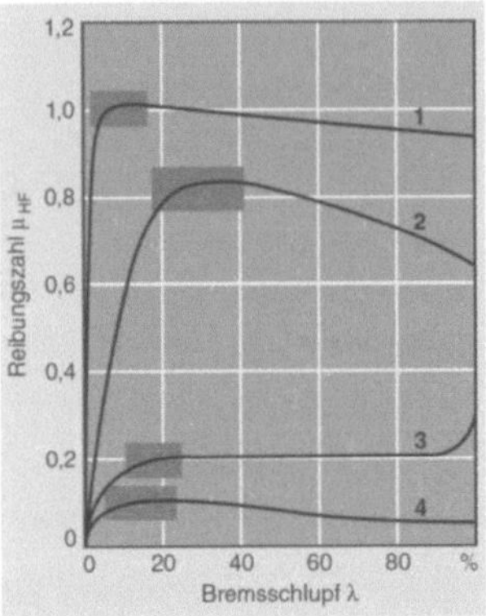

Abbildung 2.1: Longitudinaler Kraftschluss über Bremsschlupf, Quelle: (Koch-Dücker & Papert, 2010)

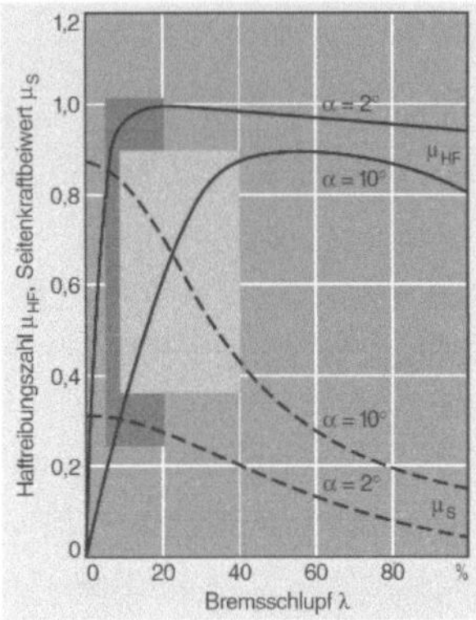

Abbildung 2.2: Longitudinaler & lateraler Kraftschluss über Schräglaufwinkel & Bremsschlupf, Quelle: (Koch-Dücker & Papert, 2010)

Der Beginn der Überschlagbewegung ist durch die komplette Entlastung des Hinterrades $F_{z,H} = 0$ definiert. In diesem Zustand entspricht die Summe aus statischer und dynamischer Radlast am Vorderrad $F_{z,V}$ der Gewichtskraft des Systems „Fahrrad und Fahrer" G. Die in diesem Zustand wirkende kritische Längsverzögerung $\ddot{x}_{krit}$ ist bei Vernachlässigung aller Fahrwiderstände bis auf den Beschleunigungswiderstand nach Gl. (2.4) nur von der Höhe des Systemschwerpunkts über der Fahrbahn h, dem Abstand des Systemschwerpunkts von der Vorderradnabe l_V und der Gravitationskonstanten g abhängig (Cossalter, 2006).

$$\ddot{x}_{krit} = \frac{l_V}{h} \cdot g \quad (2.4)$$

Typische Verzögerungswerte für ein Hinterradabheben liegen im Bereich von $\ddot{x}_{\text{krit}} = 5{,}5\text{m/s}^2 \dots 7{,}5\text{m/s}^2$, wobei sie bei Gefällefahrt dramatisch abnehmen (Bretting, Jansen, Callahan, Bogler, & Prunckle, 2010) (Wilson, Papadopoulos, & Whitt, 2004). Am gefährdetsten für ein Hinterradabheben sind aufgrund der hohen Schwerpunktlage große und schwere Personen. Gleichzeitig müssen diese Personen allerdings auch am stärksten Bremsen, um bedingt durch ihre hohe Masse die kritische Längsverzögerung zu erreichen, vgl. (Maier, Pfeiffer, Scharpf, & Wrede, 2016).

Eine in der Allgemeinheit weit verbreitete Annahme ist, dass zunächst das Vorderrad blockiert und in Folge dessen das Hinterrad abhebt und ein Überschlag auftritt. Im Folgenden wird auf eine solche Überlagerung von Hinterradabheben und Vorderradblockade eingegangen. Diskussionsgrundlage ist der für ein Hinterradabheben notwendige kritische Kraftschluss zwischen Reifen und Fahrbahn μ_{krit}, welcher sich nach Gl. (2.5) ergibt.

$$\mu_{\text{krit}} = \frac{l_{\text{V}}}{h} \tag{2.5}$$

Grundsätzlich können folgende Situationen unterschieden werden:

1. Der in einer gegebenen Fahrsituation herrschende Haftbeiwert ist kleiner als der kritische Kraftschluss $\mu_{\text{h}} < \mu_{\text{krit}}$
   ➔ Kein Hinterradabheben

2. Der in einer gegebenen Fahrsituation herrschende Haftbeiwert ist größer als der kritische Kraftschluss $\mu_{\text{h}} > \mu_{\text{krit}}$
   ➔ Hinterradabheben

3. Der bei Vorderradblockade herrschende Gleitbeiwert ist größer als der kritische Kraftschluss $\mu_{\text{g}} > \mu_{\text{krit}}$
   ➔ Vorderradblockade und Hinterradabheben

Aus dem vorherigen Abschnitt ist bekannt, dass bei einem hohen Bremsmoment sowohl ein unzureichender Kraftschluss als auch eine noch nicht aufgebaute Radlast zur Vorderradblockade führen können. In letzterem Fall ist das Auftreten der eingangs geschilderten Überlagerung von Vorderradblockade und Hinterradabheben möglich. Bedingt durch einen hohen Bremsmomentgradienten können hohe (Initial-)Bremsschlupfwerte am Rad auftreten. Die hohen Bremsschlupfwerte verringern sich anschließend durch die mit Zeitverzug zunehmende Radlast. In Folge dessen steigt der Kraftschluss an und kann den kritischen Kraftschluss für ein Hinterradabheben erreichen. Aus Sicht der der Kraftschluss-Schlupf-Kurve entspricht der Vorgang einer Annäherung des Maximums von der rechten Seite.

Eine Annäherung des Maximums von der linken Seite kann ebenfalls, allerdings deutlich seltener, zu einer Überlagerung von Vorderradblockade und Hinterradabheben führen. Bei geringen Bremsmomentengradienten steigt der Bremsschlupf langsam an und das Hinterrad wird bei einem Kraftschluss größer dem kritischen Kraftschluss abheben. Nach dem Hinterradabheben stützt sich die auftretende Vertikalbeschleunigung von Fahrradaufbau, Hinterrad und Fahrer im Aufstandspunkt des Vorderrads ab, wodurch die Summe von statischer und dynamischer Vorderradlast größer als die Gewichtskraft des Systems „Fahrrad und Fahrer“ wird. Die hohe Vorderradlast führt zu einer Begrenzung der Bremsschlupfwerte, wodurch die Auftretenswahrscheinlichkeit einer nachgelagerten Vorderradblockade reduziert ist.

Nach dem Hinterradabheben beginnt die Überschlagbewegung. Das Hinterrad befindet sich in der Luft und kann weder Brems- noch Seitenführungskräfte übertragen. Die Fahrstabilität ist stark reduziert und der Fahrer befindet sich in einer für ihn schwer zu kontrollierenden Fahrsituation. Die zum Zeitpunkt des Hinterradabhebens im System vorhandene kinetische Energie entscheidet, ob in der kritischen Fahrsituation ein Überschlag auftreten kann. Unter der Annahme, dass die kinetische Energie vollständig in potentielle Energie gewandelt wird, kann nach Gl. (2.6) die für einen Überschlag in der Ebene notwendige minimale Fahrgeschwindigkeit zum Zeitpunkt des Hinterradabhebens berechnet werden. Die Abhebehöhe des Schwerpunkts über der Fahrbahn h_{A} ergibt sich nach Gl. (2.7).

$$v_{\mathrm{min}} = \sqrt{2 \cdot \mathrm{g} \cdot h_{\mathrm{A}}} \tag{2.6}$$

$$h_{\mathrm{A}} = \sqrt{h^2 \cdot l_{\mathrm{V}}} \cdot \left(1 - \sin\left(\arctan\left(\frac{h}{l_{\mathrm{V}}}\right)\right)\right) \tag{2.7}$$

Typische minimale Geschwindigkeitswerte für einen Überschlag liegen in der Theorie im Bereich von $v_{\min} = 6{,}5\mathrm{km/h} \ldots 7{,}5\mathrm{km/h}$ (Metz, 2010) (Bielmeier, 2012), in der Praxis im Bereich von $v_{\min} > 12\mathrm{km/h}$ (Bretting, Jansen, Callahan, Bogler, & Prunckle, 2010). Die unterschiedlichen Geschwindigkeitswerte aus Theorie und Praxis lassen sich durch Wärmeverluste bspw. in der Bremse und zwischen Reifen und Fahrbahn erklären.

Neben der minimalen Fahrgeschwindigkeit für einen Überschlag ist der bei der Überschlagbewegung auftretende Selbstverstärkungseffekt für die Entwicklung einer Antiüberschlagfunktion von Interesse. So nimmt die Höhe des Systemschwerpunkts über der Fahrbahn mit zunehmendem Nickwinkel zu, wohingegen der Abstand des Systemschwerpunkts zur Vorderradnabe mit zunehmendem Nickwinkel abnimmt. Die am Rad wirkende Umfangskraft besitzt folglich gegenüber der am Systemschwerpunkt wirkenden Gewichtskraft einen immer größeren Hebelarm, wodurch sich die Überschlagbewegung beschleunigt. Der Selbstverstärkungseffekt führt unter anderem dazu, dass kleine und leichte Personen das höchste Risiko für einen Überschlag besitzen, vgl. (Maier, Pfeiffer, Scharpf, & Wrede, 2016).

Sowohl der Selbstverstärkungseffekt als auch der Brems- und Seitenführungskraftverlust am Hinterrad erfordern, das Hinterrad entweder gar nicht oder – falls nicht vermeidbar – nur für eine kurze Zeitdauer und geringe Höhe abheben zu lassen. Der späteste Bremseingriffszeitpunkt, um einen Überschlag noch zu verhindern, wird in dieser Arbeit als Punkt ohne Wiederkehr (engl.: Point of no Return, kurz: PNR) bezeichnet. Der PNR definiert den Nickwinkel, bei welchem das Bremsmoment am Vorderrad zu Null werden muss, sodass während der weiteren Überschlagbewegung die Winkelsumme aus Fahrbahnsteigung, Winkel durch Schwerpunktlage und Nickwinkel nicht 90 °überschreitet.

2.2 Aktive Sicherheitssysteme bei Zweirädern

2.2.1 Begriffsdefinition und Entwicklungsmethodik

Fahrzeugseitige Sicherheitssysteme werden unterschieden in aktive und passive Sicherheitssysteme. *Passive Sicherheitssysteme* dienen dem Schutz vor schweren Verletzungen im Fall eines Unfalls. Sie senken die Verletzungsgefahr und mildern die Unfallfolgen. Beispiele für passive Sicherheitssysteme sind der Sicherheitsgurt oder der Airbag. *Aktive Sicherheitssysteme* helfen, Unfälle zu vermeiden und tragen vorbeugend zur Sicherheit im Straßenverkehr bei. Populärstes Beispiel ist das ABS, welches das Fahrzeug in kritischen Situationen stabilisiert und die Lenkbarkeit erhält. (Kost, 2010)

Wegen des aktiven Eingriffs in die Bremse ist ABS den Fahrdynamikregelsystemen in Längsrichtung zuzuordnen, welche eine Untergruppe der Fahrwerkregelsysteme darstellen. Unter dem Begriff *Fahrwerkregelsystem* werden alle Fahrwerksysteme zusammengefasst, die einen Regelkreis beinhalten. Die Fahrwerkregelsysteme lassen sich in die Fahrdynamikregelsysteme, Fahrkomfortregelsysteme und Fahrerassistenzsysteme unterteilen. Zur Klassifizierung der Fahrwerkregelsysteme ist eine Einteilung in die Domänen Längs-, Quer- und Vertikaldynamik üblich. Der Begriff *Fahrdynamikregelsystem* beschreibt diejenigen Fahrwerkregelsysteme, welche das Ziel haben, die Fahrstabilität des Fahrzeugs zu erhöhen bzw. zu erhalten. Fahrdynamikregelsysteme unterstützen somit den Fahrer bei seiner Aufgabe der Fahrzeugstabilisierung. (Hoffmann, 2013)

Fahrdynamikregelsysteme wie das ABS stellen komplexe mechatronische Systeme dar, deren Entwicklung eine geeignete Methodik erfordern. Die VDI-Richtlinie 2206 (VDI, 2003) zeigt eine solche, im Kraftfahrzeugbau bekannte und bewährte systematische Entwicklungsmethodik auf. Wichtiger Bestandteil der Methodik ist ein dreiteiliges Vorgehen bestehend aus einem Mikrozyklus als allgemeiner Problemlösungszyklus, einem Makrozyklus in Form eines V-Modells und einzelnen vordefinierten Prozessbausteinen. Der Makrozyklus in Form eines V-Modells (vgl. Abbildung 2.3) beschreibt wesentliche Entwicklungsschritte in ihrer logischen Abfolge und bietet so einen Leitfaden für das grundsätzliche Vorgehen.

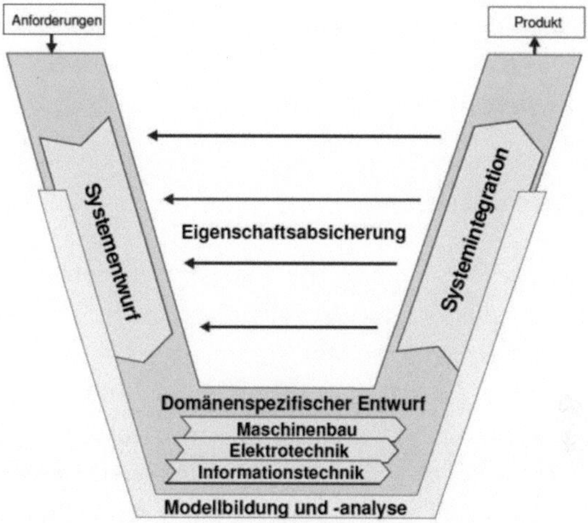

Abbildung 2.3: V-Modell als Makrozyklus, Quelle: (VDI, 2003)

Abhängig von Komplexität und Heterogenität des zu entwickelnden mechatronischen Systems kann eine iterative Vorgehensweise – das mehrmalige Durchlaufen des Modells – nötig sein. Ziel ist, zunächst Kenntnisse der Grobstruktur zu erlangen und diese anschließend durch schrittweise Verfeinerung der Strukturelemente genauer zu spezifizieren. Das V-Modell sieht zu diesem Zweck die Erstellung der folgenden „Produkte" vor (Isermann, 2006):

- Labormuster: Erste Untersuchungen mit grobdimensionierten Lösungselementen im Systemkontext
- Funktionsmuster: Feindimensionierung der Lösungselemente und Integration verteilter Komponenten
- Vorserienprodukt: Berücksichtigung der Fertigung und Durchführung von Feldtests

Teilschritte, wie Systementwurf, domänenspezifischer Entwurf, Systemintegration und Eigenschaftsabsicherung, die bei der Entwicklung eines mechatronischen Systems immer wieder auftreten, werden konkreter in Form von vordefinierten Prozessbausteinen beschrieben. Die Prozessbausteine werden flankiert von der Modellbildung und -analyse, welche der Abbildung und Untersuchung von Systemeigenschaften mit Hilfe von Modellen oder rechnergestützten Werkzeugen wie Simulation dient (Adamski, 2014).

2.2.2 Funktionalitäten

Die zweiradspezifische Kopplung von Längs-, Quer- und Vertikaldynamik beim Durchfahren von Kurven in Schräglage macht die Auslegung von Fahrdynamikregelsystemen besonders anspruchsvoll. Über viele Jahre waren aus diesem Grund für Krafträder nur Brems- und Antriebsregelsysteme am Markt verfügbar, deren Einsatzbereich die Geradeausfahrt ist (Schröter, Pleß, & Seiniger, 2015). Die nachfolgende Beschreibung konzentriert sich aus Gründen der realistischen Umsetzbarkeit am Fahrrad auf diese Art der Systeme und baut auf dem in (Landerl, et al., 2012), (Schröter, Pleß, & Seiniger, 2015) und (Stoffregen, 2012) enthaltenen Grundlagenwissen auf. Die Potenziale und Einschränkungen kurventauglicher Systeme am Fahrrad werden im Ausblick dieser Arbeit angesprochen. Eine Zusammenfassung des aktuellen Entwicklungsstands bei Krafträdern im akademischen und industriellen Umfeld findet sich in (Corno, Panzani, & Savaresi, 2015).

Ziel von ABS ist die Verhinderung einer Radblockade und damit die Beibehaltung der Fahrzeugstabilität. Zu diesem Zweck wird der Bremsdruck kraftschlusssensierend moduliert (vgl. Abschnitt 2.1.3). Bei einem zweikreisigen Bremssystem wird das ABS typischerweise zwischen Betätigungseinrichtung und Bremse geschaltet. Die Umfangsgeschwindigkeit der Räder wird über Raddrehzahlsensoren erfasst. Sollte bei einem Rad während einer Bremsung die Radumfangsgeschwindigkeit überproportional stark abfallen, wird dies erkannt und über die Bremsdruckregelung der Bremsdruck reduziert. Hat das Rad die Referenzgeschwindigkeit des Fahrzeugaufbaus wieder nahezu erreicht, so wird der Bremsdruck wieder erhöht, um das Fahrzeug weiter abzubremsen (vgl. Abbildung 2.4).

Am weitesten verbreitet sind Zweikanalsysteme unter Verwendung von Ventilen. Viele Fahrzeuge im aufstrebenden asiatischen Markt verfügen allerdings nur am Vorderrad über eine hydraulisch betätigte Scheibenbremse, weshalb inzwischen auch kostengünstige einkanalige ABS angeboten werden. Ein solches System ist bspw. das von Continental seit dem Jahr 2015 vertriebene ABS mit dem Produktnamen MiniMAB. Das System zeichnet sich durch eine sehr kompakte Bauweise aus und verfügt nur über einen Drehzahlsensor am Vorderrad. Das zur Druckmodulation eingesetzte Hydroaggregat besitzt zwei Magnetventile, einen Niederdruckspeicher (Akkumulator) und ein Pumpenelement. (Kienle, Le Roy, Heise, & Bohn, 2015)

Aufgrund des ungünstigen Verhältnisses von Schwerpunkthöhe zu Radstand ist für Fahrräder die bei qualitativ hochwertigen ABS am Kraftrad verfügbare Zusatzfunktion der Hinterradabhebeerkennung (engl. Rear-wheel-Lift-off-Mitigation, kurz RLM) von besonderem Interesse. Ziel von RLM ist, die Gefahr eines Überschlags um die Fahrzeugquerachse während des Bremsvorgangs auf Basis der aus den Drehzahlsensoren beider Räder gewonnenen Signale zu reduzieren. Die beiden beim Hinterradabheben typischen Signalverläufe der Umfangsgeschwindigkeiten zeigt Abbildung 2.5.

Im ersten Fall hebt das Hinterrad bei gleichzeitig anliegendem Hinterradbremsdruck ab (ca. t = 1,15s). Der Radschlupf am Hinterrad nimmt, erkennbar an der Differenz zur intern errechneten Fahrzeugreferenzgeschwindigkeit, stark zu. Das in diesem Beispiel verwendete zweikanalige ABS versucht der Hinterradblockade entgegenzuwirken, indem der hintere Bremsdruck abgebaut wird. Nachdem der Bremsdruck auf Null abgesunken ist (ca. t = 1,2s), sich die Hinterradgeschwindigkeit aber nicht an die Fahrzeugreferenzgeschwindigkeit annähert, wird ein Bremsdruckabbau am Vorderrad vorgenommen. Kurze Zeit später (ca. t = 1,4s) berührt das Hinterrad wieder den Boden, womit ein Überschlag erfolgreich verhindert wurde. Im zweiten Fall ist die Hinterradbremse während des Abhebens nicht betätigt (ca. t = 1,8s). Das Hinterrad dreht, nur durch Lagerungsreibung gebremst, frei weiter und wird schneller als die Referenzgeschwindigkeit. In Folge dessen wird der Druck am Vorderrad abgebaut (ca. t = 2,0s), wodurch das Hinterrad kurze Zeit später wieder auf der Fahrbahn aufsetzt.

Ein abhebendes Hinterrad kann nur anhand der beiden charakteristischen Verläufe auf Basis von Drehzahlsensoren erkannt werden (indirektes Messverfahren). Wird die Hinterradgeschwindigkeit durch Störungen, wie z. B. eine sehr unebene Fahrbahn, in ihrem Verlauf derart beeinflusst, dass sie nicht mehr in obige Schemen zu klassieren ist, kann das Abheben nicht erkannt und folglich auch nicht ausgeregelt werden. Moderne Systeme nutzen aus diesem Grund zusätzlich die durch Drucksensoren erfassten Druckinformationen der einzelnen Regelkreise oder die durch eine Inertialsensoreinheit (engl.: Inertial Measurement Unit, kurz: IMU) erfassten Größen wie Nickrate oder Längsbeschleunigung. Eine direkte Sensierung des Abstands von Hinterrad zu Fahrbahn erfolgt aus Kosten- und Robustheitsgründen nicht.

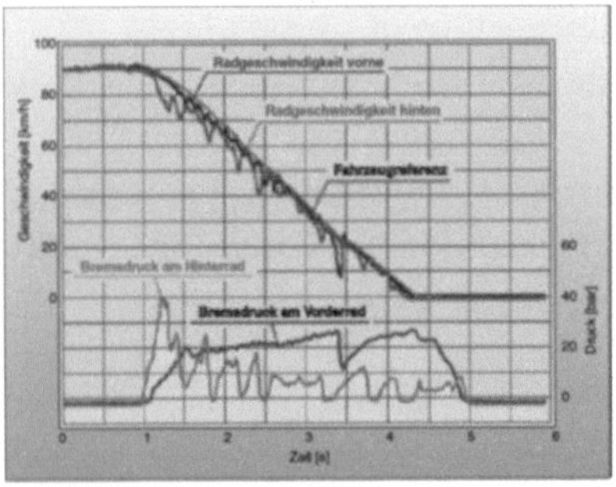

Abbildung 2.4: Signalverläufe ABS, Quelle: (Landerl, et al., 2012)

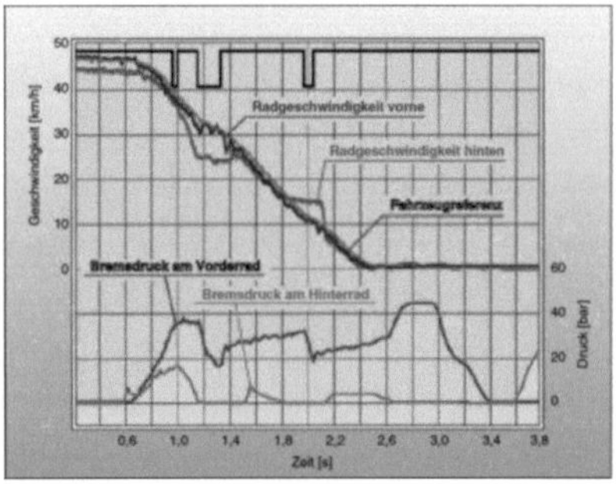

Abbildung 2.5: Signalverläufe RLM, Quelle: (Landerl, et al., 2012)

2.2.3 Sensorik und Aktorik

Seit der Einführung von ABS bei Krafträdern im Jahr 1988 durch BMW Motorrad sind Drehzahlsensoren fester Bestandteil der Bremsregelung (Stoffregen, 2012). Aufgabe der Drehzahlsensoren ist, die Drehgeschwindigkeit der Fahrzeugräder zu ermitteln und an das ABS-Steuergerät des Fahrzeugs zu übertragen (Koch-Dücker & Papert, 2010). Die anfänglich eingesetzten passiven Sensoren sind heutzutage fast vollständig durch aktive Sensoren verdrängt, welche überwiegend nach dem Hall-Prinzip arbeiten

(Zabler, et al., 2011). Typisch für derartige Drehzahlsensoren ist die Integration von Hall-Messelement, Signalverstärker und Signalaufbereitung in eine integrierte Schaltung. Als Impulsrad kommen je nach Sensorausführung entweder Multipol- oder Stahlringe zum Einsatz. Die ermittelte Drehzahlinformation wird als eingeprägter Strom in Form von Rechteck-impulsen per zweiadriges Kabel übertragen. Die Frequenz der Stromimpulse ist dabei proportional zur Raddrehzahl und eine Detektion ist fast bis zum Radstillstand möglich. (Koch-Dücker & Papert, 2010)

Immer häufiger verfügen Fahrzeuge mit Fahrdynamikregelsystemen zusätzlich zu den Drehzahlsensoren über eine mikromechanische IMU. Eine IMU besteht sowohl aus Beschleunigungs- als auch Drehratensensoren und erfasst je nach Anzahl der integrierten Sensoren unterschiedlich viele inertiale Größen. Die Beschleunigungssensoren bestehen meist aus einem kleinen Biegebalken, der unter dem Einfluss einer Beschleunigung seine Lage und damit die Kapazität einer Kondensatoranordnung ändert. Die Kapazitätsänderung wird elektronisch ausgewertet und das Signal an den elektronischen Regler weiter geleitet. Die Drehratensensoren bestehen bei der gängisten Bauart aus zwei miteinander verbundenen, parallel zur sensierten Achse angeordneten Quarz-Stimmgabeln. Eine elektronische Schaltung regt die obere Stimmgabel zu sinusformigen Schwingungen an. Während einer Rotationsbewegung wirkt auf die Stimmgabel eine von der Drehrate abhangige Corioliskraft. Die Corioliskraft wird auf die untere Stimmgabel übertragen. Dort erzeugt sie eine sinusformige Schwingung, welche über eine Verstärkerschaltung in ein der Drehrate proportionales Signal umgewandelt wird. Weitere Detailinformationen zu Messprinzipien und Sensorausführungen finden sich in (Remfrey, Gruber, & Ocvirk, 2012), (Mörbe, Fahrdynamiksensoren, 2015) und (Zabler, et al., 2011). Eine Zusammenfassung von Sicherheitssystemen bei Krafträdern auf Basis einer IMU wie eine Hochstartregulierung (engl.: wheelie control) oder eine Unfallerkennung (engl. crash detection) findet sich in (Mörbe, Inertial sensors, 2012).

Aufgabe der bei aktiven Sicherheitssystemen für hydraulisch betätigte Bremsen eingesetzten Aktorik ist, kritische Fahrsituationen durch Bremsdruckmodulation zu verhindern. Die konstruktiven Ausführungen sind vielfältig und basieren unter anderem auf den folgenden Arbeitsprinzipien: elektromechanisches Planetengetriebe, Ventilsystem, Plungersystem und Staudrucksystem mit Bremskraftverstärkung. (Landerl, et al., 2012)

Am weitesten verbreitet sind Hydroaggregate auf Ventilbasis. Sie bestehen aus einem Aluminiumblock, welcher zahlreiche Bohrungen gemäß dem hydraulischen Schaltplan enthält und die notwendigen hydraulischen Funktionselemente aufnimmt (vgl. Abbildung 2.6). Bei dem dargestellten zweikanaligen ABS umfassen die Funktionselemente je ein Einlassventil (EV) und Auslassventil (AV) fur Vorder- und Hinterrad sowie je Bremskreis ein Pumpenelement (PE) und einen Akkumulator (Acc). Beide PEs werden über einen gemeinsamen Gleichstrommotor betrieben. Die Wirkungsweise und das Zusammenspiel der Funktionselemente werden nachfolgend anhand des typischen Ablaufs einer Bremsdruckmodulation verdeutlicht.

Zu Bremsbeginn befinden sich die Magnetventile in ihrer Ausgangsstellung. Das EV ist stromlos offen, das AV stromlos geschlossen. Der vom Fahrer an der Betätigungseinrichtung erzeugte Druck wird unverändert durch das Hydroaggregat zur Bremse übertragen. Nachdem das ABS durch die Drehzahlsensoren die Gefahr einer Radblockade erkennt, also das Blockierdruckniveau erreicht ist, schließt das EV. Der Bremsdruck am Rad wird dadurch begrenzt. Bleibt trotz dieses Eingriffs die Gefahr einer Radblockade bestehen, öffnet zusätzlich das AV, um den Bremsdruck am Rad durch Bremsflüssigkeitstransfer in den Acc zu reduzieren. In Folge dessen verringert sich der Bremsschlupf am Rad, wobei der Bremsdruck am Rad eventuell zu stark abgesunken sein könnte. Aus diesem Grund wird das AV geschlossen und das EV zur Erhöhung des Bremsdrucks am Rad bei älteren Systemen gepulst, bei neueren Systemen quasi-kontinuierlich geöffnet. Die sich im Acc befindende Bremsflüssigkeit wird zeitgleich durch das PE zurück in den Bremskreis gefördert. Im Falle einer weiterhin bestehenden Gefahr einer Radblockade beginnt der Ablauf erneut.

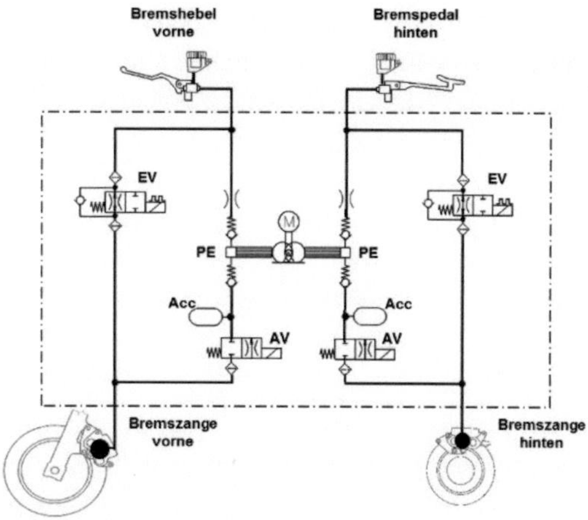

Abbildung 2.6: Hydraulischer Schaltplan Hydroaggregat Kraftrad, Quelle: (Bosch, ABS, 2013)

2.2.4 Bekannte Systeme bei Fahrrädern

Aktive Sicherheitssysteme auf Basis mechanischer Wirkprinzipien sind für Fahrräder von den Firmen Biria (Europa Patentnr. EP 1 488 993, 2007), Budbrake (USA Patentnr. US 7,104,155, 2006), King Industries (King Industries, 2017) und Shimano (Europa Patentnr. EP 1035008, 2003) verfügbar oder waren verfügbar. Die bereits erwähnten Nachteile dieser Lösungen sind die notwendige Voreinstellung auf bestimme Fahrereigenschaften (bspw. Masse) und Umweltbedingungen (bspw. Fahrbahnreibwert) sowie deren Anfälligkeit gegenüber Verstellung und Verschmutzung.

Aus dem akademischen Umfeld sind aktive Sicherheitssysteme mit elektronischer Bremsregelung für Fahrräder mit mechanisch betätigten Felgenbremsen vom Georgia Institute of Technology in den USA (Winck, Marek, & Ngoo, 2010) und mit hydraulisch betätigten Scheibenbremsen von der Universität Pannonia in Ungarn (Enisz, et al., 2014) bekannt. In letzterer Arbeit wird ein ABS, welches sich bei Krafträdern in Serie befindet, am Fahrrad angewendet. Das System nutzt jeweils einen Drehzahlsensor am Vorder- und Hinterrad und verfügt über ein zweikanaliges Hydroaggregat auf Ventilbasis mit

Pumpenelement. Fahrradspezifische energetische, konstruktive oder ästhetische Anforderungen finden keine Berücksichtigung. Bedingt durch den Prototypenstatus wird aus Sicherheitsgründen nur das Hinterrad geregelt, d.h. eine Vorderradblockade oder ein Hinterradabheben treten unverändert auf.

Im industriellen Umfeld ist aus Kanada eine geplante Unternehmensuntergründung mit dem Namen Cyclic Technologies bekannt. Außer einem im Internet veröffentlichten Lastenheft für ein ABS am Fahrrad aus dem Jahr 2008 sind keine weiteren Informationen verfügbar (Gougani, Lavon, Danesh, Tavakoli, & Blair, 2008). Aktiv an ABS für elektrifizierte Fahrräder arbeiten die Firmen BrakeForceOne GmbH (BFO) aus Deutschland und BluBrake S.r.l. aus Italien. Ziel von BluBrake ist, ein System zu entwickeln, welches einerseits die Vorderradblockade, andererseits den Überschlag verhindert (BluBrake, 2017). Weitere Informationen zur Funktionsweise, dem Kostenrahmen oder der Markteinführung sind nicht bekannt. Die Firma BFO hat auf der Eurobike 2016 das erste ABS für Elektrofahrräder vorgestellt (BrakeForceOne, 2017). Als Termin für die Markteinführung ist das Jahr 2018 geplant. Das System soll eine Antiblockierfunktion für die Geradeaus- und Kurvenfahrt sowie einen Überschlagschutz bieten. Neben einer Vielzahl von Sensoren nutzt das System eine nach dem Plungerprinzip arbeitende Aktorik (Deutschland Patentnr. DE 10 2014 007 717, 2015). Große Einschränkung des bisher vorgestellten Systems ist, dass ein Einsatz nur mit der hauseigenen wasserbasierten Scheibenbremse möglich ist.

2.3 Einordnung der Arbeit

Die hydraulisch betätige Scheibenbremse stellt am Fahrrad ein leistungsstarkes und robustes Bremssystem dar. Diese prinzipiell vorteilhaften Eigenschaften bedingen insbesondere bei weniger geübten Fahrradfahrern sowie in Not- und Schrecksituationen das Risiko, die Laufräder zu überbremsen. Ein Überbremsen des Vorderrades kann in Abhängigkeit des Fahrbahnreibwerts entweder zu einer Radblockade und/oder einem Überschlag führen. Die Möglichkeit eines aktiven Sicherheitssystems bei elektrifizierten Fahrrädern hat sowohl das akademische als auch industrielle Umfeld erkannt. Allerdings sind zum aktuellen Zeitpunkt keine Lösungen am Markt verfügbar und nur wenige wissenschaftliche Ergebnisse publiziert. Aus diesem Grund lautet die übergeordnete Forschungsfrage dieser Arbeit:

Welches Potenzial bietet ein aktives Sicherheitssystem für elektrifizierte Fahrräder zur Abschwächung der kritischen Fahrsituationen Vorderradblockade und Überschlag (um die Fahrzeugquerachse)?

Nach dem aktuellen Stand der Wissenschaft und Technik ist eine konsequente Übertragung des aus dem Kraftfahrzeugbau bekannten und bewährten V-Modells als Entwicklungsmethodik für mechatronische Systeme auf das Fahrrad ausstehend. Die sich ergebende Forschungsfrage lautet:

Welche Stärken und Schwächen weist das als Entwicklungsmethodik für mechatronische Systeme bewährte V-Modell am Fahrrad auf?

Wesentlicher Bestandteil des V-Modells ist die Systementwicklung mithilfe von Modellen. Aus dem Stand der Wissenschaft und Technik sind fahrradbasierte Versuchsträger bekannt, welche über ein RCP System verfügen und so die Erprobung eines Funktionsmodells (Reglermodells) im Fahrversuch ermöglichen. Forschungslücken liegen im Bereich der Umgebungsmodelle und Parametrierung von Fahrer, Fahrrad und Umwelt sowie Aktorik und Sensorik. Umgebungsmodelle stellen die Grundlage für eine MiL Simulation oder einen HiL Prüfstand dar und bieten für die Stabilitätsuntersuchung des Regelkreises für die beim Fahrrad große Streuungsbreite der relevanten Parameter (bspw. veränderlicher Fahrer oder veränderliche Zuladung) bedeutende Vorteile. Aus diesem Sachverhalt ergibt sich die Forschungsfrage:

Wie kann eine durchgängige modellbasierte Entwicklungsumgebung für aktive Sicherheitssysteme am elektrifizierten Fahrrad aussehen?

Seit der Einführung von aktiven Sicherheitssystemen stellen Drehzahlsensoren die Basis für die Bremsregelung dar. Je nach Fahrzeug und angestrebter Funktionalität verfügt entweder jedes Rad oder nur ein Teil der Räder über einen solchen Sensor. Bei Fahrrädern mit Scheibenbremse ist vorstellbar, das Sensorelement in die Bremszange und das Impulsrad in die Bremsscheibe zu integrieren. Zur Verhinderung eines Überschlags ist die von Krafträdern bekannte Verwendung eines zweiten Drehzahlsensors am Hinterrad aufgrund der im Fahrradbereich typischen hohen Modellvarianz bei geringer Stückzahl teuer. Als Ersatz für einen Drehzahlsensor am Hinterrad ist die Überschlagverhinderung auch auf Basis einer IMU am Fahrradaufbau vorstellbar. Eine IMU könnte aufgrund ihres kleinen Bauraums und ihrer robusten Ausführung in die Elektronik für den elektrischen Hilfsantrieb integriert werden. Die Diskussion führt zur Forschungsfrage:

> *Kann die technische Machbarkeit eines Überschlagverhinderers auf Basis einer Inertialsensoreinheit nachgewiesen werden?*

Aufgrund des angestrebten neuartigen und kostengünstigen Sensorkonzepts sind im Rahmen der *Informationsverarbeitung* bekannte Regelphilosophien zu adaptieren bzw. neu zu entwickeln. Im Fokus steht dabei wie bei den ersten Generationen aktiver Sicherheitssysteme von Krafträdern die längsdynamische Bremsregelung des Fahrrads. Hinsichtlich der Antiblockierfunktion stellen bei Kleinkrafträdern verwendete Systeme mit nur einem Drehzahlsensor am Vorderrad eine gute Orientierung dar. Für die Darstellung der Antiüberschlagfunktion auf Basis einer IMU sind nur wenige Vorarbeiten von Krafträdern bekannt. Weitere Untersuchungen stammen von Nutzfahrzeugen mit kurzem Radstand und hohem Schwerpunkt (bspw. Unimogs) sowie von Kraftfahrzeugen zur Verhinderung eines Überschlags um die Fahrzeuglängsachse. Die zu klärende Forschungsfrage heißt:

> *Welche neuen Regelansätze sind für die spezifische Bremsdynamik und veränderte Sensorik am Fahrrad zu entwerfen?*

Zur Beeinflussung von kritischen Bremssituationen nutzt der überwiegende Teil bekannter aktiver Sicherheitssysteme das Prinzip der Bremsdruckmodulation mit Hilfe eines Hydroaggregats. Bei reduzierten Systemen von Kleinkrafträdern ist das Hydroaggregat häufig mit nur einem Kanal zur Regelung des Vorderrades ausgeführt. Typische Bestandteile eines solchen einkanaligen Hydroaggregats sind zwei Magnetventile, ein Niederdruckspeicher (Akkumulator) und ein Pumpenelement. Das Pumpenelement fördert die zur

Reduktion des Bremsdrucks in den Akkumulator abgelassene Bremsflüssigkeit aus dem Akkumulator zurück in den Bremskreis. Nachteile sich aktuell in Serie befindender Pumpenelemente sind deren hohe Leistungsaufnahme speziell zu Förderbeginn sowie der große Bauraum und das hohe Gewicht. Aufgrund dieser Nachteile ist der Einsatz eines Pumpenelements bei elektrifizierten Fahrrädern nicht zielführend. Als Konsequenz steht die in den Akkumulator abgelassene Bremsflüssigkeit während des restlichen Bremsvorgangs nicht mehr zur Verfügung und die Anzahl der Druckmodulationen ist limitiert. Die zu klärende Forschungsfrage lautet:

> *Kann als Aktorik ein serienmäßiger Druckmodulator mit Ventilsystem in Einkanalausführung ohne Pumpe verwendet werden?*

Abbildung 2.7 fasst die Vorüberlegungen zusammen und zeigt den prinzipiell angedachten Aufbau des BDA, angelehnt an (Deutschland Patentnr. 10 2008 019 469, 2008).

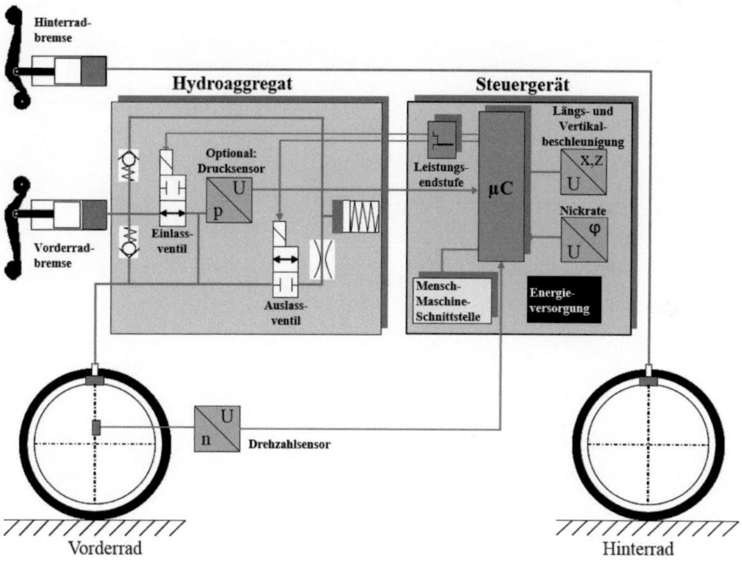

Abbildung 2.7: Bremsdynamisches Assistenzsystem

3 Methoden und Werkzeuge

3.1 Entwicklungsmethodik

3.1.1 Vorgehensmodell

Aktive Sicherheitssysteme sind aufgrund des Zusammenspiels mechanischer, elektrotechnischer und informationstechnischer Komponenten durch eine hohe Komplexität gekennzeichnet. Nur durch eine frühzeitige modellbasierte Untersuchung des Verhaltens der heterogenen Komponenten sowie deren Wechselwirkung gelingt die anschließende Integration zu einem mechatronischen System effizient und mit wenig realen Prototypen. Weiterhin ermöglichen Simulationen mit virtuellen Prototypen eine deutliche Reduktion aufwändiger und im Falle der beiden kritischen Fahrsituationen gefährlicher Fahrversuche. Das V-Modell (VDI, 2003) hat sich im Kraftfahrzeugbau als Vorgehensmodell für die modellbasierte Entwicklung mechatronischer Systeme bewährt. Im Rahmen dieser Arbeit wird das Modell in leicht abgewandelter Form für den Machbarkeitsnachweis des BDA auf das Fahrrad übertragen und hinsichtlich seiner Eignung bewertet (vgl. Abbildung 3.1).

3.1.2 Prozessbausteine

Für eine zielgruppenorientierte und unfallspezifische Systementwicklung beginnt das Vorgehensmodell mit der Identifikation relevanter *Anwendungsfälle* und Einflussgrößen. Die darauf aufbauende Findung der *Anforderungen* und *Spezifikation* sind zentral für den Systementwurf und die spätere Eigenschaftsabsicherung. Der *Systementwurf* legt ein domänenübergreifendes Systemkonzept fest und stellt die Basis für den domänenspezifischen Komponentenentwurf dar. In dieser Arbeit beschränkt sich der Komponentenentwurf auf informationstechnische Aspekte und umfasst den *Reglerentwurf*, die *Implementierung* und den *Modultest* der Antiblockier- und Antiüberschlagfunktionen. Ein Entwurf mechanischer, hydraulischer oder elektrotechnischer Komponenten findet nicht statt. Die für den prototypischen Funktionsnachweis des BDA notwendige Sensorik und Aktorik wird von bestehenden aktiven Sicherheitssystemen bei Krafträdern übernommen. Zur Systemintegration dienen die Prozessbausteine *Integrationstest*, *Kalibrierung* und *Systemtest*. Sowohl dem Integrationstest als auch dem Systemtest liegt ein Mikrozyklus, bestehend aus dem eigentlichen Test, der Bewertung gegenüber den Anforderungen (Verifizierung) und der Optimierung des Systems zugrunde. Der für eine vollständige Eigenschaftsabsicherung notwendige Feldtest (Validierung) wird in dieser Arbeit nicht durchgeführt. Das Produkt nach einem kompletten Durchlauf des Vorgehensmodells ist das für den Machbarkeitsnachweis des BDA angestrebte fahrbare Funktionsmuster.

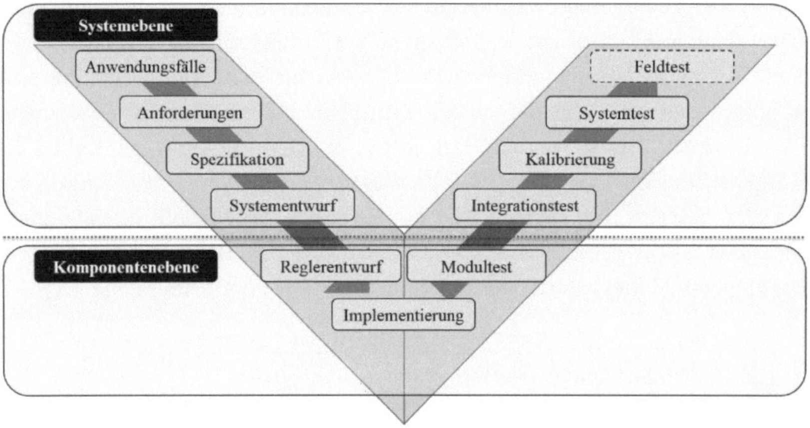

Abbildung 3.1: Vorgehensmodell

3.1.3 Modellbasierte Entwicklungsumgebung

Voraussetzung für die Anwendung des Vorgehensmodells ist eine durchgängige modellbasierte Entwicklungsumgebung. Der Entwicklungsumgebung liegt eine horizontale Unterscheidung zwischen Virtualität und Realität sowie eine vertikale Unterscheidung zwischen Funktion und Umgebung zugrunde (vgl. Abbildung 3.2).

Die *virtuelle Funktion* entsteht durch Anwendung regelungstechnischer Entwurfsmethoden, welche zunächst von der technischen Realisierung abstrahieren (Modellbildung). Durch Nutzung einer Blockdiagrammumgebung kann der Regler anschließend mit geringem Transferaufwand als Modell umgesetzt werden. Die *virtuelle Umgebung* umfasst Modelle von Fahrer, Fahrrad und Umwelt sowie Aktorik und Sensorik. Die Modelle entstehen durch Abbildung der realen Systeme mittels theoretischer Modellbildung und Identifikation. Im Falle des aktiven Sicherheitssystems sind für die Modellbildung von Fahrer, Aktorik (hydraulischer Teil), Fahrrad und Umwelt die Methoden der Biomechanik-, Festkörper- und Fluidmechanik relevant. Zusätzlich werden zur Modellbildung der Sensorik und Aktorik (elektromagnetischer Teil) die Beschreibungsformen der Elektronik und Elektrodynamik benötigt.

Wesentliches Element der *realen Umgebung* ist ein modular aufgebauter Versuchsträger, welcher auf einem handelsüblichen Trekkingrad in Pedelecausführung mit hydraulischen Scheibenbremsen basiert. Der Versuchsträger verfügt über umfassende Sensorik zur Erfassung der bremsdynamischen Vorgänge. Die Aktorik zur Druckmodulation ist in die hydraulisch betätigte Bremse integriert. Je nach Gefährdung des Fahrers können bemannte und unbemannte Fahrversuche durchgeführt werden. Ein am Versuchsträger verbautes (Prototypen-)Steuergerät (kurz: SG) verarbeitet die Sensorsignale und steuert die Leistungsendstufen der Aktorik an. Das SG wird per RCP konfiguriert (Abel & Bollig, 2006). Zunächst werden die Schnittstellen des Funktionsmodells mit der realen Umgebung verbunden. Anschließend wird das Modell per automatischer Codegenerierung über C-Code in Maschinencode kompiliert, wodurch die *reale Funktion* entsteht.

Die Kombination der einzelnen Entwicklungswerkzeuge ermöglicht eine Vielzahl an Untersuchungen. Mithilfe der *virtuellen und realen Umgebung* kann das Fahrzeugverhalten im offenen Regelkreis analysiert werden, um bspw. Anwendungsfälle nachzustellen, Anforderungen zu quantifizieren oder

Voruntersuchungen für den Systementwurf durchzuführen (absteigender Ast des Vorgehensmodells).

Durch Verknüpfung von Umgebung und Funktion zu einem geschlossenen Regelkreis ergeben sich in ihrem Realitätsgrad unterschiedliche Teststufen und Möglichkeiten der Eigenschaftsabsicherung (aufsteigender Ast des Vorgehensmodells). Ein Zusammenschalten der *virtuellen Umgebung* mit der *virtuellen Funktion* führt zur rein rechnerbasierten MiL Simulation. Der realitätsnähere HiL Prüfstand kombiniert die teils *virtuelle/* teils *reale Umgebung* mit der auf dem *realen* SG implementierten *Funktion*. Eine Besonderheit des HiL Prüfstands ist, dass die hydraulisch betätigte Bremse und die Aktorik zur Druckmodulation samt Leistungsendstufen als reale Komponenten integriert sind. Die letzte Stufe der Eigenschaftsabsicherung erfolgt im Fahrversuch indem die *reale Funktion* mit der *realen Umgebung* verknüpft wird.

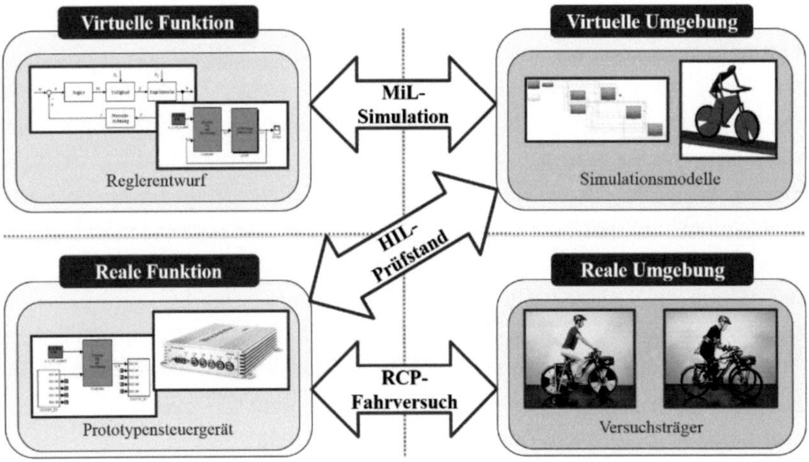

Abbildung 3.2: Modellbasierte Entwicklungsumgebung

3.2 Werkzeuge zur Analyse und Spezifikation

3.2.1 Versuchsträger und dessen Konfigurationen

Sowohl eine Vorderradblockade als auch ein Hinterradabheben mit möglichem Überschlag können mit dem modular aufgebauten Versuchsträger auf Basis eines Trekkingrads im Fahrversuch untersucht werden. Ein grundlegender Unterschied besteht zwischen den Konfigurationen im offenen und geschlossenen Regelkreis. Im offenen Regelkreis ist die Aktorik zur Druckmodulation nicht in die hydraulisch betätigte Bremse integriert. Als Bremsflüssigkeit wird das vom Bremsenhersteller empfohlene Mineralöl verwendet. Aufgrund der Inkompatibilität der Aktorik zur Druckmodulation mit Bremsflüssigkeit auf Mineralölbasis sowie der hydraulisch betätigten Bremse mit Bremsflüssigkeit auf Glykolbasis wird bei integrierter Aktorik eine silikonbasierte Bremsflüssigkeit (DOT 5) verwendet. Nachfolgend wird die Konfiguration des Versuchsträgers für Fahrversuche im offenen Regelkreis beschrieben. Die Beschreibung orientiert sich an der zum Verständnis der schriftlichen Ausarbeitung notwendigen Tiefe. Detailinformationen finden sich in (Maier, Pfeiffer, & Wrede, Road Tests, 2016).

Fahrversuche im offenen Regelkreis dienen einerseits dazu, die bremsdynamischen Vorgänge während der beiden kritischen Fahrsituationen im Detail zu analysieren und durch die gewonnenen Erkenntnisse das aktive Sicherheitssystem weiter zu spezifizieren. Andererseits können die zur Validierung der Umgebungsmodelle notwendigen Messdaten gesammelt werden. Der Versuchsträger verfügt dazu über umfassende Messtechnik, bestehend aus Sensorik, Signal- und Informationsverarbeitung.

Die verbauten Sensoren erfassen die Messgrößen Beschleunigung, Drehrate, Drehzahl, Druck und Weg. Die Drucksensoren sind in die hydraulisch betätigte Bremse integriert. Im Vorder- und Hinterradbremskreis befindet sich je ein Drucksensor nahe am Bremshebel und nahe an der Bremszange. Zwei Drucksensoren pro Bremskreis ermöglichen einerseits, das Übertragungsverhalten der Bremse zu untersuchen, andererseits – im Falle der integrierten Aktorik – die Druckmodulation zu erfassen. Die Wegsensoren befinden sich an der Federgabel und an der Hinterradnabe. Ersterer erfasst die Einfederung und letzterer misst optisch den Abstand zur Fahrbahn, um die Dynamik des Hinterradabhebens und den Verlauf der Abhebehöhe aufzuzeichnen.

Von besonderem Interesse ist die für das BDA vorgesehene Drehzahl- und Inertialsensorik. Die Vorder- und Hinterraddrehzahl wird durch aktive Sensoren gemessen, welche nach dem magnetoresistiven Prinzip (Hall-Effekt) arbeiten (Bosch, DF11, 2001). Die von den Sensoren detektierte Feldstärkeänderung des Magnetfelds ergibt sich durch einen Permanentmagneten im Sensorelement und ein ferromagnetisches Impulsrad. An beiden Laufrädern des Versuchsträgers ist das Impulsrad als Zahnrad mit 60 Zähnen ausgeführt. Das sich ergebende Signal wird durch eine sensorinterne Verarbeitung aufbereitet und mit einer Frequenz von 2,5 kHz als Strompegel zur Verfügung gestellt. Die gemessenen inertialen Größen umfassen Längs-, Quer- und Vertikalbeschleunigung sowie Nick- und Rollrate. Sie werden am Fahrradaufbau in der Nähe der elektrischen Antriebseinheit (mögliche Integration in Serie) und in der Nähe des Sattels (nahe Systemschwerpunkt) durch jeweils eine mikromechanische IMU gemessen (Bosch, SU-MM5.10, 2013). Die Beschleunigungssensoren basieren auf der Auslenkung einer Feder-Masse-Struktur, durch welche die Kapazität eines Kondensators geändert wird. Die Drehratensensoren nutzen nach dem Coriolis-Effekt arbeitende, schwingende Gyrometer. Die IMU verfügt ebenfalls über eine sensorinterne Signalverarbeitung, welche die Messgrößen aufbereitet, filtert und mit einer Frequenz von 200 Hz per CAN-Bus übermittelt.

Die sensorexterne Signalverarbeitung ist detailliert in (Maier, Kubatschek, Hillenbrand, Pfeiffer, & Wrede, 2015) beschrieben und erfolgt durch einen Signal- und Energiewandler (kurz: SEW) sowie durch das SG. Neben der Signalverarbeitung besitzt der SEW die Aufgabe, alle zusätzlich am Versuchsträger angebrachten Komponenten mit Energie zu versorgen. Der SEW ist hierfür mit einem separaten Akkumulator verbunden. Eine Entnahme der elektrischen Energie aus dem Akkumulator des elektrischen Hilfsantriebs wäre prinzipiell möglich, allerdings müsste dafür zunächst das Batteriemanagementsystem (kurz: BMS) modifiziert werden.

Das SG verfügt sowohl über Spannungseingänge als auch CAN-Bus Schnittstellen. Eine erforderliche Signalwandlung, wie sie bei den Drehzahlsensoren von Strom- auf Spannungspegel notwendig ist, erfolgt extern durch den SEW. Die allgemeine Abtastrate des SG orientiert sich an der verwendeten Sensorik und beträgt ein 1 kHz, wobei eine Pegeländerung der Drehzahlsensoren einen Hardwareinterrupt auslöst und mit der Prozessorgeschwindigkeit von 900 MHz erfasst wird. Die eingelesenen Sensordaten werden aufgrund des geringen internen Speichers des SG direkt per Universal Serial Bus (kurz: USB) auf ein externes Speichermedium übertragen. Im Rahmen der weiteren Informationsverarbeitung werden die Daten in eine selbstprogrammierte Daten Management Plattform (kurz: DMP) eingelesen. Das DMP kann mit allen in der modellbasierten Entwicklungsumgebung anfallenden Dateiformaten umgehen. So verarbeitet das DMP bspw. die Messdaten der Fahrversuche im offenen Regelkreis derart, dass sie als Stimulation für die Simulationsmodellvalidierung genutzt werden können.

Je nach Gefährdung des Fahrers können bemannte und unbemannte Fahrversuche durchgeführt werden. Eine starke Bremsung ohne anschließende kritische Fahrsituation oder mit nur leichtem Hinterradabheben ist für geübte Versuchsfahrer gut kontrollierbar. Eine Vorderradblockade ist dagegen unabhängig vom Übungsgrad kaum zu kontrollieren und birgt ein hohes Sturz- und damit Verletzungsrisiko. Aus diesem Grund sieht die entsprechende Konfiguration des Versuchsträgers seitliche Gleitkufen vor (vgl. Abbildung 3.3). Zur Untersuchung von starkem Hinterradabheben mit hohem Überschlagrisiko dient der automatisierte unbemannte Fahrversuch. Während eines unbemannten Fahrversuchs wird der Versuchsträger samt Crashtest-Dummy vom SG kontrolliert und durch eine Zwillingsbereifung an der Vorderachse stabilisiert (vgl. Abbildung 3.4). Der elektrische Hilfsantrieb beschleunigt den Versuchsträger bis auf eine zuvor definierte Zielgeschwindigkeit. Anschließend rollt der Versuchsträger zur Findung einer Gleichgewichtslage für eine kurze Zeitspanne frei bis er durch eine pneumatisch arbeitende Aktorik gebremst wird. Die Aktorik besteht aus einem Druckluftspeicher, einem elektrisch betätigten Magnetventil und einem Kolbenstangenzylinder. Die Kolbenstange ist über einen Bowdenzug mit dem Bremshebel für das Vorderrad verbunden und kann so eine Bremsung auslösen.

Von entscheidender Bedeutung beim Aufbau des Versuchsträgers ist die möglichst geringe Beeinflussung der bremsdynamischen Eigenschaften durch die zusätzlich angebrachten Komponenten. Im bemannten Fahrversuch ist insbesondere die Positionierung von SG, SEW sowie separatem Akkumulator aufgrund deren hoher Masse wichtig. Die optimale Position für die Komponenten wäre aufgrund der Systemschwerpunktlage von Fahrrad und Fahrer im Bereich des Ober- und Sattelrohrs. Da sich dort bereits der Akkumulator des elektrischen Hilfsantriebs befindet, sind die Komponenten in eine Schutzbox integriert und auf einem Vorderradgepäckträger angebracht[1].

Zur Darstellung des unbemannten Fahrversuchs ist eine Vielzahl zusätzlicher mechanischer Komponenten notwendig. Der Crashtest-Dummy entspricht in seiner Masse und Massenverteilung einem typischen menschlichen Fahrer für die Rahmengröße des Versuchsträgers. Eine Halterung für den Rumpf des Crashtest-Dummys ermöglicht ferner eine vergleichbare Sitzposition. Die Masse und Schwerpunktlage des Fahrers ist durch den Dummy folglich kaum verändert. Einen größeren Einfluss besitzt die Zwillingsbereifung an der Vorderradachse. Prinzipiell ist eine Aufteilung der Radlasten und Umfangskräfte auf zwei Laufräder aufgrund der niedrigen Schlupfwerte während eines Fahrversuchs mit Hinterradabheben (linearer Bereich der Kraftschluss-Schlupf-Kurve) unter geringer Veränderung der Bremsdynamik möglich. Im Gegensatz zu bspw. einem abkoppelbaren Beiwagen garantiert die Zwillingsbereifung in Kombination mit einer mechanischen Lenkerarretierung zudem die querdynamische Fahrzeugstabilität über den gesamten Fahrversuch.

Die hohe Masse der Zwillingsbereifung bedingt allerdings eine Verschiebung des Systemschwerpunkts leicht nach vorne und stark nach unten. Die Längsverzögerungsschwelle für das Hinterradabheben ist folglich im unbemannten Fahrversuch höher als im bemannten Fahrversuch, vgl. Gl. (2.4). Nach dem Hinterradabheben hängt der Einfluss der Zwillingsbereifung auf die Bremsdynamik wesentlich vom aktuellen Momentanpol der Überschlagbewegung ab. Solange sich das Vorderrad dreht, rotiert der Fahrradaufbau

[1] Eine Positionierung der Komponenten auf einem Hinterradgepäckträger würde den Widerstand des Systems gegenüber einer Überschlagbewegung um die Fahrzeugquerachse stark erhöhen.

samt Hinterrad um die Vorderradachse. In diesem Zustand hat die hohe Masse der Zwillingsbereifung kaum einen Einfluss. Nachdem das Vorderrad zum Stillstand kommt, verlagert sich der Momentanpol der Rotationsbewegung in den Vorderradaufstandspunkt. In diesem Zustand besitzt die Zwillingsbereifung einen Einfluss und führt zu Abweichungen zwischen bemanntem und unbemanntem Fahrversuch.

Abbildung 3.3: Bemannter Fahrversuch

Abbildung 3.4: Unbemannter Fahrversuch

Eine Zusammenstellung aller mechatronischen Komponenten am Versuchsträger sowie die Ergebnisse exemplarischer bemannter und unbemannter Fahrversuche finden sich in Anhang 9.1.

3.2.2 Simulationsmodelle

Die Modellbildung von Fahrer und Fahrrad ist in Abbildung 3.5 und Abbildung 3.6 dargestellt. Das Fahrermodell untergliedert den menschlichen Körper in die Gliedmaßen: Kopf und Hals (1), Rumpf (2), obere Extremitäten bestehend aus Oberarm (3), Unterarm (4) und Hand (5), Becken (6) sowie untere Extremitäten bestehend aus Oberschenkel (7), Unterschenkel (8) und Fuß (9). Das Fahrradmodell beinhaltet die Komponenten: Hinterrad (10), Rahmen (11), Lenker und gefederter Teil der Gabel (12), ungefederter Teil der

Gabel (13) sowie Vorderrad (14). Zur Untersuchung des bremsdynamischen Verhaltens im offenen Regelkreis sowie als Grundlage der MiL Simulation und des HiL Prüfstands wurden aus der Modellbildung von Fahrer und Fahrrad zwei Simulationsmodelle abgeleitet.

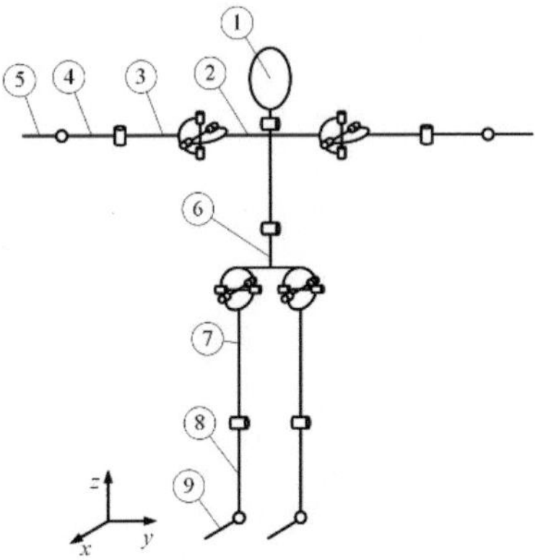

Abbildung 3.5: Modellbildung Fahrer

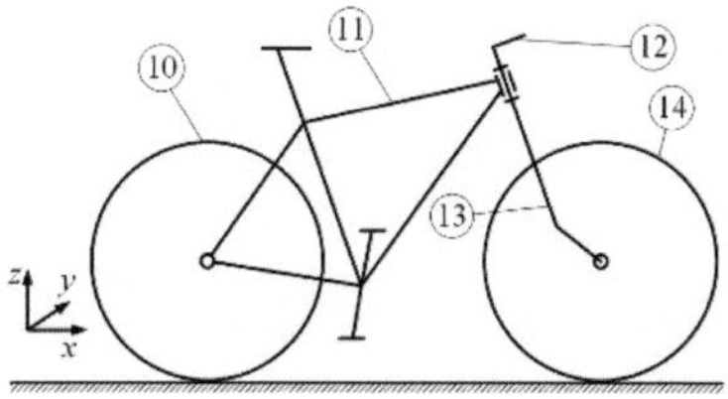

Abbildung 3.6: Modellbildung Fahrrad

Das erste Simulationsmodell wurde in (Maier, Fahrdynamik, 2014) entwickelt, bildet die ebene Fahrzeugbewegung (Längs- und Vertikaldynamik) ab und basiert auf mathematischen Bewegungsgleichungen (engl.: Equation-Based Simulation Model, kurz: EBM). Alle dem EBM zugrundliegenden Gleichungen finden sich in (Maier, Pfeiffer, & Wrede, Umgebungsmodell, 2015). Die Gliedmaßen des Fahrers sind mit dem Fahrradaufbau (Rahmen, Lenker und gefederter Teil der Gabel) zu einem Starrkörper zusammengefasst. Gemeinsam mit den ebenfalls als Starrköper abgebildeten Laufrädern und dem ungefederten Teil der Gabel besteht das EBM aus vier Einzelkörpern und besitzt den Freiheitsgrad fünf (Rotation der Laufräder und des Fahrradaufbaus um deren Querachse sowie Translation des Fahrradaufbaus und der Gabelfederung entlang deren Längsachse). Das Kontaktverhalten von Reifen und Fahrbahn ist mittels der Näherungsgleichung nach (Burckhardt, 1993) beschrieben. Das EBM kennt zwei strukturelle Zustände. Im ersten

Zustand sind beide Laufräder am Boden, im zweiten Zustand ist das Hinterrad abgehoben. Ein Wiederaufsetzen des Hinterrades ist nicht abgebildet, weshalb die Simulation zu diesem Zeitpunkt stoppt. Neben Fahrrad und Fahrer ist im EBM das statische Übertragungsverhalten (mechanische Übersetzungen) der hydraulisch betätigten Bremse modelliert. Das EBM wird zu grundlegenden Untersuchungen der Bremsdynamik, für Sensitivitätsanalysen von allgemeinen Systemparametern wie der Schwerpunktlage und als echtzeitfähiges Umgebungsmodell eingesetzt.

Das zweite Simulationsmodell entstammt der Arbeit von (Györfi, 2015) und ist ausführlich in (Maier, Györfi, Wrede, & Kasper, Multi-Body Model, 2017) beschrieben. Das Modell fußt auf einem physikalischen Modellierungsansatz, bei welchem die Subsysteme in ihrer domänenspezifischen Form beschrieben werden (VDI, 2003). Fahrrad und Fahrer sind als komplexes Modell mehrerer starrer Körper abgebildet (engl.: Multi-Body Simulation Model, kurz: MBM). Das MBM umfasst alle Gliedmaßen, Komponenten und Gelenke der Modellbildung von Fahrrad und Fahrer (vgl. Abbildung 3.7, Zuordnung Nummern s.o.). Der als passiv modellierte Fahrer nickt je nach Verzögerung nach vorne, kann aber keine aktiven Gegenkräfte einleiten. Das MBM bildet prinzipiell die räumliche Fahrzeugbewegung ab, wobei aufgrund der ausschließlich längsdynamischen Regelung des BDA das Drehgelenk zwischen Rahmen und Lenker gesperrt ist. Mit dieser Modifikation besteht die Topologie des MBM aus insgesamt 15 Starrkörpern und 19 reibungslosen Gelenken, woraus sich ein Freiheitsgrad von zehn ergibt. Der Kontakt von Reifen und Fahrbahn wird durch das semiempirische „Magic Formula" Reifenmodell von Pacejka (Pacejka & Besselink, 2012) dargestellt. Im Vergleich zum EBM kann das Hinterrad im MBM mehrmals abheben und wiederaufsetzen. Zudem ist die Bremse als Komposition hydraulischer Elemente abgebildet (vgl. Abbildung 3.8), wodurch neben dem statischen auch das dynamische Übertragungsverhalten berücksichtigt wird. An dem in Abbildung 3.8 schraffiert dargestellten Leitungsstück kann die Aktorik zur Druckmodulation für die MiL-Simulation eingefügt werden. Das MBM dient sowohl für detaillierte Bremsdynamikstudien und Sensitivitätsanalysen unterschiedlichster Einflussgrößen als auch als Umgebungsmodell.

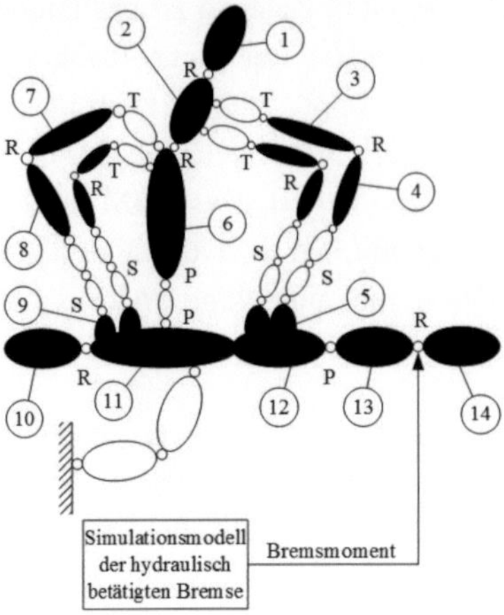

Abbildung 3.7: Topologie Modell Fahrrad und Fahrer

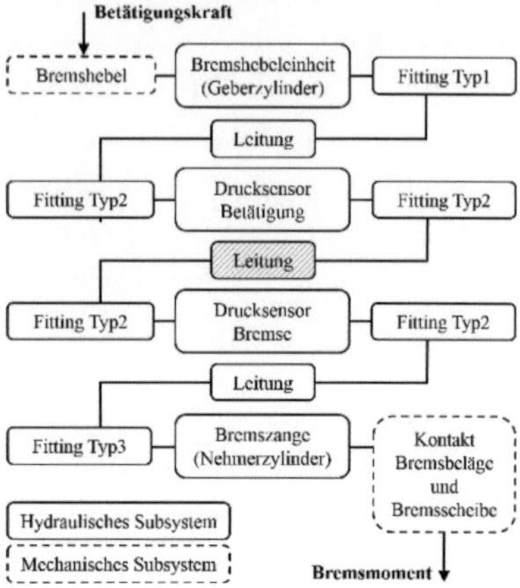

Abbildung 3.8: Topologie Modell hydraulische Bremse

Zusätzlich zu Fahrer, Fahrrad und Bremse ist die Modellbildung der Messkette, vor allem der einzelnen Sensoren und deren interner Signalverarbeitung notwendig. Sowohl die Druck- als auch Inertialsensorik übertragen ihre Signale per CAN-Bus an das SG. Die Drucksensoren besitzen eine interne gleitende Mittelwertfilterung mit einstellbarer Filterkonstante und übertragen die Druckinformation zyklisch (Wiedemann, 2014). Die Inertialsensorik verarbeitet die jeweilige Messgröße zunächst durch einen Dezimierfilter und einen Tiefpassfilter mit konstanter Grenzfrequenz. Je nach Einsatzbedingungen der Inertialsensorik kann die Grenzfrequenz eines zweiten Tiefpassfilters eingestellt werden (Bosch, SU-MM5.10, 2013). Sowohl Beschleunigungen als auch Drehraten werden in gleicher Weise aufbereitet, d.h. sie sind zum Zeitpunkt der zyklischen Signalübertragung synchron. Die Ausgangssignale der virtuellen Drehzahlsensoren sind die Umfangsgeschwindigkeiten der Laufräder. Die Umfangsgeschwindigkeiten werden in den Simulationsmodellen in die Rechtecksignale der realen Drehzahlsensoren „zurückgerechnet". Nur so ist es möglich, die aufwändige sensorexterne Signalverarbeitung der Drehzahlsensoren in gleichem Maße in Simulation und Realität zu berücksichtigen. Die Wegsensoren an Federgabel und Hinterradnabe übertragen ihre

Signale analog. Sie sind vereinfacht modelliert, wobei die Abtastrate des SG berücksichtigt wird.

Zur Simulation des geschlossenen Regelkreises fehlt auf Seite der virtuellen Umgebung noch das Modell der Aktorik zur Druckmodulation. Das Aktorikmodell ist in der Arbeit von (Hannasky, 2016) beschrieben und wird für die MiL-Simulation in das physikalische Modell der hydraulisch betätigten Bremse integriert (vgl. Abbildung 3.8). Von besonderer Bedeutung bei der Modellbildung der Aktorik sind die beiden Magnetventile und der Niederdruckspeicher (Akkumulator). Das simulative Verhalten dieser Komponenten muss in hohem Maße dem realen Verhalten entsprechen, um aufgrund der limitierten Anzahl an Druckmodulationen effiziente Betriebsstrategien modellbasiert entwickeln zu können.

3.2.3 Parameterermittlung

Neben der Modellierung ist die Qualität der verwendeten Parameter für die Aussagekraft der Simulationsergebnisse entscheidend. Die nachfolgend dargestellte Parameterermittlung differenziert zwischen Fahrer, Rahmen mit Gabel, Bremse und Laufrädern mit Reifen.

Im Vergleich zu anderen Kraftfahrzeugen ist beim Elektrofahrrad die Fahrermasse weitaus größer als die Fahrzeugmasse (Verhältnis ca. 4:1). Aufgrund dieser Fahrerdominanz wurde im Rahmen der Arbeit nicht nur ein virtueller Referenzfahrer verwendet, sondern die Möglichkeit geschaffen, die Auswirkung von sowohl männlichen als auch weiblichen Perzentil-Personen auf die Bremsdynamik zu untersuchen. Die Abmaße, Schwerpunktlagen, Massen und Massenträgheitsmomente der Gliedmaße der einzelnen Perzentil-Personen stammen aus (Riggs, Leonard, Goalwin, & Delheimer, 1999) und sind nach (DIN, 2005) auf die deutsche Bevölkerung skaliert. Die Federungs- und Dämpfungseigenschaften der einzelnen Gelenke basieren auf (Wang & Hull, 1997) und (Kłodowski, Rantalainen, Heinonen, Sievänen, & Mikkola, 2011), wobei im Rahmen der Arbeit nicht zwischen den Perzentil-Personen unterschieden wird. Je nach Geschlecht und Größe nutzen die Perzentil-Personen unterschiedliche Rahmengeometrien und -größen. Die notwendige

Ermittlung der Abmaße, Schwerpunktlagen, Massen und Massenträgheitsmomente passender Rahmen orientiert sich an dem Versuchsträger ähnlichen Trekkingradmodellen. Die Ergebnisse der Rahmencharakterisierung sind in (Maier, Kubatschek, Györfi, Pfeiffer, & Wrede, 2015) dargestellt. Zur Ermittlung der Parameter der Gabel konnte einerseits auf Datenblätter, andererseits auf Prüf- und Messeinrichtungen des BikeSafe Projektpartners Magura zurückgegriffen werden.

Hydraulisch betätigte Bremsen am Fahrrad sind bisher kaum wissenschaftlich untersucht. Zur Erforschung ihres Übertragungsverhaltens und Ermittlung der notwendigen Parameter wurde gemeinsam mit dem BikeSafe Projektpartner Bosch eine tiefgehende Analyse durchgeführt. Die Ergebnisse finden sich in (Maier, Györfi, Wrede, Arnold, & Moia, 2017). Für das Verständnis der vorliegenden Arbeit ist insbesondere die Erkenntnis wichtig, dass hydraulisch betätigte Bremsen am Fahrrad eine deutlich höhere Steifigkeit[2] besitzen als vergleichbare Systeme beim Kraftfahrzeug. Als Bindeglied zur Fahrbahn ist der Reifen von entscheidender Bedeutung für die fahrdynamischen Eigenschaften eines Fahrzeugs. Insbesondere für die Entwicklung der Antiblockierfunktion ist die genaue Kenntnis der longitudinalen und vertikalen Eigenschaften eines Fahrradreifens notwendig. Aufgrund fehlender Literatur- und Herstellerangaben wurde eine ausführliche Charakterisierung eines typischen Trekkingradreifens selbst durchgeführt. Die Ergebnisse sind in (Maier, Hillenbrand, Wrede, Freund, & Gauterin, 2016) dargestellt und zeigen, dass Fahrradreifen bei Geradeauslauf auf trockener Fahrbahn zu großen Teilen ein ähnliches Verhalten wie Kraftfahrzeugreifen aufweisen. Auf nasser Fahrbahn ergeben sich durch den keilförmigen und flächenmäßig kleinen Fahrradreifenlatsch geschwindigkeitsabhängige Unterschiede hinsichtlich der Ablösung des Reifens von der Fahrbahn durch den Wasserfilm.

---

[2] Die Steifigkeit bei hydraulisch betätigten Bremsen ist typischerweise als Verhältnis von aufgebautem Bremsdruck zu verschobenen Bremsflüssigkeitsvolumen definiert. Bei den untersuchten Fahrradbremsen verläuft die sogenannte p-V-Kennlinie im Vergleich zu bspw. Kraftradbremsen flacher, d.h. Fahrradbremsen nehmen bei gleichem Druck deutlich weniger Volumen auf, wodurch sich eine höhere Steifigkeit ergibt.

3.2.4 Validierung der Simulationsmodelle

Unter Validierung wird in dieser Arbeit die „Bestätigung durch objektiven Nachweis, dass die Anforderungen für eine bestimmte Anwendung oder einen bestimmten Gebrauch erfüllt sind" verstanden (ISO, 9000, 2005). Für die Modellvalidierung lässt sich aus der Definition ableiten, dass sowohl eine Vorderradblockade als auch ein Hinterradabheben mit möglichem Überschlag ausreichend realitätsnah für die Entwicklung eines aktiven Sicherheitssystems simuliert werden können. Zur Bewertung dienen bemannte Fahrversuche im offenen Regelkreis, welche den Versuchsfahrer, den Versuchsträger und die zur Erfassung der bremsdynamischen Vorgänge verwendete Messtechnik umfassen.

Abbildung 3.9 zeigt die zur Modellvalidierung genutzte Versuchsumgebung. Als Stimulation für die Simulationsmodelle werden der vom Versuchsfahrer eingesteuerte Betätigungsdruck am Vorderrad sowie die zu Bremsbeginn vorliegende Initialgeschwindigkeit aus den Messdaten des entsprechenden Fahrversuchs extrahiert. Das Modell der elektrischen Antriebseinheit ist nur im physikalischen MBM zur Beschleunigung von Fahrrad und Fahrer notwendig. Im gleichungsbasierten EBM entsprechen die Inititalwerte der entsprechenden Integratoren der Initialgeschwindigkeit bei Bremsbeginn.

Bei der Auswahl der Fahrversuche für die Modellvalidierung wurde neben einer Messdatenanalyse stets auch eine Videodatenanalyse (1000 Bilder/s mit Hochgeschwindigkeitskamera) durchgeführt. Die Videodatenanalyse dient dazu, aktive Fahrerbewegungen zu identifizieren, welche in den Simulationsmodellen nicht abgebildet sind. Als Beispiel sei das Verlassen des Sattels während des Hinterradabsenkens genannt. Nachfolgend werden die Ergebnisse der Modellvalidierung exemplarisch für die Versuchskategorie starke Bremsung mit Hinterradabheben dargestellt und diskutiert. Die Validierungsergebnisse hinsichtlich einer starken Bremsung ohne kritische Fahrsituation und mit Vorderradblockade finden sich in Anhang 9.2.

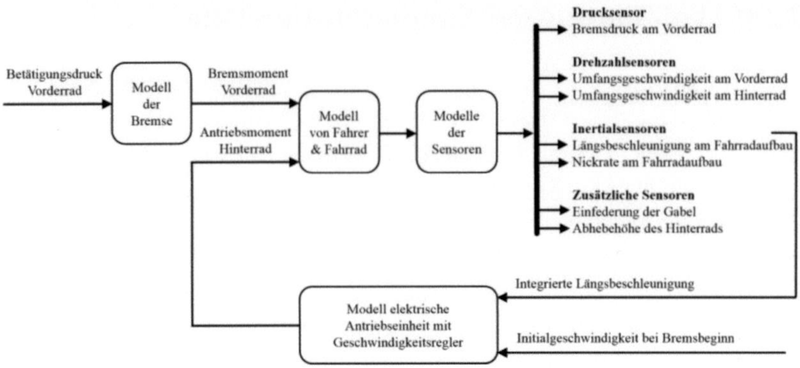

Abbildung 3.9: Versuchsumgebung Modellvalidierung

Abbildung 3.10 vergleicht gemessene und simulierte Signalverläufe für eine starke Bremsung mit Hinterradabheben. Im Allgemeinen zeigt das MBM bei einem solchen Fahrmanöver eine deutlich größere Realitätsnähe als das EBM. Der Hauptgrund liegt in der Modellierung des EBM, welche nur die beiden strukturellen Zustände „Laufräder am Boden“ und „Hinterrad abgehoben“ umfasst. Zum Zeitpunkt des Hinterrad(wieder)aufsetzens stoppt die Simulation.

Eine große Überdeckung mit den gemessenen Verläufen zeigt das MBM hinsichtlich der Größen Einfederung, Nickrate und Abhebehöhe. Für letztere beiden Größen ist sowohl der Median nahe Null als auch die Streuung klein (vgl. Abbildung 3.11). Auffallend ist das erneute Hinterradabheben im MBM im Vergleich zum bemannten Fahrversuch. Der Grund liegt in den dämpfenden Eigenschaften des menschlichen Körpers. Aufgrund der Starrkörperkomposition des MBM besitzt der virtuelle Fahrer diese Eigenschaften nicht. Die gute Überdeckung hinsichtlich der Einfederung ist durch die hohe Dynamik während einer Bremsung mit Hinterradabheben zu erklären. Während des Vorgangs ändert sich die dynamische Last auf die Gabel permanent, wodurch das Standrohr fast ausschließlich im Tauchrohr gleitet. Das Gleiten wird durch die Modellierung der Gabel als Masse-Feder-Dämpfer-System gut abgebildet.

Die Kastengrafiken zeigen für die Längsbeschleunigung einen Median nahe Null, allerdings eine relativ große Streuung und deutliche Ausreißer. Die deutlichen Ausreißer ergeben sich durch die im gemessenen Signalverlauf erkennbaren starken Ausschläge während des Hinterradaufsetzens. Die große Streuung entsteht durch die gemessene „unruhige“ Längsbeschleunigung bei und während des Hinterradabhebens. Gründe im Fahrversuch sind einerseits Verwindungen des Fahrradaufbaus, andererseits geringfügige aktive Fahrerbewegungen wie das Versteifen der Arme oder Aufrichten des Oberkörpers.

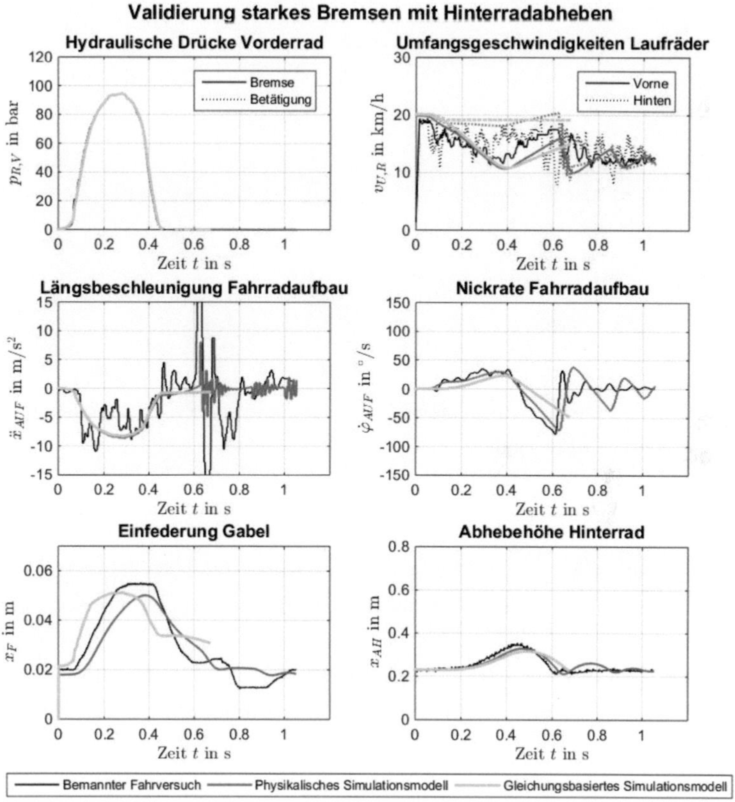

Abbildung 3.10: Modellvalidierung Hinterradabheben Signalverläufe

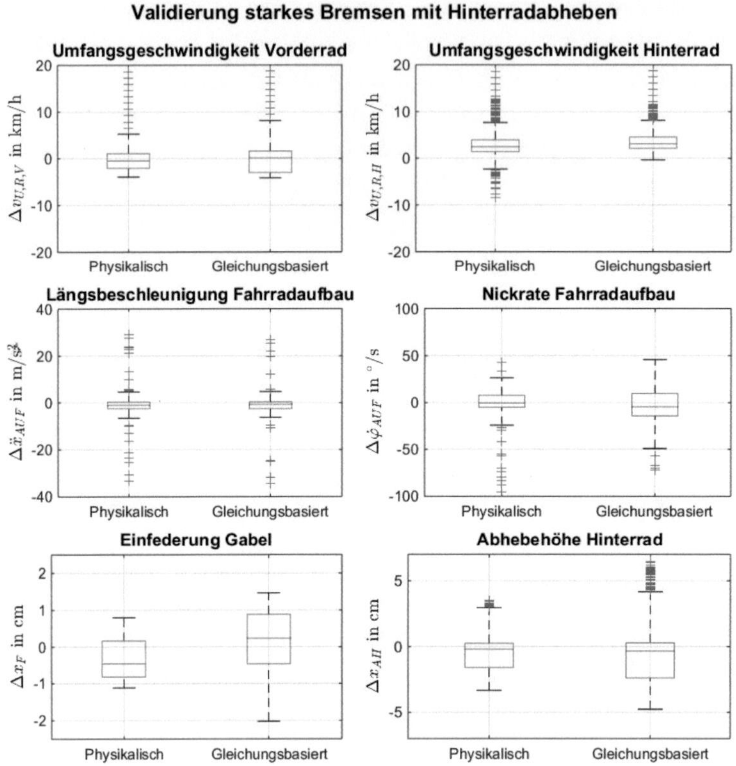

Abbildung 3.11: Modellvalidierung Hinterradabheben Kastengrafiken

Der Vergleich von gemessener und simulierter Umfangsgeschwindigkeit am Hinterrad zeigt ein früheres Hinterradabheben in der Simulation. Da die Abweichung trotz Betätigungsdruckvorgabe und ähnlichem Längsbeschleunigungsverlauf auftritt, liegt eine geringfügige Differenz hinsichtlich der Schwerpunktlage vor. Aufgrund des früheren Abhebens ist die Umfangsgeschwindigkeit am Hinterrad in der Simulation höher als in der Realität, wodurch sich die Verschiebung des Median in der Kastengrafik erklären lässt. Der Verlauf der Vorderradumfangsgeschwindigkeit zeigt eine gute

Überdeckung von gemessenen und simulierten Werten während der Bremsung. Nach der Betätigungsdruckreduktion durch den Fahrer läuft das virtuelle Vorderrad allerdings weniger stark an als das reale Vorderrad.

Zusammenfassend kann mit den Simulationsmodellen eine starke Bremsung ohne kritische Fahrsituation, mit Hinterradabheben und mit Vorderradblockade für die Entwicklung eines aktiven Sicherheitssystems wie dem BDA ausreichend realitätsnah untersucht werden. Die Signalverläufe von EBM und MBM entsprechen für eine starke Bremsung ohne kritische Fahrsituation in hohem Maße dem bemannten Fahrversuch (vgl. Anhang 9.2). Abweichungen sind hinsichtlich des Einfederwegs feststellbar, da die Gabel des Versuchsträgers einen ausgeprägten Stick-Slip-Effekt besitzt, welcher in den Modellen nicht abgebildet ist. Eine Bremsung mit Hinterradabheben wird deutlich realitätsnäher durch das MBM als durch das EBM abgebildet. Größte Schwächen des EBM sind, dass die Simulation zum Zeitpunkt des Hinterrad(wieder)aufsetzens stoppt und Fahrradaufbau und Fahrer zu einem Starrkörper zusammengefasst sind (keine Nickbewegung des virtuellen Fahrers). Unterschiede zwischen MBM und Fahrversuch bestehen im Verlauf der Vorderradumfangsgeschwindigkeit und dem erneuten Hinterradabheben. Letztere Abweichung tritt aufgrund nicht modellierter dämpfender Eigenschaften des menschlichen Körpers auf. Eine Vorderradblockade kann prinzipiell mit beiden Simulationsmodellen untersucht werden, wobei das MBM mit dem Reifenmodell nach Pacejka schlechtere Validierungsergebnisse als das EBM mit dem Reifenmodell nach Burckhardt lieferte (vgl. ebenfalls Anhang 9.2). Der Grund liegt in der herausfordernden Beschreibung des Reibwertverhaltens nach Pacejka zwischen Reifen und der bei Fahrversuchen mit Vorderradblockade genutzten bewässerten Fahrbahn aus poliertem Beton.

Die Validierung des Aktorikmodells erfolgte nicht durch Einbindung in den Fahrversuch, sondern durch einen Testaufbau im Labor. Abbildung 3.12 zeigt exemplarisch den Vergleich von gemessenen und simulativen Verläufen für mehrere Bremsdruckabbauten (EV geschlossen, AV für jeweils 2 ms geöffnet) aus unterschiedlichen initialen Betätigungsdrücken am Bremshebel.

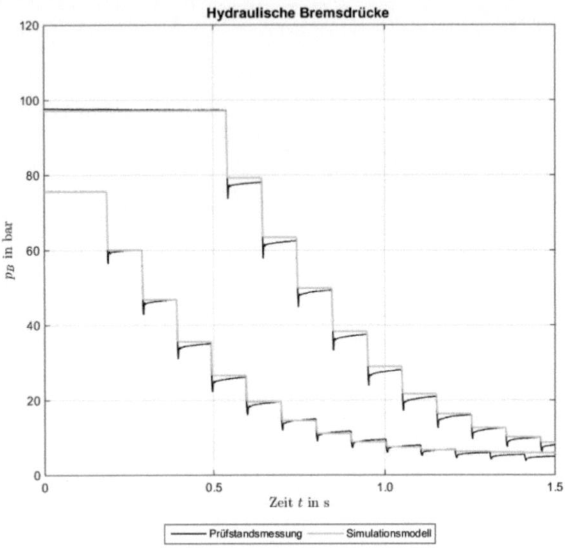

Abbildung 3.12: Modellvalidierung Druckabbauten

Abweichungen zwischen Simulation und Realität ergaben sich insbesondere bei der Verwendung hochdynamischer Testzyklen bestehend aus Bremsdruckabbau, -halten und -aufbauphasen. Die Gründe für die Abweichungen liegen in der Parametrierung des Modells sowie im physikalischen Modellierungsansatz. Letzterer kann im Vergleich zu bspw. der numerischen Strömungsmechanik (engl.: Computational Fluid Dynamics, kurz: CFD) das hochtransiente hydraulische Übertragungsverhalten während der Druckmodulationen nur bedingt abbilden. Die Schwächen der Parametrierung liegen im elektromagnetischen Teil der Ventile. Ein Großteil der Parameter beruht auf Annahmen, da sowohl eine Literaturrecherche als auch eine diesbezügliche Kontaktaufnahme zum Hersteller der Aktorik ergebnislos blieb.

3.3 Werkzeuge zur Integration und zum Test

3.3.1 Model-in-the-Loop Simulation

Der Zusammenschluss von virtueller Umgebung – zuvor eingeführte Simulationsmodelle von Fahrer, Fahrrad und Umwelt sowie Aktorik und Sensorik – und virtueller Funktion zu einem geschlossenen Regelkreis führt zur MiL Simulation. Die MiL Simulation ermöglicht rein rechnerbasierte Funktionstests und damit eine frühe Verifikation gegenüber den Anforderungen. Insbesondere können in der MiL-Simulation unter geringem Aufwand eine Vielzahl an System- und Umgebungsparametern variiert werden, wodurch eine Überprüfung der Funktion auf ihre Robustheit für die beim Fahrrad große Streuungsbreite der relevanten Parameter möglich ist. Der MiL Simulation liegt ein monolithischer Ansatz zugrunde, d.h. sowohl die Funktion als auch die Umgebung sind in die gleiche Simulationsumgebung integriert.

3.3.2 Hardware-in-the-Loop Prüfstand

Der HiL Prüfstand ist in der Arbeit von (Bott, 2015) entstanden und in (Bott, Pfeiffer, Maier, & Wrede, 2016) detailliert beschrieben. Nachfolgend werden nur die für das Verständnis der schriftlichen Ausarbeitung notwendigen Aspekte erläutert.

Der HiL Prüfstand steigert im Vergleich zur MiL Simulation den Realitätsgrad und setzt die modellbasierte Entwicklungswerkzeugkette fort. Die größte Unsicherheit der MiL Simulation liegt im dynamischen Übertragungsverhalten der hydraulisch betätigten Bremse mit integrierter Aktorik zur Druckmodulation. Aus diesem Grund sind sowohl die Bremse als auch die Aktorik samt der erforderlichen Leistungsendstufen nicht mehr als virtuelle, sondern als reale Komponenten am HiL Prüfstand vorhanden. Die übrigen Komponenten der Umgebung werden auf einem Echtzeitrechner simuliert, wodurch die zu entwickelnde Funktion auch am HiL Prüfstand gefahrlos und reproduzierbar auf ihre Robustheit mittels Parametervariationen überprüft werden kann.

Zur Vermeidung möglicher Integrationskonflikte der Funktion am Versuchsträger wird das Funktionsmodell bereits am HiL Prüfstand unter Verwendung von Eingangs-/Ausgangs-Blöcken per RCP in das SG implementiert. Folglich müssen am HiL Prüfstand die gleichen Einsatzbedingungen wie am Versuchsträger für das SG herrschen. Zu diesem Zweck werden die Sensorsignale vom Echtzeitrechner über Eingangs-/Ausgangs-Karten in ihrer tatsächlichen Form (bspw. Drehzahlsignal als Strompegel oder inertiale Größen als CAN-Bus Botschaften) ausgegeben und an das SG übertragen. Die Ausgangssignale des SG enden bei den Leistungsendstufen, welche die Ventile innerhalb der Aktorik zur Druckmodulation ansteuern. Abbildung 3.13 zeigt den strukturellen Aufbau des HiL-Prüfstands als mechatronische Grundstruktur und unterscheidet nach Informations-, Energie- und Stofffluss.

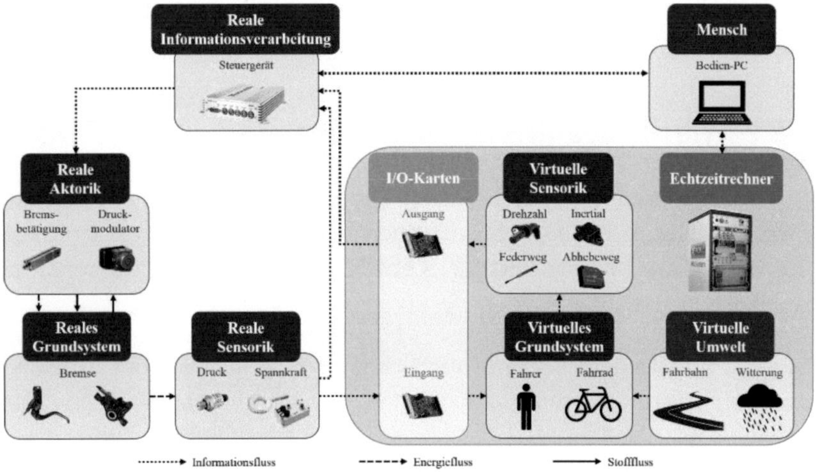

Abbildung 3.13: Mechatronische Grundstruktur HiL Prüfstand

Eine Besonderheit des HiL Prüfstands ist die pneumatisch arbeitende Bremsbetätigung. Im Vergleich zu der vom unbemannten Fahrversuch bekannten pneumatischen Bremsbetätigung, besitzt die Lösung am HiL Prüfstand einen höheren Freiheitsgrad. Zum einen kann mit der Bremsbetätigung ein Anbremsen nachgestellt werden, wie es für vorausschauend oder bergab fahrende Fahrradfahrer typisch ist. Das Anbremsen entspricht hinsichtlich des hydraulischen Druckaufbaus im Bremssystem näherungsweise der Versuchskategorie starkes Bremsen ohne kritische Fahrsituation. Zum anderen ermöglicht die Bremsbetätigung, eine Not- bzw. Schreckbremsung nachzustellen. Eine Not- bzw. Schreckbremsung entspricht je nach simuliertem Fahrbahnreibwert und -steigung den Versuchskategorien starke Bremsung mit Vorderradblockade oder Hinterradabheben. Ergänzend ist die Kombination beider Bremsarten möglich, wie sie häufig im urbanen Raum vorkommt: ein Fahrradfahrer bremst bereits aufgrund eines Fahrbahngefälles und leitet bedingt durch ein sich plötzlich in seiner Trajektorie befindendes Hindernis eine Notbremsung ein.

Neben der Krafteinleitung am Bremshebel ist die Systemgrenze zwischen realem und virtuellem Grundsystem in der Bremszange für das Verständnis des HiL Prüfstands wichtig. So sind die mit den Nehmerkolben verbundenen Bremsbeläge noch Bestandteil des realen Systems, die Bremsscheibe ist hingegen bereits virtuelle Komponente. Die Übertragungsgröße zwischen Bremsbelägen und Bremsscheibe ist die Spannkraft. Sie wird am HiL Prüfstand durch einen piezoelektrischen Kraftmessring erfasst und durch einen digitalen Ladungsverstärker aufbereitet. Ausgangssignal des Ladungsverstärkers ist eine analoge Spannung, welche von einer Eingangskarte im Echtzeitrechner eingelesen wird. Im Echtzeitrechner wird das Spannungssignal in ein Kraftsignal gewandelt und dem virtuellen Grundsystem zugeführt.

Das virtuelle Grundsystem basiert auf dem EBM ohne Bremsenmodell. Eine Integration des MBM in die Umgebung des Echtzeitrechners wäre prinzipiell ebenfalls möglich, allerdings unterstützt das Pacejka Reifenmodell zurzeit noch nicht die notwendige Code-Generierung und Cross-Compilation. Nach der Integration des EBM in die Echtzeitrechner-Umgebung wurde dieses erneut validiert und zeigte die bereits diskutierten Validierungsergebnisse. Eine Zusammenstellung der am HiL Prüfstand verwendeten Komponenten, ein schematischer Schaltplan der pneumatischen Bremsbetätigung sowie je ein Übersichtsbild zur hydraulisch und elektrisch dominierten Komponentenseite finden sich in Anhang 9.3.

3.3.3 Rapid-Control-Prototyping im Fahrversuch

Der Versuchsträger ermöglicht in der Konfiguration für den geschlossenen Regelkreis, d.h. mit integrierter Aktorik zur Druckmodulation und silikonbasierter Bremsflüssigkeit, Systemtests im Fahrversuch. Die zu testende Funktion ist per RCP im SG implementiert und die Aktorik wird über die Leistungsendstufen des SEW angesteuert. Die Systemtests im Fahrversuch bauen damit auf dem HiL Prüfstand auf, wodurch sich die Durchgängigkeit der modellbasierten Entwicklungswerkzeugkette am Versuchsträger fortsetzt. Implementiert man die Funktion des aktiven Sicherheitssystems in die Informationsverarbeitung, entsteht ein den elektrischen Hilfsantrieb nutzendes, geschlossenes mechatronisches System. Abbildung 3.14 zeigt die Grundstruktur dieses Systems und unterscheidet nach Informations-, Energie- und Stofffluss.

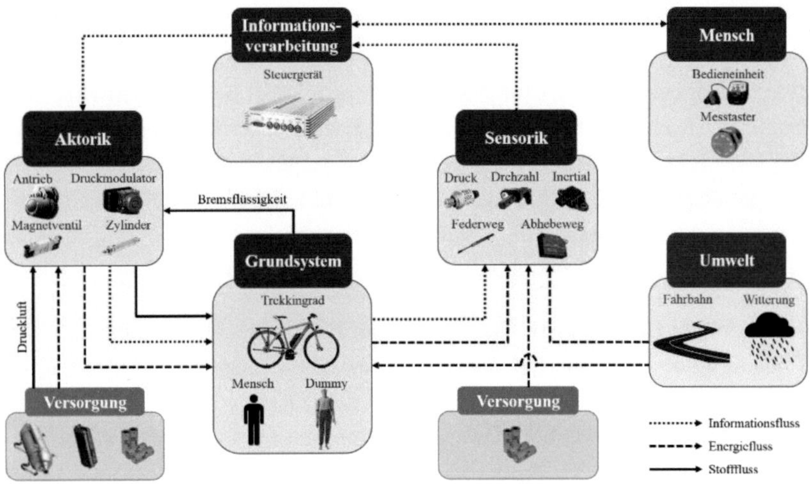

Abbildung 3.14: Mechatronische Grundstruktur Versuchsträger

Im Falle des aktiven Sicherheitssystems erfolgt die Absicherung der Antiblockierfunktion im bemannten Fahrversuch unter Verwendung der Gleitkufen.

Frühe, möglicherweise noch fehlerbehaftete Entwürfe der Antiüberschlagfunktion werden zunächst im unbemannten Fahrversuch gefahrlos getestet. Mit Zunahme des Reifegrads erfolgt der Übergang zum bemannten Fahrversuch, um u.a. die Antiüberschlagfunktion auf Robustheit gegenüber Einflüssen durch den menschlichen Fahrer zu testen.

3.4 Zusammenfassung

Für die Entwicklung des aktiven Sicherheitssystems wird das aus dem Kraftfahrzeugbau bekannte V-Modell in leicht abgewandelter Form auf das Fahrrad übertragen. Die vorgenommenen Modifikationen betreffen die Anforderungen auf Systemebene sowie den domänenspezifischen Entwurf auf Komponentenebene. Zum Zwecke einer realitätsnahen Entwicklung wird Dem Finden der Anforderungen wird eine Identifikation der Anwendungsfälle vorgeschaltet, um eine realitätsnahe Entwicklung sicherzustellen.. Der domänenspezifische Entwurf beschränkt sich auf die Informationstechnik, konkret die Entwicklung der Antiblockier- und Antiüberschlagfunktionen. Die für den prototypischen Funktionsnachweis notwendige Sensorik und Aktorik wird von bestehenden aktiven Sicherheitssystemen bei Krafträdern übernommen.

Die zur Analyse und Spezifikation dienenden Werkzeuge werden für Untersuchungen des Fahrzeugverhaltens im offenen Regelkreis eingesetzt. Die Verknüpfung der erstellten Simulationsmodelle von Grundsystem (Fahrrad, Fahrer und Bremse), Sensorik und Aktorik ergibt die virtuelle Umgebung. In Kombination mit aus der Literatur bekannten und durch eigene Untersuchungen ergänzten Parametern lässt sich mithilfe der virtuellen Umgebung die beim Fahrrad große Streuungsbreite der relevanten Parameter abdecken. Als Beispiele seien veränderliche Fahrer- und Reifeneigenschaften sowie Umweltbedingungen genannt. Grundlage des aufgebauten Versuchsträger ist ein handelsübliches Trekkingrad in Pedelecausführung mit hydraulisch betätigten Scheibenbremsen. Der Versuchsträger ist mit umfangreicher Messtechnik ausgestattet und ermöglicht, bremsdynamische Vorgänge im Fahrversuch zu erfassen und für die Validierung der Umgebungsmodelle zu nutzen. Bei der

Fahrradfahrt typische Bremsmanöver, leichtes Hinterradabheben und aufgrund zusätzlicher Gleitkufen ungefährliche Vorderradblockierversuche können mit dem Versuchsträger bemannt durchgeführt werden. Die Methode automatisierter unbemannter Bremsversuche ermöglicht die Untersuchung von starkem Hinterradabheben mit hohem Überschlagrisiko.

Das Werkzeug der MiL Simulation zur Unterstützung von Integration und Test ergibt sich durch Verknüpfung der virtuellen Umgebung mit der virtuellen Funktion zu einem geschlossenen Regelkreis. Im Unterschied zur MiL Simulation steigt beim aufgebauten HiL Prüfstand der Realitätsgrad. Das Funktionsmodell ist unter Verwendung von Eingangs-/Ausgangs-Blöcken per RCP in das SG implementiert. Die hydraulisch betätigte Bremse und die Aktorik zur Druckmodulation samt Leistungsendstufen sind als Hardware-Komponenten in den HiL integriert. Die übrigen Komponenten der Umgebung werden auf einem Echtzeitrechner simuliert, welcher über Eingangs-/Ausgangs-Karten in den HiL eingebunden ist. Zur finalen Absicherung im Fahrversuch wird das SG mit implementiertem Funktionsmodell in die Versuchsträgerumgebung eingebunden.

4 Herleitung des Systemkonzepts

4.1 Unfallspezifische Anwendungsfälle

4.1.1 Fahrradunfallgeschehen

Eine Herausforderung bei der Ableitung von Verhütungsmaßnahmen für Unfälle und Stürze mit dem Fahrrad ist deren Untererfassung in amtlichen Statistiken basierend auf Polizeidaten (Wegman, Zhang, & Dijkstra, 2012). Insbesondere Fahrradalleinunfälle ohne Todesfolge sind mit einer Untererfassungsrate von mehr als 90 % betroffen (Elvik & Mysen, 1999). Obwohl Studien auf Datenbasis des Gesundheitswesens zeigen, dass 60 % aller Verletzungen von Fahrradfahrern aus Alleinunfällen resultieren, sind die genauen Unfallumstände bisher nur unzureichend erforscht (Boufous, Senserrick, Ivers, Richardson, & Rome, 2014).

Als Ergänzung dazu wurde der Forschungslücke mit einem neuartigen Ansatz begegnet. Der Ansatz setzt sich aus einer quantitativen Studie und einer qualitativen Befragung zusammen. Die quantitative Studie dient der umfassenden Erhebung von Fahrradunfalldaten und basiert auf einer online durchgeführten Mehrthemen-Befragung. Weiterführende Informationen zu dieser Befragungsart finden sich in (Berekoven, Eckert, & Ellenrieder, 2009) und (Kuß, 2012). Die Ergebnisse sind repräsentativ für die deutsche Bevölkerung über 18 Jahren und ermöglichen es, die Untererfassungsrate von Fahrradunfällen, den Anteil von Fahrradalleinunfällen und die Rolle der beiden kritischen Fahrsituationen Vorderradblockade und Überschlag am Gesamtunfallgeschehen abzuleiten. Ziel der qualitativen Befragung ist, anhand von Einzelfallinterviews mit gezielt ausgewählten, durch eine der beiden kritischen Fahrsituationen verunfallten Personen psychologisch-funktional repräsentative Informationen zu den Unfallumständen zu ermitteln. Nachfolgend werden die für die Herleitung des Systemkonzepts relevanten Ergebnisse dargestellt.

Die Ergebnisse der quantitativen Studie zeigen, dass nur jeder zehnte Unfall oder Sturz mit dem Fahrrad in Deutschland der Polizei gemeldet wird. Dies entspricht einer Untererfassungsrate von 90 % und deckt sich mit den eingangs angeführten Studienergebnissen. Alleinunfälle stellen ungefähr zwei Drittel (62 %) aller Fahrradunfälle dar und repräsentieren den häufigsten Unfalltyp. Hauptauslöser für einen Fahrradunfall ist in etwa der Hälfte aller Fälle (49 %) ein Fahrfehler. Zum Sturz des Fahrradfahrers führt in 35 % der Fälle eine Vorderradblockade, zu 20 % eine Kollision mit einem weiteren Verkehrsteilnehmer und zu 14 % ein Überschlag. Die ermittelte Verteilung der Sturzereignisse wird durch eine ebenfalls in Deutschland durchgeführte Studie der Unfallforschung der Versicherer (Bauer, et al., 2015) bestätigt. Anzumerken ist, dass nur in etwa 26 % aller Fahrradunfälle die verunfallten Personen explizit angaben, während des Unfallhergangs gebremst zu haben. In weiteren 16 % der Fahrradunfälle wird auf Basis der Beschreibung des Unfallhergangs ein Bremseingriff vermutet. Folglich wurde maximal in 42 % aller Fahrradunfälle gebremst. Ergänzende Informationen finden sich in (Maier, Pfeiffer, Wehner, & Wrede, Empirical Survey, 2015).

4.1.2 Unfallvermeidungspotenzial

Das Unfallvermeidungspotenzial eines aktiven Sicherheitssystems wie dem BDA kann auf Basis der quantitativen Studie abgeschätzt werden. Nachfolgend werden die für das Verständnis der schriftlichen Ausarbeitung notwendigen Aspekte erläutert. Ergänzende Informationen, insbesondere zur Berechnung, finden sich in (Maier, Pfeiffer, Wehner, & Wrede, Bicycle Accidents, 2017).

Zum Wirkfeld des BDA zählen durch Vorderradblockade und Überschlag bedingte Fahrradunfälle, bei welchen ein Bremseingriff durch den Fahrer erfolgte oder vermutlich erfolgte. Im für den Nutzen eines aktiven Sicherheitssystems günstigsten Fall wird bei 15% aller Fahrradunfälle mit Vorderradblockade und 6% mit Überschlag gebremst. Im ungünstigsten Fall erfolgt nur bei 9% aller Fahrradunfälle mit Vorderradblockade und 4% mit Überschlag eine Bremsung. Bekannte aktive Sicherheitssysteme werden vorrangig in hydraulisch betätigte Bremsen integriert. Die Ausstattungsrate hydraulischer Bremsen bei neu verkauften elektrifizierten Fahrrädern spielt folglich für das Unfallvermeidungspotenzial eine wichtige Rolle. Nach Informationen des BikeSafe Projektpartners Magura beträgt die Ausstattungsrate 70 % (günstigster Fall) respektive 50 % (ungünstigster Fall). Teilweise können aktive Sicherheitssysteme Unfälle nur abschwächen, nicht aber verhindern. Dieser Umstand wird durch eine Unfallvermeidungsrate berücksichtigt, welche aufgrund fehlender Literaturquellen im günstigsten Fall mit 50 % und im ungünstigsten Fall mit 20 % angenommen wird. Das sich ergebende Unfallvermeidungspotenzial eines aktiven Sicherheitssystems wie dem BDA liegt bei 8 % (günstigster Fall) respektive 1 % (ungünstigster Fall).

4.1.3 Unfallszenarien und Anwendungsfälle

Auf Basis der quantitativen Studie und qualitativen Befragung konnten jeweils zwei für ein aktives Sicherheitssystem relevante Unfallszenarien hinsichtlich Radblockade und Überschlag herausgearbeitet werden.

Das erste Unfallszenario hinsichtlich *Radblockade* entsteht durch ein Überbremsen des Hinterrads, bei welchem der Fahrer das Gleichgewicht und die Fahrzeugkontrolle verliert. Im Vergleich zur Vorderradblockade (35 %) tritt eine Hinterradblockade (5 %) deutlich seltener auf. Das BDA konzentriert sich daher auf das zweite Unfallszenario hinsichtlich Radblockade, welches durch das Überbremsen des Vorderrades entsteht. Eine Vorderradblockade ist hauptsächlich durch Bremsfehler auf ebenen oder leicht abfallenden Fahrbahnen mit niedrigem Reibwert und/oder kurvigem Verlauf bei erhöhter Fahrgeschwindigkeit bedingt. Typischerweise sind keine weiteren Verkehrsteilnehmer involviert, d.h. die Unfälle oder Stürze sind selbstverschuldet.

Das erste Unfallszenario hinsichtlich *Überschlag* umfasst Bremsfehler auf Fahrbahnen mit mittlerem bis hohem Reibwert im leichten bis steilen Gefälle (ländlicher Raum). Weitere Verkehrsteilnehmer sind meist nicht beteiligt. Das zweite Szenario mit Überschlagfolge ergibt sich durch Not- und Schreckbremsungen auf Fahrbahnen mit hohem Reibwert in der Ebene oder leichtem Gefälle (urbaner Raum). Die Not- und Schreckbremsungen sind hauptsächlich Reaktion auf zu schnelles Fahren, Unaufmerksamkeit, Ablenkung oder das Verhalten weiterer Verkehrsteilnehmer. Beide Unfallszenarien mit Überschlag treten in der Regel während einer Geradeausfahrt auf.

Zusammenfassend sind die für das BDA relevanten Unfallszenarien stark unterschiedlich. Die weitere Herleitung des Systemkonzepts unterscheidet aus diesem Grund zwischen drei generellen Anwendungsfällen: Verzögerungsbremsung, Vorderradblockade und Überschlag. Die letzteren beiden Anwendungsfälle sind als Erweiterung des ersten Anwendungsfalls zu verstehen. Der Systemkontext der Anwendungsfälle ist das Fahrrad, wobei der Fahrer in Form seiner physischen Eigenschaften ebenfalls zum Fahrrad zählt. Die auf das System wirkenden Akteure sind der Fahrer in Form seiner kognitiven Handlungen, die Umwelt und andere Verkehrsteilnehmer. Sowohl das Verhalten anderer Verkehrsteilnehmer als auch veränderte Umweltbedingungen können den Fahrer zur Einleitung einer Fahrzeugverzögerung auffordern. Eine detaillierte textuelle Beschreibung der Anwendungsfälle nach der Schablone von (Cockburn, 2001) und (Denger, Paech, & Benz, 2003) findet sich in der Arbeit von (Kubatschek, 2015).

4.1.4 Regelziele

Oberstes Regelziel des BDA ist, das Unfall- und Sturzrisiko für den Fahrer zu verringern. Das System muss robust gegenüber variierenden Parametern (bspw. unterschiedliche Fahrer) und Störgrößen (bspw. unterschiedliche Umweltbedingungen) sein. Der Fahrer soll das Fahrrad zu jeder Zeit beherrschen können, auch wenn die Fahrzeugkontrolle zwischenzeitlich bei der Bremsregelung liegt. Der Bremsweg ist unter Berücksichtigung einer Vermeidung der beiden kritischen Fahrsituationen zu minimieren. Der BV soll die Stabilität und Lenkbarkeit bei für Trekkingrädern typischer Beschaffenheit der Fahrbahn sicherstellen. Ein Hinterradabheben soll durch den ÜV möglichst verhindert werden. Im Falle eines abgehobenen Hinterrads soll dieses durch den ÜV möglichst schnell wieder über Fahrbahnkontakt verfügen, um sowohl Brems- als auch Seitenführungskräfte übertragen zu können. Zudem soll der maximale Nickwinkel ausreichend klein sein, sodass unabhängig von Fahrbahnsteigung und Schwerpunktlage ein Überschlag stets sicher verhindert werden kann.

4.2 Anforderungen und Spezifikation

4.2.1 Ableitung der Anforderungen

Sowohl aus den Unfallszenarien respektive Anwendungsfällen als auch den Regelzielen lassen sich die Anforderungen an das aktive Sicherheitssystem ableiten. Aufgrund der geringen Wechselwirkungen zwischen Vorderradblockade und Hinterradabheben mit möglichem Überschlag wird das BDA in die beiden Subsysteme BV und ÜV untergliedert. Beide Subsysteme können so getrennt entwickelt und anschließend zu einem aktiven Sicherheitssystem integriert werden. Die aufgrund der unabhängigen Entwicklung der Subsysteme möglicherweise auftretenden gegenseitigen Beeinflussungen sind im Rahmen der Systemintegration zu untersuchen.

Die Anforderungen an das Gesamtsystem stellen Basisanforderungen (BA) dar und ergeben sich im Wesentlichen aus dem angestrebten Zielsystem (vgl. Abbildung 2.7). Das Zielsystem sieht zwei unabhängig voneinander wirkende Bremskreise sowie die Verwendung von bei Krafträdern für aktive Sicherheitssysteme bekannter Aktorik und Sensorik vor. Ergänzend soll die Bremse vor und nach dem Regeleingriff für den Fahrer gut dosierbar sein. Der durch das aktive Sicherheitssystem abzudeckende Geschwindigkeitsbereich orientiert sich an typischen Fahrgeschwindigkeiten mit dem Fahrrad. Bei der Druckmodulation ist auf eine geringe Schwingungsanregung des Fahrzeugs, insbesondere der Gabel zu achten, um durch die höheren Betriebslasten bedingtes Bauteilversagen zu vermeiden.

Die Anforderungen an den ÜV umfassen BA, Leistungsanforderungen (LA) und Begeisterungsanforderungen (BEA). Wichtigste Anforderung ist, den Überschlag um die Fahrzeugquerachse zu verhindern (BA). Je geringer die Abhebehöhe (LA) und die Abhebedauer (LA) des Hinterradabhebens sind, desto größer ist die Beherrschbarkeit des Fahrrads durch den Fahrer. Im Idealfall tritt gar kein Hinterradabheben auf (BEA). Der Bremsweg ist unter der Restriktion des Hinterradkontakts mit der Fahrbahn zu minimieren (LA).

Den Anforderungen an den BV liegt das gleiche Klassifizierungsschema in BA und LA zugrunde. Die wichtigste Anforderung an den BV ist die Stabilität und Lenkbarkeit des Fahrzeugs aufrechtzuerhalten (BA). Zur Erfüllung der Anforderung spricht die Bremsregelung im Idealfall so schnell an, dass ein Blockieren des Rades gänzlich vermieden wird (LA). Der Bremsweg ist durch eine verbesserte Ausnutzung des Reibwerts zwischen Vorderrad und Fahrbahn zu minimieren (LA).

Sowohl bei ÜV als auch BV ist eine hohe Robustheit der Bremsregelung, also ein tolerantes Verhalten gegenüber der erwartbaren Variation von Parametern und dem Auftreten von nicht exakt bekannten Störgrößen sicherzustellen (BA). Aufgrund der Unterschiedlichkeit der beiden kritischen Fahrsituationen ist vorab zu ermitteln, welches die jeweils kritischen Einflussgrößen sind. Vor und nach dem Regeleingriff muss die Bremse weiterhin wirkungsvoll sein, um die in (ISO, 4210, 2015) geforderten sicherheitstechnischen Anforderungen an die Vorderradbremse zu erfüllen (gesetzliche Anforderung, kurz: GEA). Die zu erreichenden Mindestverzögerungen sind dabei abhängig vom Zustand der Fahrbahnoberfläche, d.h. für den BV ist aufgrund des typischerweise niedrigen Fahrbahnreibwerts eine geringere Mindestverzögerung erforderlich als für den ÜV.

4.2.2 Fahrsituationskatalog

Der Fahrsituationskatalog sollte möglichst den gesamten späteren Einsatzbereich des zu entwickelnden aktiven Sicherheitssystems abdecken, damit das Systemverhalten sowohl bei unkritischen als auch kritischen Fahrmanövern bekannt ist (Ersoy, 2013). Der zu untersuchende Parameterraum orientiert sich im Falle des BDA am Nutzungskontext von Trekkingrädern sowie an den beschriebenen Unfallszenarien. Aufgrund eingeschränkter Entwicklungsressourcen ist für jeden Parameter zu prüfen, ob dieser variiert oder konstant gehalten wird. Wesentliches Entscheidungskriterium in dieser Arbeit ist der fahrdynamische Einfluss eines Parameters auf das Fahrzeugverhalten.

Der Fahrsituationskatalog wird einerseits im offenen Regelkreis zur Quantifizierung der Anforderungen für den Systementwurf, andererseits im geschlossenen Regelkreis zur Verifizierung der Anforderungen während der Systemtests durchlaufen. Die nachfolgende Auflistung zeigt die im Fahrsituationskatalog variierten Parameter. Die Parameterkombination des Referenzfahrmanövers mit Vorderradblockade respektive Hinterradabheben (Unterschied siehe Fahrbahnoberfläche) ist *kursiv* dargestellt. Zum Zwecke einer effizienten Systementwicklung wird, sofern möglich, der Einfluss eines Parameters simulativ untersucht. Die Abstufung der einzelnen Parameter orientiert sich an für Trekkingräder typischen Werten und ist in Anhang 9.4 dargestellt.

- Bremsung
  - Initialgeschwindigkeit: Langsam, *normal*, schnell
  - Bremsbetätigung: *Notbremsung*, Schreckbremsung[1]
- Fahrbahn
  - Oberfläche: Sehr rutschig, *rutschig*, *griffig*, sehr griffig
  - Steigung: *Eben*, abschüssig (Variation in Simulation)
- Fahrrad
  - Fahrer: Klein & leicht, *durchschnittlich*, groß & schwer (Variation in Simulation)
  - Zuladung: *Keine*, Kindersitz & Satteltaschen am Hinterrad, Korb am Lenker (Variation in Simulation)
  - Bremsenkennwert: *Nennwert*, Toleranzbereich (Variation in Simulation)

[1] Die Unterscheidung zwischen Not- und Schreckbremsung ergibt sich aus der menschlichen Wahrnehmung. Bei einer Notbremsung erkennt der Fahrer die Gefahr und leitet die Bremsung kontrolliert ein, wohingegen bei einer Schreckbremsung der Fahrer von der (vermeitlichen) Gefahr überrascht wird und unkontrolliert stark den Bremshebel betätigt. Aufgrund des Überraschungsmoments bei einer Schreckbremsung wird im Vergleich zur Notbremsung von einem höheren Betätigungsdruckgradienten und höherem absoluten Betätigungsdruck ausgegangen.

4.2.3 Quantifizierung der Anforderungen

Zur weiteren Systemspezifikation werden für die einzelnen Anforderungen Quantifizierungsgrößen festgelegt und die Grenz- (BA & GEA) bzw. Richtwerte (LA) durch die Werkzeuge zur Analyse und Spezifikation auf Basis des Fahrsituationskatalogs ermittelt. Ausgangspunkt ist die Parameterkombination für das Referenzfahrmanöver. Im Folgenden wird je ein Parameter gemäß seiner Abstufung derart variiert, dass er eine der beiden kritischen Fahrsituationen begünstigt. Ziel dieser Einzelparametervariation ist, die Abhängigkeit der Quantifizierungsgrößen von einzelnen Parametern herauszufinden. Abschließend werden alle Parameter variiert, sodass sie eine der beiden kritischen Fahrsituationen begünstigen. Letztere Parameterkombination trägt den Namen der untersuchten kritischen Fahrsituation (bspw. Vorderradblockade) und dient dazu, die Grenz- bzw. Richtwerte der einzelnen Quantifizierungsgrößen für die Anforderungsliste zu bestimmen.

Im Vergleich zur Modellvalidierung sind die versuchsträgerspezifischen Komponenten wie bspw. seitliche Gleitkufen in den Simulationsmodellen entfernt. Die simulierten Fahrer entsprechen den Perzentil-Personen der deutschen Bevölkerung und die per Rahmengröße zugeordneten Fahrräder typischen Trekkingrädern im Auslieferungszustand. Nachfolgend wird die Vorgehensweise exemplarisch für die Anforderungen an den ÜV angewendet. Die Ergebnisse für den BV finden sich in Anhang 9.5.

Zur Quantifizierung der Überschlagverhinderung wird sowohl die *Zeitspanne* ab Hinterradabheben bis zum Erreichen des *PNR* (Point of no Return) als auch der aufgebaute *Nickwinkel* am *PNR* verwendet. Der *maximale Nickwinkel* während der Bremsung dient zur Quantifizierung der Abhebehöhe. Die Abhebedauer wird anhand der *Zeitspanne* von *Hinterradabheben* bis Hinterrad(wieder)aufsetzen quantifiziert. Zentral für die Vermeidung eines Hinterradabhebens ist einerseits die *kritische Längsverzögerung*, andererseits der *kritische Bremsdruck* beim Hinterradabheben. Der *Bremsweg* kann ohne zusätzliche Quantifizierungsgröße bewertet werden.

Das in Abbildung 4.1 dargestellte Netzdiagramm zeigt die Abhängigkeit der Grenz- bzw. Richtwerte der einzelnen Quantifizierungsgrößen vom variierten

Parameter. Auffallend ist, dass sowohl die Einzelparametervariation der Bremsbetätigung und des Fahrers fehlen. Bei beiden Parametervariationen wird das Vorderrad so stark dynamisch überbremst, dass eine überlagerte Vorderradblockade auftritt. Die Ergebnisse werden aus diesem Grund nicht zur Quantifizierung der Anforderungen an den ÜV verwendet.

Die Variation der *Initialgeschwindigkeit* bei Bremsbeginn gegenüber dem Referenzfahrmanöver von 25 auf 50 km/h hat außer der Bremswegverlängerung kaum einen Einfluss auf die Quantifizierungsgrößen. Einerseits reicht die kinetische Energie vor dem Hinterradabheben bereits beim Referenzfahrmanöver für einen Überschlag aus, andererseits sind die fahrdynamischen Vorgänge für das Hinterradabheben und die Überschlagbewegung bis auf den Luftwiderstand kaum fahrgeschwindigkeitsabhängig. Die Variation der *Fahrbahnoberfläche* von griffig ($\mu_H = 0{,}9$) auf sehr griffig ($\mu_H = 1{,}1$) hat ebenfalls kaum einen Einfluss. Da der Fahrbahnreibwert bereits im Referenzfahrmanöver für ein Hinterradabheben ausreicht, führt eine griffigere Fahrbahnoberfläche nur zu leicht verringerten Bremsschlupfwerten zum Zeitpunkt des Abhebens.

Einen deutlichen Einfluss hat die Variation der *Fahrbahnsteigung* von eben zu abschüssig ($\alpha = 8{,}5°$) auf den maximalen Nickwinkel, die Zeitspanne des Hinterradabhebens und die kritische Längsverzögerung. Die geringere kritische Längsverzögerung erklärt sich durch die reduzierte Hinterradlast und vergrößerte Vorderradlast im Gefälle. Der maximal verfügbare Nickwinkel ist abhängig von Fahrbahnsteigung und Schwerpunktlage und im Gefälle reduziert. Als Folge des geringeren maximalen Nickwinkels befindet sich das Hinterrad kürzer in der Luft, wodurch sich die geringe Zeitspanne des Hinterradabhebens erklärt.

Die Variation der *Zuladung* von keine zu Korb am Lenker ($m = 15$ kg) hat einen mäßigen Einfluss. Die Zuladung verändert sowohl die Zeitspanne des Hinterradabhebens als auch die kritische Längsverzögerung. Die geringere kritische Längsverzögerung ergibt sich durch die Schwerpunktverlagerung im Wesentlichen nach vorne und nur in geringem Maße nach unten, vgl. Gl. (2.4). Weiterhin erhöht der Korb am Lenker das Massenträgheitsmoment des

Fahrradaufbaus samt Hinterrad bezogen auf die Vorderradachse, wodurch die Zeitdauer bis zum Erreichen des maximalen Nickwinkels sowie dem anschließenden Zurückfallen auf die Fahrbahn vergrößert ist.

Bis auf den maximalen Nickwinkel und die Zeitspanne des Hinterradabhebens wirkt sich die Variation des *Bremsenkennwerts* von 1,25 auf 1,5 (+ 20 %) auf alle Quantifizierungsgrößen aus. Ein erhöhter Bremsenkennwert bedingt ein größeres Bremsmoment am Laufrad bei gleicher Bremsbetätigung durch den Fahrer. Der kritische Bremsdruck für ein Hinterradabheben ist folglich bei erhöhtem Bremsenkennwert niedriger. Der Bremsweg ist im vorliegenden Fall reduziert, da keine überlagerte Vorderradblockade auftritt. Sowohl die Zeitspanne bis zum PNR als auch der Nickwinkel am PNR sind durch den höheren Bremsenkennwert und die dadurch schneller ablaufende Überschlagbewegung reduziert. Die geringere kritische Längsverzögerung durch den veränderten Bremsenkennwert ergibt sich aufgrund eines stärkeren Einfederns der Gabel. Die Einfederung bedingt eine Schwerpunktverlagerung vor allem nach unten und nur in geringem Maße nach vorne, vgl. Gl. (2.4).

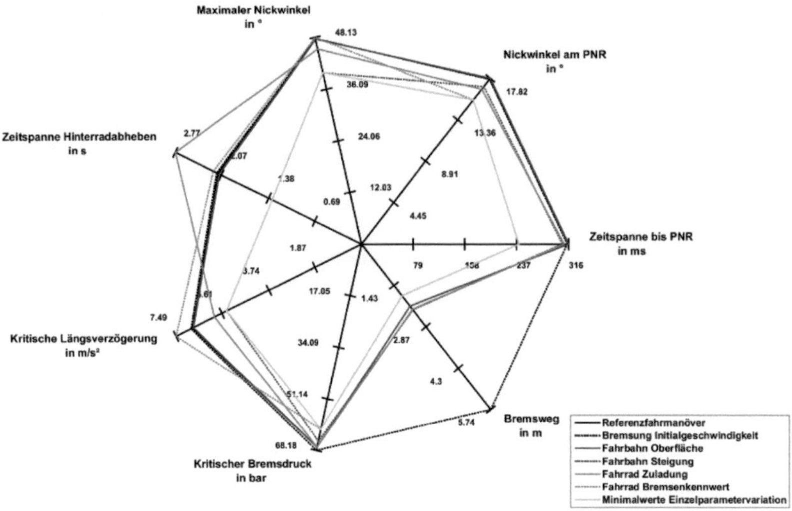

Abbildung 4.1: Überschlagverhinderer Sensitivitätsanalyse

Abbildung 4.2 übernimmt die Minimalwerte der Quantifizierungsgrößen aus der Einzelparametervariation und zeigt zusätzlich die Grenz- bzw. Richtwerte aus den Gesamtparametervariationen, welche einerseits Hinterradabheben (großer & schwerer Fahrer), andererseits Überschlag (kleiner & leichter Fahrer) begünstigen. Die Kombination der spezifischen Minimalwerte jeder Quantifizierungsgröße ergeben die Minimalwerte des untersuchten Parameterraums, welche in die Anforderungsliste übernommen werden. Die gesamte Anforderungsliste für das BDA findet sich in Anhang 9.6.

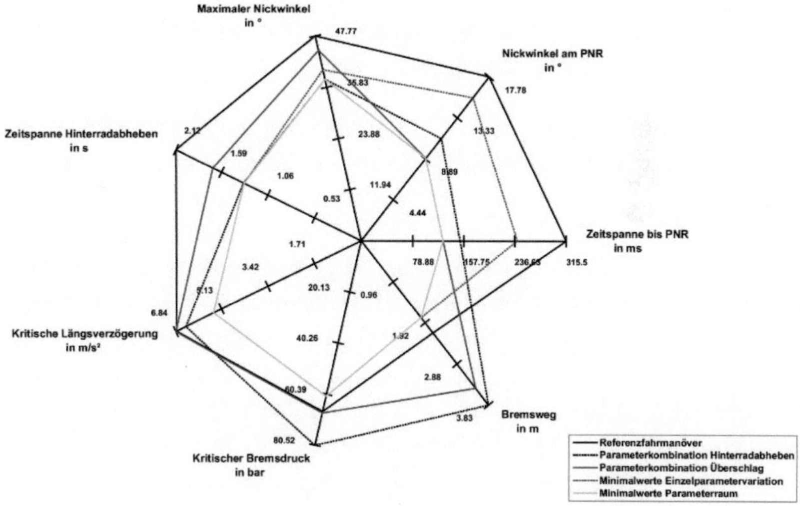

Abbildung 4.2: Überschlagverhinderer Quantifizierungsgrößen

Zusammenfassend zeigen die Netzdiagramme einerseits, welche variierten Parameter aus dem Fahrsituationskatalog für das Überschlagsverhalten im offenen Regelkreis kritisch sind, andererseits welche der Quantifizierungsgrößen wie stark betroffen sind. Für den weiteren Systementwurf ergibt sich die Erkenntnis, dass der ÜV die Bremskraft am Vorderrad bereits 126 ms nach Bremsbeginn und bei einem relativ geringen Nickwinkel von 8,9 ° reduzieren muss, sodass unabhängig von Fahrbahnsteigung und Schwerpunktlage ein Überschlag sicher verhindert werden kann. Ergänzend ist beim Entwurf des ÜV zu beachten, dass insbesondere ein veränderter Bremsenkennwert oder eine veränderte Fahrbahnsteigung die Stabilität der Regelung nicht beeinflussen.

4.3 Systementwurf

4.3.1 Regelgrößenauswahl

Erster und einer der wichtigsten Schritte beim Entwurf des aktiven Sicherheitssystems ist das Auffinden geeigneter Regelgrößen.

Bekannte Antiblockierfunktionen bei Kraftfahrzeugen nutzen typischerweise die Radumfangsbeschleunigung und/oder den Radschlupf als Regelgröße. Der Radschlupf bietet beim Fahrrad den Vorteil, dass die auftretenden Schlupfwerte deutlich kleiner als der kritische Schlupf gehalten werden können. So kann einerseits ausreichend Seitenführungspotential des Vorderradreifens für die Fahrstabilität garantiert, andererseits eine drohende Vorderradblockade durch starkes Überbremsen sicher abgefangen werden. Ein Nachteil bei der Verwendung des Radschlupfs ist die in der aktuellen Fahrsituation nur schätzbare Kraftschluss-Schlupf-Kurve und die damit unsicherheitsbehaftete Festlegung von Führungsgrößen. Im Rahmen dieser Arbeit wurde zwar erstmalig ein Fahrradreifen longitudinal charakterisiert, allerdings ist zum aktuellen Zeitpunkt unbekannt, inwieweit die Ergebnisse für weitere Fahrradreifen gültig sind. Neben der nur schätzbaren Kraftschluss-Schlupf-Kurve stellt die Berechnung der Fahrzeugreferenzgeschwindigkeit aus der von der IMU gemessenen Längsbeschleunigung eine Herausforderung dar. Zum einen kann die Längsbeschleunigung durch Erd- und Nickbeschleunigungen verfälscht werden, zum anderen nimmt der Integrationsfehler mit der Integrationsdauer zu, also der Länge des Bremsvorgangs.

Im Vergleich zum Radschlupf gilt die Radumfangsbeschleunigung insbesondere bei nicht angetriebenen Rädern, wie typischerweise dem Vorderrad beim Fahrrad[2], als robustere Regelgröße (Koch-Dücker & Papert, 2010). Der wesentliche Grund liegt in der direkten Regelung des Rads und der damit verbundenen Unempfindlichkeit gegenüber schwankenden Parametern oder auftretenden Störgrößen. Aus letzteren Gründen und den aufgezeigten Nachteilen des Radschlupfs wird die Radumfangsbeschleunigung als Regelgröße für den BV ausgewählt.

Im Detail betrachtete Regelgrößen für den ÜV sind die Längsbeschleunigung, der Nickwinkel und der Bremsdruck (optionaler Sensor, vgl. Abbildung 2.7). Sowohl die Längsbeschleunigung als auch der Bremsdruck bieten die Möglichkeit, ein Hinterradabheben gänzlich zu vermeiden, sofern die kritischen Schwellen für ein Hinterradabheben bekannt sind. Die kritischen Schwellen hängen von einer Vielzahl an Parametern ab (Schwerpunktlage, Fahrbahnsteigung, Bremsenkennwert, etc.), welche während der Fahrt nur geschätzt werden können. Eine Regelung auf eine der beiden Größen birgt bei falschen Parameterannahmen oder -schätzungen die Gefahr, das Vorderrad zu unter- oder überbremsen. Als Abhilfemaßnahme könnte ein einmaliges Hinterradabheben pro Fahrt zugelassen werden, um die Schwellen zu detektieren und zur Verhinderung eines weiteren Hinterradabhebens zu nutzen. Die Gefahr bei diesem Ansatz besteht allerdings in der möglichen kurzfristigen Änderung relevanter Parameter.

Die Nachteile des Nickwinkels als Regelgröße begrenzen sich auf die eingeschränkte Möglichkeit, aus vorherigen Regelzyklen zu lernen, sowie die Schwierigkeit, ein Hinterradabheben gänzlich zu vermeiden. Im Vergleich zur Längsbeschleunigung und zum Bremsdruck ist eine Eingriffsentscheidung allerdings mit höherer Sicherheit möglich. Voraussetzung dafür ist, den Nickwinkel zuverlässig aus der von der IMU gemessenen Nickrate zu berechnen. Der Nickwinkel als Regelgröße ermöglicht weiterhin, dass der

[2] Durch Radnabenmotoren angetriebene Vorderräder werden vorwiegend bei elektrifzierten Lastenrädern eingesetzt, welche einen sehr geringen Teil in der Modellgruppenverteilung aller Fahrräder darstellen (Eisenberger, Jahresbericht, 2016) und nicht im Fokus dieser Arbeit liegen.

Fahrer das Überschlagrisiko kurzzeitig fühlt, sich in Folge dessen über die kritische Fahrsituation bewusst ist und eventuell selbst den Bremsdruck reduziert. Aufgrund der genannten Vorteile des Nickwinkels und der Nachteile des Bremsdrucks und der Längsverzögerung wird der Nickwinkel als Regelgröße für den ÜV ausgewählt.

4.3.2 Vorüberlegungen zum Überschlagverhinderer

Neben der Regelgröße sind für den späteren Entwurf des ÜV die zur Erkennung eines Hinterradabhebens nutzbaren Signale festzulegen. Im einfachsten Fall kann hierfür der Nickwinkel während der Fahrt beobachtet und mit einem Grenzwinkel verglichen werden. Der Grenzwinkel muss sowohl die Rotation des Fahrradaufbaus durch die Einfederung der Reifen und der Gabel berücksichtigen als auch eine gewisse Sicherheit zur Vermeidung von Fehlauslösungen bieten. Zusätzlich zum Nickwinkel kann die Nickrate ausgewertet werden. Die Nickrate bietet die Möglichkeit, die Rotationsdynamik des Fahrradaufbaus vor dem Hinterradabheben zu beurteilen und damit als prädiktives Kriterium für die Erkennung zu nutzen.

Die Vorüberlegungen hinsichtlich Nickrate und Nickwinkel führen zur Idee, die zur Analyse nichtlinearer Regelsysteme bekannte Methode der Zustandsebene (auch: Phasenebene oder Phasenraum) für die Erkennung eines Hinterradabhebens anzuwenden (Föllinger, 1993) (Unbehauen, 2009). Die Methode erlaubt eine anschauliche grafische Darstellung des dynamischen Verhaltens von Systemen zweiter Ordnung. Im Falle der Überschlagbewegung gilt nach dem Hinterradabheben bei Vernachlässigung des Luft- und Rollwiderstands sowie der Annahme einer konstanten Vorderradlast und kleiner Nickwinkel die gewöhnliche Differentialgleichung zweiter Ordnung (4.1), wobei J dem Massenträgheitsmoment und $\ddot{\varphi}$ der Winkelbeschleunigung von Fahrer und Fahrrad um die Fahrzeugquerachse entspricht.

$$J \cdot \ddot{\varphi} - \left(F_{\mathrm{x,V}} \cdot h - m \cdot \mathrm{g} \cdot l_{\mathrm{V}}\right) = 0 \tag{4.1}$$

Die beiden Größen Nickwinkel φ und Nickrate $\dot{\varphi}$ beschreiben den Zustand des Systems vollständig. In einem rechtwinkligen Koordinatensystem mit der Nickrate $\dot{\varphi}$ als Ordinate über dem Nickwinkel φ als Abszisse, stellt jede Lösung der Systemgleichung (4.1) eine Kurve, eine sogenannte Trajektorie, in der Zustandsebene dar. Werden mehrere Trajektorien unterschiedlicher Anfangsbedingungen in die gleiche Zustandsebene eingezeichnet, so ergibt sich eine Kurvenschar, das sogenannte Phasenporträt.

Zur Ermittlung des Phasenporträts für das Hinterradabheben und der anschließenden Überschlagbewegung wird auf die Simulationsmodelle der Umgebung als Hilfsmittel zurückgegriffen. Abbildung 4.3 zeigt das Phasenporträt für die im Fahrsituationskatalog definierten Parametervariationen. Jede Parametervariation wurde stets einmal ohne Bremsdruckabbau (Überschlag) und einmal mit Bremsdruckabbau am PNR (kein Überschlag) untersucht. Die Zustandspunkte des Druckabbaus sind als Marker gekennzeichnet. Aus Gründen der Übersichtlichkeit sind die Einzelparametervariationen mit überlagerter Vorderradblockade, *Bremsbetätigung* und *Fahrer,* sowie die mit geringem Einfluss auf das Überschlagverhalten, *Initialgeschwindigkeit* und *Fahrbahnoberfläche,* nicht dargestellt (vgl. Abschnitt 4.2.3). Die sich scheinbar plötzlich bei großen Nickwinkeln reduzierende Nickrate bei einem Teil der Trajektorien ohne Druckabbau erklärt sich durch das zum Stillstand kommende Vorderrad. Bei stillstehendem, nicht blockiertem Vorderrad werden zwischen Reifen und Fahrbahn keine Umfangskräfte mehr übertragen.

Nach einem Druckabbau wird die Umfangskraft am Vorderrad und damit der Term $F_{x,V} \cdot h$ in der Systemgleichung (4.1) zu Null, d.h. auf das System wirkt nur noch die Erdbeschleunigung. Im weiteren Verlauf der Trajektorien nach dem Druckabbau wird zunächst die sich im System befindende Rotationsenergie in Lageenergie gewandelt, bis ein maximaler Nickwinkel erreicht ist. Die maximalen Nickwinkel unterscheiden sich zwischen den Parametervariationen, da Fahrbahnsteigung und Schwerpunktlage unterschiedlich sind. Nach Überschreiten des maximalen Nickwinkels wandelt sich die Lageenergie bis zum Aufsetzen des Hinterrades wieder in Rotationsenergie. Zum Zeitpunkt des Hinterradaufsetzens ist die Rotationsenergie maximal und wird maßgeblich in den Masse-Feder-Dämpfer-Systemen Hinterradreifen, Gabelfederung und menschlicher Körper einerseits in Spannenergie (federnde Eigenschaften), andererseits in Wärme (dämpfende Eigenschaften) gewandelt. Der negative Nickwinkel nach dem Hinterradaufsetzen ergibt sich durch das Einfedern des Hinterradreifens und Ausfedern der Gabel über den Negativfederweg hinaus. Die vorrangig im Reifen gespeicherte Spannenergie bedingt ein erneutes Hinterradabheben, wobei durch die Wärmedissipation ein deutlich geringerer maximaler Nickwinkel auftritt (abnehmendes Phasenraumvolumen). Mit zunehmender Zyklenzahl nähert sich das System immer weiter seiner Gleichgewichtslage in Form eines stabilen Strudelpunkts an.

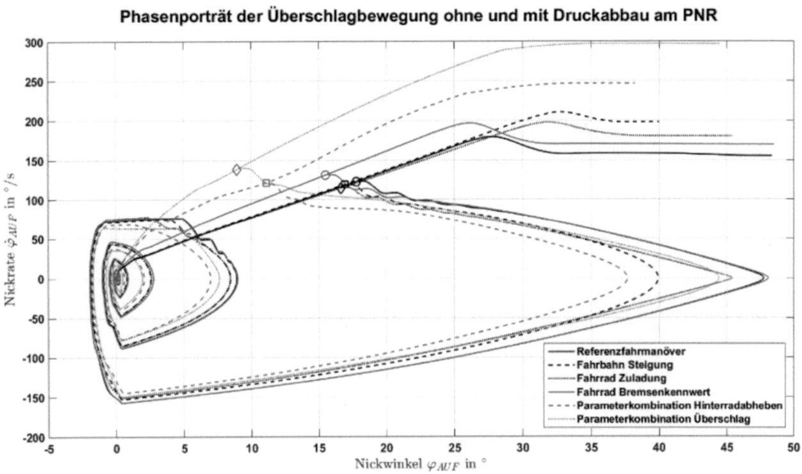

Abbildung 4.3: Phasenporträt Überschlagbewegung

Eine Herausforderung bei der Anwendung der Methode der Zustandsebene zur Hinterradabhebeerkennung ist der ähnliche Trajektorienverlauf von Überschlagbewegung und Kuppenüberfahrt[3]. Abhilfe schafft die Auswertung

3 Unter Kuppenüberfahrt wird in dieser Arbeit der Übergang von ebener zu abschüssiger Fahrbahn verstanden.

der Schwerpunktbewegung bspw. anhand der ebenfalls von der IMU gemessenen Vertikalbeschleunigung. Im Falle einer Überschlagbewegung bewegt sich der Systemschwerpunkt nach oben, wohingegen im Falle einer Kuppenüberfahrt sich der Systemschwerpunkt absenkt (vgl. Abbildung 4.4). Der Übergang von ebener zu ansteigender Fahrbahn ist trotz der Schwerpunktbewegung nach oben bezüglich einer Fehlauslösung unkritisch, da die Rotation um die Fahrzeugquerachse der Überschlagbewegung entgegengesetzt ist.

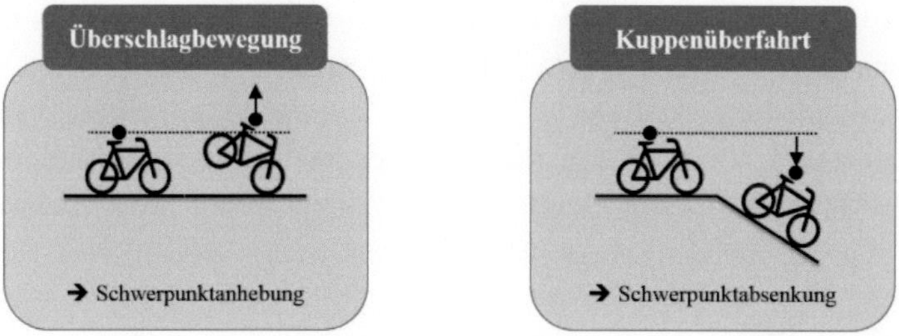

Abbildung 4.4: Fahrsituationsabhängige Schwerpunktbewegung

Auf Basis dieser Vorüberlegungen bestehen die Herausforderungen beim Detailentwurf des ÜV in Kapitel 5.1 darin, den Nickwinkel aus der von der Inertialsensorik gemessenen Nickrate zu errechnen, eine Überschlaggefahr sicher von einer Kuppenüberfahrt zu unterscheiden, geeignete Zustandspunkte für den Druckabbau zu ermitteln und eine Strategie für den Druck(wieder)aufbau zu entwickeln.

4.3.3 Funktionale Systemarchitektur

Neben der Signalanalyse ist die Festlegung eines domänenübergreifenden Lösungskonzepts, welches die wesentlichen physikalischen und logischen Wirkungsweisen während einer assistierten Verzögerungsbremsung beschreibt, notwendig. Zu diesem Zweck wird ausgehend von den Anwendungsfällen, Anforderungen und ausgewählten Signalen die funktionale Systemarchitektur, d. h. das Funktionsnetzwerk, die Schnittstellen der Funktionen und die Kommunikation zwischen den Funktionen spezifiziert (Schäuffele & Zurawka, 2013). Im Vergleich zum Zielsystem (vgl. Abbildung 2.7) werden keine weiteren technischen Realisierungsentscheidungen getroffen. Im Rahmen der späteren Systemtests wird das aktive Sicherheitssystem gegen die Spezifikation der funktionalen Systemarchitektur abgesichert.

Zur Herleitung der funktionalen Systemarchitektur wird zunächst der Anwendungsfall einer konventionellen, nicht assistierten Verzögerungsbremsung am Vorderrad funktional dekompositioniert (vgl. hellgraue Blöcke in Abbildung 4.5). Regelungstechnisch betrachtet untergliedert sich die Hauptfunktion *Fahrrad verzögern* in fünf seriell verknüpfte Teilfunktionen im Vorwärtszweig mit einer Rückkopplung der letzten zur ersten Teilfunktion im Rückwärtszweig. Der Regler bei einer konventionellen Verzögerungsbremsung ist der Fahrer, welcher vorrangig in Abhängigkeit von der Längsverzögerung die Bremse betätigt (Eichhorn, Gies, Layfield, & Rischbieter, 2012).

Ausgangsgröße der Teilfunktion *Bremse betätigen* ist der Verzögerungswunsch des Fahrers, welcher bei einer hydraulisch betätigten Bremse per Betätigungsweg übertragen wird. Gleichzeitig bringt der Fahrer über die Hebelbewegung die zur Fahrzeugverzögerung notwendige Energie in das Bremssystem ein. Die Teilfunktion *Fahrerwunsch erfassen* nimmt sowohl den Verzögerungswunsch als auch die eingebrachte Energie auf und setzt diese in einen Betätigungsdruck um. Der Betätigungsdruck ist Eingangsgröße der Teilfunktion *Fahrerwunsch übertragen*, welche das zur Vorderradverzögerung erforderliche Bremsmoment ausgibt. Entsprechend der Laufraddynamik und des Reifen-Fahrbahn-Kontakts wandelt die Teilfunktion *Vorderrad verzögern* das Bremsmoment in eine Bremskraft um. Nach dem 2. Newton'schen Axiom bedingt die Bremskraft eine Verzögerung und Nickbewegung des Fahrradaufbaus, welche durch die Teilfunktion *Fahrradaufbau und Hinterrad verzögern* abgebildet ist.

Im Falle einer assistierten Verzögerungsbremsung durch das aktive Sicherheitssystem erhöht sich die Anzahl weiterer notwendiger Teilfunktionen deutlich, wodurch eine Kaskadenregelung zweier ineinander geschachtelter

Regelkreise entsteht. Die Struktur des äußeren Regelkreises entspricht der konventionellen Verzögerungsbremsung. Die Struktur des inneren Regelkreises entspricht dem BDA (vgl. dunkelgraue Blöcke in Abbildung 4.5).

Die Rückführgrößen für BV und ÜV werden durch die Teilfunktionen *Fahrdynamikgrößen messen* und *Fahrdynamikgrößen verarbeiten* erfasst oder berechnet. Anschließend werden die Rückführgrößen der Teilfunktion *Fahrsituation analysieren* zugeführt, welche permanent die Fahrradfahrt beobachtet und die kritischen Fahrsituationen Vorderradblockade oder Hinterradabheben erkennt. Sobald eine der kritischen Fahrsituationen auftritt, gibt die Teilfunktion *Sollwerte vorgeben* Führungsgrößen für die Antiblockier- oder Antiüberschlagregelung aus. Die Teilfunktion *Reglerausgangsgröße ermitteln* vergleicht die Führungsgrößen mit den Rückführgrößen und definiert je nach Regelabweichung den Zustand der Aktorik zur Druckmodulation.

Die Integrationsstelle der Aktorik zur Druckmodulation in die hydraulisch betätigte Bremse ist für die funktionale Dekomposition von besonderem Interesse, da an dieser Stelle der innere Regelkreis in den äußeren Regelkreis übergeht (vgl. Abbildung 4.6). Der von den Reglern ausgegebene Aktorikzustand wird durch die Teilfunktion *Stellgrößen einstellen* in Ventilhübe gewandelt. In Abhängigkeit der Ventilhübe wird der aus der Teilfunktion *Druck übertragen* kommende Betätigungsdruck des Fahrers durch die Teilfunktion *Druck modulieren* entweder abgesenkt, aufgebaut oder gehalten. Der sich ergebende Bremsdruck wird in der Teilfunktion *Druck wandeln* in eine auf die Bremskörper wirkende Normalkraft umgesetzt. In Kombination mit dem Bremselement *erzeugt* die Normalkraft nach dem Coulomb'schen Reibgesetz das *Bremsmoment* am Vorderrad.

Weitere Detailinformationen finden sich in Anhang 9.7.

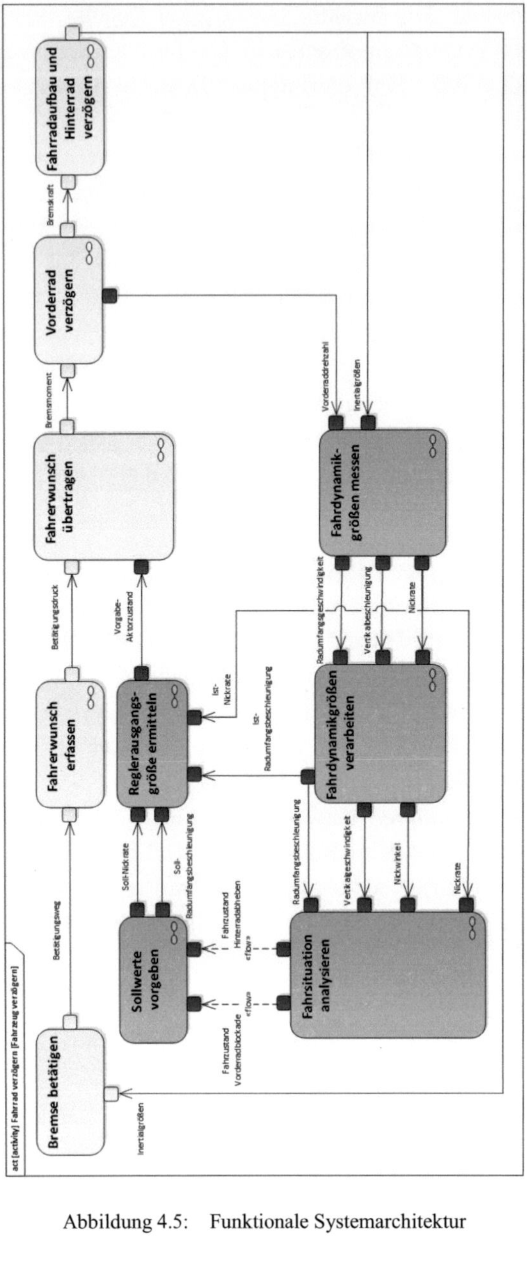

Abbildung 4.5: Funktionale Systemarchitektur

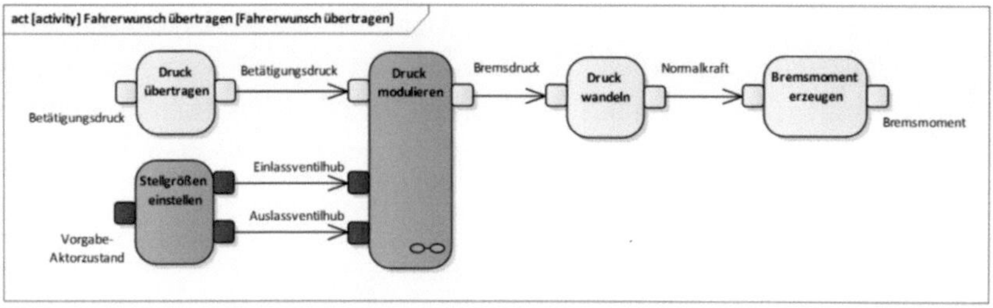

Abbildung 4.6: Aktivität „Fahrerwunsch übertragen“

4.4 Zusammenfassung

Zur Herleitung des Systemkonzepts dienen Anwendungsfälle, die durch Analyse und Auswertung von Ergebnissen der Unfallforschung abgeleitet und definiert werden. Auf Basis eines neuartigen Ansatzes, welcher sich aus einer quantitativen Studie und einer qualitativen Befragung zusammensetzt, zeigt sich, dass bei 35 % aller Fahrradunfälle in Deutschland eine Vorderradblockade und bei 14 % ein Überschlag auftritt. Im besten Fall besitzt ein aktives Sicherheitssystem wie das BDA ein Unfallvermeidungspotenzial von 8 %. Die sich aus den Unfallszenarien ergebenden Anwendungsfälle zeichnen für beide kritische Fahrsituationen ein klar getrenntes Bild, weshalb das aktive Sicherheitssystem in die Subsysteme BV und ÜV untergliedert wird.

Aus den Anwendungsfällen leiten sich die Anforderungen für den Systementwurf ab. Unter Nutzung der Werkzeuge zur Analyse und Spezifikation werden die Anforderungen quantifiziert. Ein auf den wichtigsten Einflussgrößen der Anwendungsfälle basierender Fahrsituationskatalog garantiert, dass der relevante Parameterraum vollständig untersucht wird. Ergebnis ist eine ganzheitliche Beschreibung der Anforderungen in Form einer Anforderungsliste, welche zusätzlich Bewertungsmaßstäbe und Klassifizierungen der Anforderungen enthält.

Zur weiteren Konkretisierung des Systementwurfs werden Regelziele und Regelgrößen festgelegt. Hauptziel des ÜV ist unabhängig von Fahrbahnsteigung und Schwerpunktlage einen Überschlag sicher zu verhindern. Als

Regelgröße verwendet der ÜV den Nickwinkel, wobei zur Erkennung einer Überschlagneigung zusätzlich Nickrate und Vertikalbeschleunigung ausgewertet werden. Der BV besitzt das Ziel, die Stabilität und Lenkbarkeit am Vorderrad zu gewährleisten und nutzt als Regelgröße die Radumfangsbeschleunigung. Zur Findung eines Systemkonzepts wird das aktive Sicherheitssystem funktional dekompositioniert. Die sich ergebende funktionale Systemarchitektur weist eine Funktionsgranularität auf, welche zur nachfolgenden Findung realisierbarer Lösungselemente ausreichend ist.

5 Entwurf der Subsysteme und deren Integration

5.1 Überschlagverhinderer

5.1.1 Sensorik und Signalverarbeitung

Die inertialen Größen Nickrate und Vertikalbeschleunigung werden von der IMU gemessen. Die sensorinterne Signalverarbeitung der IMU umfasst ein Dezimierfilter sowie zwei in Reihe geschaltete Tiefpassfilter. Das Dezimierfilter dient zur sensorinternen Einhaltung des Abtasttheorems und ist hinsichtlich seiner dynamischen Wirkung auf die nachfolgende Signalverarbeitung zu vernachlässigen. Das erste Tiefpassfilter besitzt eine konstante Grenzfrequenz von $\omega_{\mathrm{TP1}} = 15\mathrm{Hz}$, das Zweite eine je nach Einsatzbedingung einstellbare Grenzfrequenz zwischen $\omega_{\mathrm{TP2}} = 15 \dots 60\mathrm{Hz}$. Der Nullpunktfehler (Offset) der inertialen Größen wird in der sensorexternen Signalverarbeitung eliminiert. Zur Bereinigung wird ein Tiefpassfilter mit kleiner Grenzfrequenz ω_{TP3} verwendet[1]. Das sich ergebende regelungstechnische Blockschaltbild zeigt Abbildung 5.1.

Zur Integration der inertialen Größen wurde als Lösungselement eine gleitende Fensterintegration ausgewählt, welche keine externen Steuerimpulse benötigt. Neben der Nickrate zum Nickwinkel wird auch die Vertikalbeschleunigung zur Vertikalgeschwindigkeit integriert. Die Integration der Vertikalbeschleunigung ist aufgrund des in Vorversuchen festgestellten starken Signalrauschens notwendig, welches Fehler bei der Erkennung der Schwerpunktbewegung verursachen kann. Die Fensterbreite T_t orientiert sich bei der Vertikalbeschleunigung an der notwendigen Integrationsdauer zur eindeutigen Erkennung der Schwerpunktbewegung unmittelbar vor Erreichen

[1] Hinweis: Kalibrierungsparameter ohne Zahlenwert werden in Kapitel 6 spezifiziert.

des PNR und bei der Nickrate an der typischen Zeitdauer von Bremsbeginn bis zum Erreichen des PNR. Abbildung 5.2 stellt die gleitende Fensterintegration als regelungstechnisches Blockschaltbild dar.

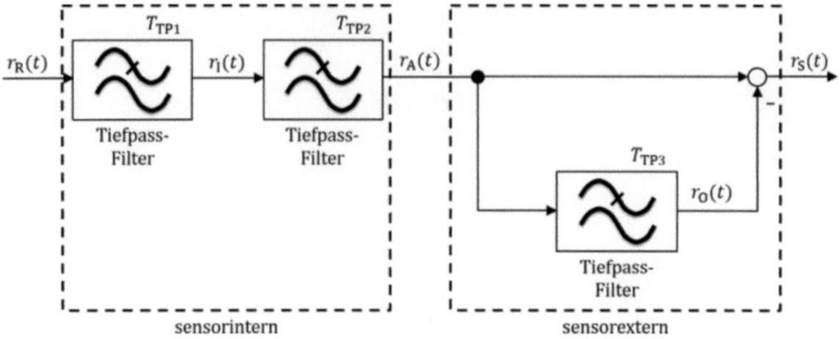

Abbildung 5.1: Sensorinterne und -externe Signalverarbeitung

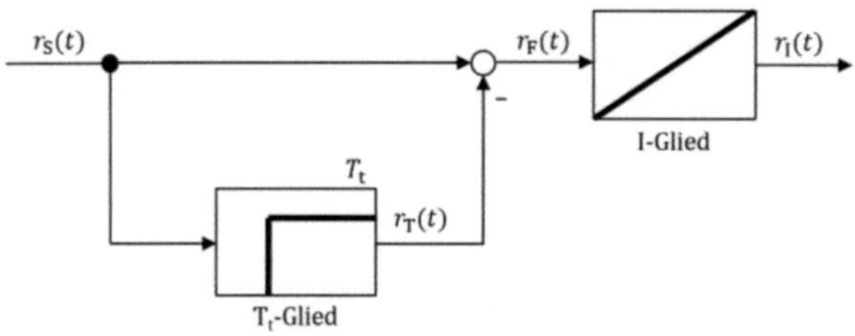

Abbildung 5.2: Gleitende Fensterintegration inertialer Größen

5.1.2 Fahrsituationsanalyse

Zur Erkennung eines Hinterradabhebens mit möglichem Überschlag wird die Trajektorie in der Zustandsebene von Nickrate und Nickwinkel mit einer schräggestellten Schaltlinie verglichen. Der sich ergebende Regelkreis bestehend aus dem linearisierten Modell der Regelstrecke, vgl. Gl. (4.1), mit einer Rückführung von Nickrate und Nickwinkel sowie einer Proportionalitätskonstanten k zur Schrägstellung der Schaltlinie entspricht Abbildung 5.3, angelehnt an (Föllinger, 1993). Die Vorgabe einer Führungsgröße ist nicht notwendig, da der von der Regelung zu erreichende Systemzustand im Ursprung der Zustandsebene liegt (Nickrate und Nickwinkel gleich Null). Während des Schaltzustands $-b = F_{x,V}$ des Zweipunktreglers bewirkt der durch den Fahrer erzeugte Betätigungsdruck eine Umfangskraft am Vorderrad. Im Schaltzustand $b = 0$ ist der Fahrer durch die Aktorik zur Druckmodulation entkoppelt und der an der Bremszange wirkende Bremsdruck wird abgebaut. Voraussetzung für den Schaltzustand $b = 0$ ist neben dem Überschreiten der Schaltlinie durch die Trajektorie der Überschlagbewegung eine erkannte Schwerpunktbewegung nach oben.

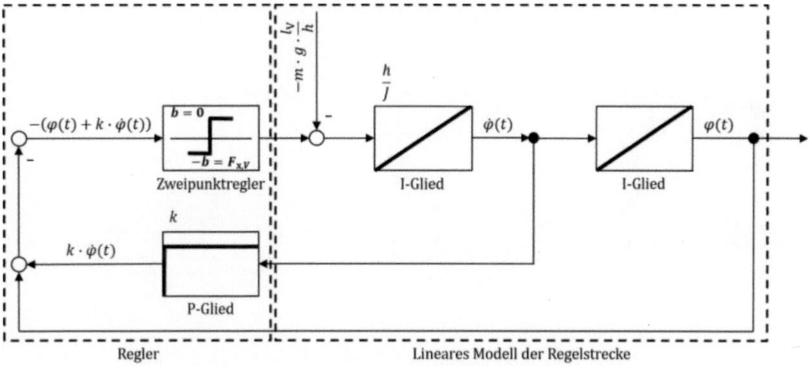

Abbildung 5.3: Regelkreis mit schräggestellter Schaltlinie

Die Wahl einer Schaltlinie ist folglich essentiell für die Antiüberschlagfunktion und erfolgt durch eine simulative Phasenraumanalyse mit unterschiedlichen Druckabbaupunkten. Die Druckabbaupunkte sind derart gewählt, dass maximale (Grenz-)Nickwinkel während der Überschlagbewegung nicht überschritten werden.

Abbildung 5.4 zeigt das Ergebnis der Phasenraumanalyse für maximale Nickwinkel von 5, 10 und 20 Grad. Aus Gründen der Übersichtlichkeit sind im Vergleich zu Abbildung 4.3 die Einzelparametervariationen von *Fahr-*

bahnsteigung und *Zuladung* nicht dargestellt. Die Trajektorien beider Parameter entsprechen für kleine Nickwinkel näherungsweise der Trajektorie des Referenzfahrmanövers. Neben der Phasenraumanalyse zeigt Abbildung 5.4 wählbare Schaltlinien für die spätere Kalibrierung des ÜV. Aufgrund der auch bei unkritischen Bremsvorgängen vorhandenen Einfederung der Gabel, welche eine Rotationsbewegung um die Fahrzeugquerachse bedingt, ist eine Schaltlinie bspw. durch den Ursprung nicht möglich.

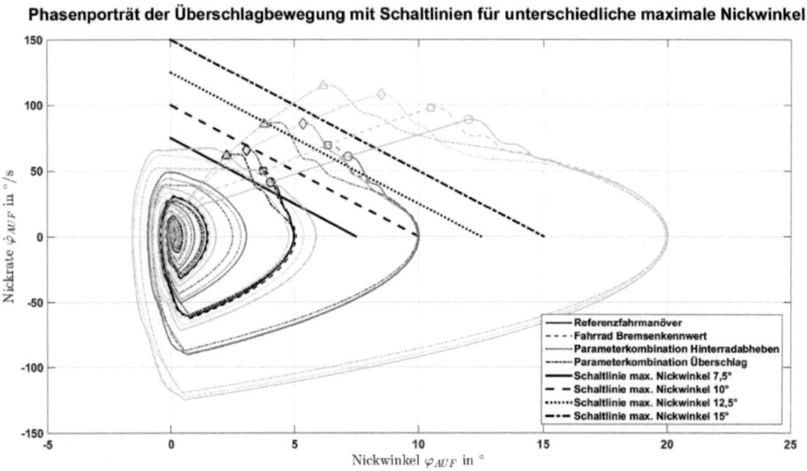

Abbildung 5.4: Schaltlinien unterschiedlicher maximaler Nickwinkel

5.1.3 Regelphilosophie

Im Anschluss an die Eingriffsentscheidung wird der Bremsdruck an der Bremszange abgebaut. Durch den Bremsdruckabbau wird die Nickwinkelbeschleunigung negativ und die Nickrate nimmt ab. Bei Erreichen des Umkehrpunkts der Überschlagbewegung ist der Nickwinkel maximal und die Nickrate wechselt von positivem zu negativem Vorzeichen. Der Vorzeichenwechsel wird von der Regelung erfasst. Im vorliegenden Entwurf des ÜV erfolgt trotz beginnender Annäherung des Hinterrades an die Fahrbahn kein Druckaufbau, sodass das Hinterrad möglichst schnell wieder über Fahrbahnkontakt verfügt und sowohl Brems- als auch Seitenführungskräfte übertragen kann (vgl. Regelziele ÜV, Abschnitt 4.1.4). Aus Gründen des Komforts (sanftes Hinterradaufsetzen) und der Mensch-Maschine-Interaktion (Verzögerungsempfinden) ist auch vorstellbar, bereits nach Überschreiten des Umkehrpunkts den Druck langsam aufzubauen.

Während des weiteren Verlaufs der Bremsung ist die Nickrate negativ, bis das Hinterrad auf die Fahrbahn aufsetzt. Sobald die Masse-Feder-Dämpfer-Systeme die aufgenommene Spannenergie wieder abgeben, erfolgt ein weiterer Vorzeichenwechsel der Nickrate von negativ zu positiv. Anhand dieses Vorzeichenwechsels wird das aufgesetzte Hinterrad durch die Regelung erkannt. Aufgrund des Einfederns des Hinterradreifens wirkt auf das Vorderrad kurzzeitig nur eine sehr geringe Radlast. In diesem Zustand darf die Bremskraft nicht aufgebaut werden, um ein Überbremsen des Rads zu vermeiden. Zur Erkennung einer wieder vorhandenen Vorderradlast wird die Radumfangsbeschleunigung ausgewertet. Da der Bremsdruck aufgrund des Gegendrucks im Akkumulator nicht bis auf Null abgebaut werden kann, wirkt stets ein geringes Bremsmoment am Laufrad. Während der Entlastung des Vorderrades bewirkt dieses Bremsmoment solange eine erkennbare Radumfangsverzögerung, bis das Vorderrad wieder über Last verfügt.

Nach erkannter wieder vorhandener Vorderradlast wird der Bremsdruck zunächst gepulst und nach Verstreichen einer Zeitkonstante voll aufgebaut. Sobald der Druck voll aufgebaut wird, besitzt der Fahrer wiederden Durchgriff auf die Bremse. Aufgrund der beiden unterschiedlichen Druckaufbauarten handelt es sich bei genauer Betrachtung nicht mehr um einen Zweipunkt-, sondern um einen Dreipunktregelansatz.

5.1.4 Implementierung und Modultest

Zur Implementierung wurden die Fahrsituationsanalyse und die Regelphilosophie zunächst als Zustandsautomat modelliert und anschließend gemeinsam mit den Signalverarbeitungsalgorithmen als virtuelles Modell umgesetzt. Zum Zwecke des Modul- bzw. Komponententests dienten sowohl statische als auch dynamische Verifizierungsmethoden (MISRA, 1994). Die statischen Methoden umfassten ein Peer-Review durch eine am Funktionsentwicklungsprozess unbeteiligte Person sowie die formale Prüfung, ob die festgelegten Implementierungsrichtlinien eingehalten wurden. Als dynamische Verifizierungsmethode dienten unterschiedlich geartete offline White-Box-Tests. Zur Verifizierung der Signalverarbeitung und der Fahrsituationsanalyse wurde der ÜV mit im Fahrversuch aufgenommenen Messdaten von unkritischen und kritischen Bremsmanövern beaufschlagt und die Berechnungs- und Klassifizierungsergebnisse überprüft. Zur Überprüfung der Regelphilosophie wurde ein symmetrisches Dreieckprofil verwendet, welches den charakteristischen Verlauf der Nickrate während eines Hinterradanhebens und Hinterradabsenkens näherungsweise nachbildet.

5.2 Blockierverhinderer

5.2.1 Sensorik und Signalverarbeitung

Der BV ermittelt aus dem vom Drehzahlsensor am Vorderrad ausgegebenen Rechtecksignal die Radumfangsgeschwindigkeit. Für die Ermittlung verwendet der BV das Verfahren der Zeitmessung bzw. Messung der Periodendauer, welches gegenüber dem Verfahren der Frequenzmessung bei gleicher Zähnezahl des Impulsrads eine höhere Auflösung bei kleinen Fahrgeschwindigkeiten bietet (Savaresi & Tanelli, 2010). Beim Verfahren der Zeitmessung werden die Pegeländerungen des Rechtecksignals zur Steuerung eines Tors ausgewertet. Innerhalb des Tors werden die von einem Referenzimpulsgenerator (bspw. Uhrenquarz) erzeugten Impulse N gezählt. Aufgrund immer vorhandener Toleranzen bei der Teilung des Impulsrads werden zum Öffnen und Schließen des Tores jeweils getrennt steigende und fallende Flanken ausgewertet. Die Radumfangsgeschwindigkeit am Vorderrad $\dot{x}_\mathrm{V}$ ergibt sich nach Gl. (5.1), wobei U_dyn dem aktuellen Radumfang, z der Zähnezahl des Impulsrades und f_0 der Referenzfrequenz entspricht.

$$\dot{x}_\mathrm{V} = \frac{U_\mathrm{dyn}}{z} \cdot \frac{f_0}{N} \tag{5.1}$$

Nachteilig bei der Verwendung des Verfahrens der Zeitmessung ist die notwendige Stillstandserkennung des Rades, da ein einmal geöffnetes Tor solange geöffnet bleibt, bis eine weitere Pegeländerung zum Schließen des Tores registriert wird. Kommt ein Rad nach dem Öffnen des Tores zum Stehen, fehlt die Pegeländerung zum Schließen des Tores. Aus diesem Grund wird die Öffnungszeit des Tores mit einer (Grenz-)Zeitspanne Δt verglichen, welche sich aus einer festzulegenden minimalen Radumfangsgeschwindigkeit $\dot{x}_{\mathrm{V,min}}$ nach Gl. (5.2) ergibt.

$$\Delta t = \frac{U_{\mathrm{dyn}}}{\dot{x}_{\mathrm{V,min}} \cdot z} \tag{5.2}$$

Für die Anwendung des Verfahrens der Zeitmessung und die Stillstandserkennung ist der aktuelle Radumfang U_{dyn} nach Gl. (5.3) zu berechnen. Bei der Berechnung wird aufgrund der geringen Einfederung von Fahrradreifen im normalen Fahrbetrieb – korrekter Reifeninnendruck vorausgesetzt – und der geringen Reifenhöhe im Vergleich zum Felgenradius nicht zwischen statischem und dynamischem Rollhalbmesser r_{dyn} unterschieden.

$$U_{\mathrm{dyn}} = 2 \cdot \pi \cdot r_{\mathrm{dyn}} \tag{5.3}$$

Zur Berechnung der als Regelgröße für den BV verwendeten Radumfangsbeschleunigung ist die Anwendung der einfachen Rückwärtsdifferenz auf die Radumfangsgeschwindigkeit nicht ausreichend, da das differenzierte Signal aufgrund der vorhandenen Störungen starkes Rauschen aufweist und damit für die Regelung unbrauchbar ist. Aus diesem Grund wurden weitere Methoden sowohl zur Glättung als auch zur Ableitung des Signals untersucht. Das beste Signal-Rausch-Verhältnis bei gleichzeitig geringem Zeitverzug lieferte ein Butterworth Tiefpassfilter 2. Ordnung in Zustandsraumdarstellung (Strampp & Vorozhtsov, 2004). Bei Verwendung des Filters kann durch geschickte Wahl der Zustandsgrößen gleichzeitig das zu differenzierende Signal geglättet und die zeitliche Ableitung berechnet werden. Die erste Zustandsgröße entspricht dem gefilterten Signal $x_1 = y_1$, die zweite Zustandsgröße der Ableitung des gefilterten Signals $x_2 = \dot{x}_1 = y_2$. Gl. (5.4) und

Gl. (5.5) zeigen die Zustandsgleichungen des Filters. Die Wahl einer geeigneten Eckfrequenz ω_g hängt stark von der Fahrbahnoberfläche ab und wird in Fahrversuchen kalibriert.

$$\begin{pmatrix} \dot{x}_1[k] \\ \dot{x}_2[k] \end{pmatrix} = \begin{pmatrix} 0 & 1 \\ -\omega_g{}^2 & -\sqrt{2}\omega_g \end{pmatrix} \cdot \begin{pmatrix} x_1[k] \\ x_2[k] \end{pmatrix} + \begin{pmatrix} 0 \\ \omega_g^2 \end{pmatrix} \cdot u[k] \tag{5.4}$$

$$\begin{pmatrix} y_1[k] \\ y_2[k] \end{pmatrix} = \begin{pmatrix} 1 & 0 \\ 0 & 1 \end{pmatrix} \cdot \begin{pmatrix} x_1[k] \\ x_2[k] \end{pmatrix} \tag{5.5}$$

5.2.2 Fahrsituationsanalyse

Die als Regelgröße für den BV ausgewählte Radumfangsbeschleunigung nutzt das gegensätzliche Verhalten der Regelstrecke im stabilen und instabilen Bereich der Kraftschluss-Schlupf-Kurve. Bei konstantem Bremsmoment nimmt die Radumfangsbeschleunigung im stabilen Bereich nur begrenzte Verzögerungswerte an, wohingegen im instabilen Bereich sehr hohe Verzögerungswerte auftreten. (Mitschke & Wallentowitz, 2014)

Zur Erkennung einer Blockierneigung des Vorderrades wird aus diesem Grund die Radumfangsbeschleunigung mit einer Regelschwelle verglichen. Die Regelschwelle muss einerseits über der auf einer sehr griffigen Fahrbahn erreichbaren Verzögerung liegen, um den normalen Bremsvorgang nicht zu beeinflussen. Andererseits darf die Regelschwelle nur wenig über dieser maximal erreichbaren Verzögerung liegen, da ansonsten ein anfänglich leichtes, anschließend stärker werdendes Bremsen durch den Fahrer dazu führen würde, dass das Vorderrad weit in den instabilen Bereich der Kraftschluss-Schlupf-Kurve gelangt. Folglich würde der BV die drohende Instabilität erst spät erkennen und eine Radblockade könnte möglicherweise nicht verhindert werden. Des Weiteren darf der BV nicht sofort nach Überschreiten der Regelschwelle einsetzen, sondern muss eine definierte Filterzeit abwarten. Die Filterzeit dient dazu, eine Bremskraftreduktion aufgrund bspw. kleinerer Hindernisse wie einem Stein auf der Straße zu vermeiden.

5.2.3 Regelphilosophie

Bekannte Regelphilosophien für BV unterscheiden zwischen rutschigen und glatten Fahrbahnen. Auf glatten Fahrbahnen blockieren die Räder schon bei leichtem Überbremsen und benötigen aufgrund des niedrigen Reibwerts lange für den Wiederanlauf. Da Trekkingräder generell seltener bei winterlichen Verhältnissen gefahren werden und, falls doch, das Gleichgewichtsproblem des Fahrers herausfordernder ist, konzentriert sich der Entwurf des BV auf eine Bremsregelung für rutschige Fahrbahnen. Der prinzipielle Verlauf der Bremsregelung kombiniert (Burckhardt, 1993) und (Koch-Dücker & Papert, 2010) und ist in Abbildung 5.5 dargestellt.

Beim Anbremsen steigt zunächst der Bremsdruck an der Bremszange und die Radumfangsbeschleunigung wird negativ. Am Ende der ersten Phase unterschreitet die Radumfangsbeschleunigung die zur Erkennung einer Blockierneigung fest vorgegebene Regelschwelle (-a). In der darauf folgenden zweiten Phase gibt der BV für die Dauer der Filterzeit den Aktorikzustand *Druck halten* aus. Bleibt die Radumfangsbeschleunigung für die Dauer der Filterzeit unter der Regelschwelle (-a) wird in der dritten Phase der Aktorikzustand *Druck (voll) abbauen* ausgegeben. In Folge dessen sinkt der Bremsdruck und die Radumfangsbeschleunigung überschreitet wieder die Regelschwelle (-a). In der sich anschließenden vierten Phase ändert sich der Aktorikzustand zu *Druck halten*, wobei die Radumfangsbeschleunigung weiter zu nimmt und die Regelschwellen (+a) sowie (+A) durchschreitet. Nach Überschreiten der verhältnismäßig großen Regelschwelle (+A) beginnt die fünfte Phase und der Aktorikzustand *Druck (voll) aufbauen* wird eingeleitet. Der starke Druckaufbau bedingt ein Unterschreiten der Regelschwelle (+A). In der nun beginnenden sechsten Phase wird der Druck gehalten, bis die Regelschwelle (+a) unterschritten wird. Ein Unterschreiten der Regelschwelle (+a) deutet darauf hin, dass sich das Rad im stabilen Bereich der Kraftschluss-Schlupf-Kurve befindet, allerdings etwas unterbremst ist. Aus diesem Grund wird in der siebten Phase der Aktorikzustand *Druck (gepulst) aufbauen* ausgegeben, bis die Radumfangsbeschleunigung die Regelschwelle (-a) unterschreitet. Im Anschluss wird der Regelalgorithmus erneut durchlaufen, wobei die Regelschwellen (-a) und (+A) zur Findung eines stabilen und gleichzeitig wirkungsvollen Verzögerungszustands des Rads mit zunehmender Regeldauer zusammengezogen werden.

Aufgrund der im Vergleich zu Kraftfahrzeugen höheren Steifigkeit der hydraulisch betätigten Bremse sowie der größeren Laufraddynamik am Fahrrad werden die vollen Druckabbau- und -aufbauphasen ebenfalls als gepulste Phasen interpretiert. Neben einer Reduktion der Drucksprunghöhe pro Ventilaktivierung wird durch das Pulsen auch der Volumenverbrauch verringert. Vor dem Hintergrund einer limitierten Anzahl an Druckmodulationen verlängert sich so die mögliche Regeldauer durch den BV. Im Vergleich zum klassischen Pulsen in der siebten Phase ist die Pulsweitenmodulation für die vollen Druckabbau- und -aufbauphasen derart definiert, dass der Bremsdruck deutlich schneller ab- und aufgebaut wird (vgl. Abschnitt 6.2).

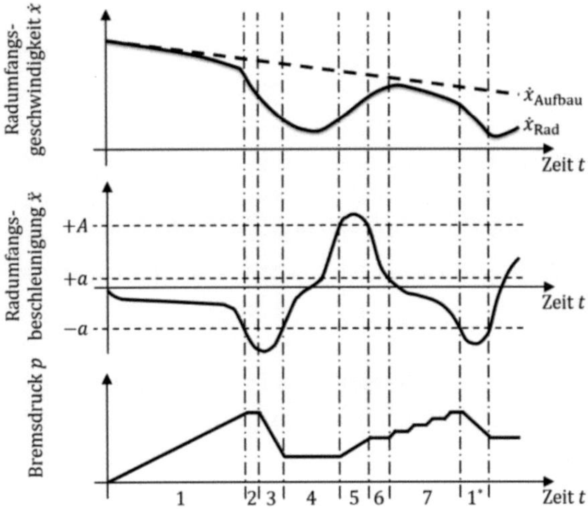

Abbildung 5.5: Ablauf Regelung Blockierverhinderer (Koch-Dücker & Papert, 2010)

5.2.4 Implementierung und Modultest

Implementierung und der Modultest von BV und ÜV sind vergleichbar. Für die Verifizierung der Regelphilosophie wurde die Regelgröße Radumfangsbeschleunigung durch eine sinusförmige Schwingung nachgebildet. Die Nachbildung ermöglichte es, die einzelnen Zustände, Zustandsübergänge und Aktionen zu überprüfen sowie die Regelphilosophie auf ihre Robustheit gegenüber unterschiedlichen Schwingungsfrequenzen und -amplituden zu testen. Weitere Informationen zur Implementierung und zum Modultest des BV finden sich in der Arbeit von (Scharpf, 2016).

5.3 Bremsdynamisches Assistenzsystem

5.3.1 Ansteuerung der Aktorik

Der Ansteuerung der Magnetventile kommt aufgrund der limitierten Anzahl an Druckmodulationen eine besondere Bedeutung zu. Grundsätzliches Ziel ist eine lange Regeldauer über weite Teile der Bremsung, wobei eine ausreichende Regelfrequenz kritische Fahrsituationen sicher verhindert. Den Aktorikzuständen *Druck halten*, *Druck (voll) abbauen*, *Druck (gepulst) aufbauen* und *Druck (voll) aufbauen* liegen unabhängig von der anfordernden Funktion die gleichen Ventilstellungen hinsichtlich Einlass- und Auslassventil zugrunde. Funktionsspezifische Unterschiede bestehen innerhalb der Aktorikzustände bzgl. der Öffnungs- und Schließzeiten der Ventile. So kann bei der Antiblockierfunktion von einem niedrigen Fahrbahnreibwert ausgegangen werden, welcher nur geringe Gradienten beim Bremsdruckaufbau zulässt. Im Gegensatz dazu kann bei der Antiüberschlagfunktion von einem hohen Fahrbahnreibwert und höheren zulässigen Druckaufbaugradienten ausgegangen werden.

Nachfolgend werden die im Rahmen der Druckmodulation vorkommenden Ventilstellungen beschrieben (Schemabild vgl. Abbildung 2.7). Zu Bremsbeginn, also im Ruhezustand, ist das Einlassventil stromlos offen und das Auslassventil stromlos geschlossen. In diesem Zustand besitzt der Fahrer die volle Fahrzeugkontrolle, d.h. der Betätigungsdruck entspricht dem Bremsdruck. Im Aktorikzustand *Druck halten*, welcher bei erkannter Blockierneigung des Vorderrades eingeleitet wird, wird das Einlassventil geschlossen. Der Bremsdruck am Rad ist dadurch begrenzt und der Fahrer kann den Bremsdruck nur noch durch Loslassen des Bremshebels verringern.

Der Aktorikzustand *Druck (voll) abbauen* wird bei bestätigter Vorderradblockierneigung oder erkanntem Hinterradabheben von der Antiblockier- respektive Antiüberschlagfunktion ausgegeben. Das Einlassventil bleibt in diesem Zustand geschlossen und das Auslassventil wird zur Reduktion des Bremsdrucks am Rad geöffnet. Durch das Öffnen des Auslassventils kann die unter Druck stehende Bremsflüssigkeit in den Akkumulator entweichen. Je nachdem, ob die Antiblockier- oder Antiüberschlagfunktion den Druckabbau fordert, wird das Auslassventil gepulst oder konstant geöffnet. Dem Pulsen liegt als Idee die aus der Elektrotechnik bekannte Pulsweitenmodulation zugrunde.

Der Aktorikzustand *Druck (gepulst) aufbauen* nutzt ebenfalls das Prinzip der Pulsweitenmodulation und wird nach vermiedener Vorderradblockade oder wiederaufgesetztem Hinterrad angefordert. Im Aktorikzustand *Druck (voll) aufbauen* entspricht die Ventilstellung bei der Antiüberschlagfunktion der Ruhestellung der Ventile, wodurch der Fahrer die volle Fahrzeugkontrolle bekommt. Bei der Antiblockierfunktion entspricht der Aktorikzustand *Druck (voll) aufbauen* dem Aktorikzustand *Druck (gepulst) aufbauen*, allerdings mit höherem Druckaufbaugradienten.

Nach erfolgter Integration von BV und ÜV zum BDA können in Extremsituationen die beiden konkurrierenden Regler unterschiedliche Aktorikzustände anfordern. Zur Auflösung möglicher Konflikte dient ein Koordinator, welcher stets denjenigen Aktorikzustand als Reglerausgangsgröße weitergibt, welcher den Abbau des Bremsdrucks anfordert und so die kritischen Fahrsituationen entschärft.

Aufgrund der eingangs erwähnten erschöpfbaren Anzahl an Druckmodulationen wird eine Obergrenze an zulässigen kumulierten Druckabbauten für das BDA eingeführt. Die Obergrenze soll verhindern, dass der Bremshebel vollständig bis zum Lenker durchfällt und das Vorderrad stark unterbremst ist. Die kumulierten Druckabbauten werden nach Bremsende und dem Rückfluss der Bremsflüssigkeit aus dem Akkumulator in das drucklose Bremssystem zurückgesetzt.

5.3.2 Zusammenfassung der Lösungselemente

Nachfolgend werden die den Funktionen des aktiven Sicherheitssystems (vgl. funktionale Systemarchitektur in Abschnitt 4.3.3) zugeordneten Lösungselemente zusammengefasst. Eine Übersicht zu weiteren in Betracht gezogenen Lösungsalternativen beim Systementwurf findet sich in Anhang 9.8.

Die Teilfunktion *Fahrdynamikgrößen messen* umfasst die Unterfunktionen *Vorderraddrehzahl erfassen* und *Inertialgrößen erfassen*. Beide Unterfunktionen verwenden die bereits vom Versuchsträger bekannten Sensoren. Die Erfassung der Vorderraddrehzahl erfolgt durch einen magnetoresisitiven Sensor mit ferromagnetischem Impulsrad. Eine IMU bestehend aus Beschleunigungs- und Drehratensensoren misst die inertialen Größen Vertikalbeschleunigung und Nickrate.

Die Teilfunktion *Fahrdynamikgrößen verarbeiten* untergliedert sich in die Unterfunktionen *Radumfangsgeschwindigkeit ableiten*, *Nickrate integrieren* und *Vertikalbeschleunigung integrieren*. Die Integration der letzten beiden Größen basiert auf einer gleitenden, abschnittsweisen numerischen Integration nach dem Trapezverfahren mit unterschiedlicher Fensterbreite, welche ohne feste Integralgrenzen und damit externe Steuerimpulse arbeitet. Zur Differentiation der Radumfangsgeschwindigkeit wird ein Butterworth Tiefpassfilter 2. Ordnung in Zustandsraumdarstellung verwendet, welcher das Eingangssignal sowohl glättet als auch ableitet.

Die Teilfunktion *Fahrsituation analysieren* beinhaltet die Unterfunktionen *Vorderradblockierneigung erkennen* und *Überschlagneigung erkennen*. Zur Erkennung einer Überschlagneigung wird die Trajektorie der Überschlagbewegung in der Zustandsebene von Nickwinkel und Nickrate analysiert und mit einer schräggestellten Schaltlinie verglichen. Neben einem Überschreiten der Schaltlinie durch die Trajektorie muss sich für eine Aktivierung des ÜV der Systemschwerpunkt nach oben bewegen. Zur Erkennung einer Blockierneigung des Vorderrades wird die Radumfangsbeschleunigung mit einer Regelschwelle verglichen. Zur Vermeidung von Fehleingriffen wird nicht sofort nach Überschreiten der Regelschwelle der BV aktiviert, sondern eine Filterzeit abgewartet.

Die Teilfunktion *Sollwerte vorgeben* setzt sich aus den Unterfunktionen *Sollwerte Blockierverhinderer ausgeben* und *Sollwerte Überschlagverhinderer ausgeben* zusammen. Die Sollwerte sind sowohl für BV als auch ÜV Regelschwellen, mit welchen die Regelgrößen Radumfangsbeschleunigung respektive Nickrate verglichen werden. Die Regelschwellen des ÜV ermöglichen, den Umkehrpunkt der Überschlagbewegung sowie das Hinterradaufsetzen zu erkennen. Neben den Nickratenschwellen dient eine Radumfangsbeschleunigungsschwelle dazu, eine kurzzeitig auftretende Vorderradentlastung nach dem Hinterradaufsetzen zu berücksichtigen. Eine weitere Zeitkonstante definiert, wann der Fahrer nach verhindertem Überschlag die Fahrzeugkontrolle zurückerlangt. Die Regelschwellen des BV unterscheiden sich nach Radumfangsbeschleunigung und -verzögerung und dienen dazu, das Laufrad vom instabilen in den stabilen Bereich der Kraftschluss-Schlupf-Kurve zu überführen und dort zu halten.

Die Teilfunktion *Reglerausgangsgröße ermitteln* umfasst die Unterfunktionen *Vorderradblockade ausregeln* und *Überschlag ausregeln* sowie *Reglerausgangsgröße festlegen*. Der BV kombiniert aus der Literatur bekannte Reglerentwürfe von aktiven Sicherheitssystemen bei Kraftfahrzeugen und verwendet die Radumfangsbeschleunigung als Regelgröße. Der ÜV beinhaltet bei genauer Betrachtung einen Dreipunktregler. Nach erkanntem Hinterradabheben baut der ÜV den Bremsdruck *ab*, bis er anhand der Nickrate ein Wiederaufsetzen des Hinterrades erkannt hat. Der anschließende Druckaufbau erfolgt zunächst *gepulst* und anschließend *voll*, um ein Überbremsen des Vorderrades zu vermeiden. Zur Auflösung möglicher Konflikte zwischen den beiden konkurrierenden Reglern dient ein Koordinator, welcher stets denjenigen Aktorikzustand als Reglerausgangsgröße weitergibt, welcher die kritischen Fahrsituationen entschärft.

Die Teilfunktion *Stellgröße einstellen* besteht aus den Unterfunktionen *Einlassventilhub definieren* und *Auslassventilhub definieren.* Die Kombination beider Unterfunktionen ermöglicht unterschiedliche Aktorikzustände. Im Ruhezustand besitzt der Fahrer die volle Fahrzeugkontrolle. Bei Anforderung eines veränderten Aktorikzustands durch BV oder ÜV wird das vom Fahrer eingesteuerte Druckniveau durch die Teilfunktion *Druck modulieren* verändert. Die dazu notwendigen Unterfunktionen *Druck abbauen*, *Druck halten* und *Druck aufbauen* werden durch ein von Krafträdern bekanntes Hydroaggregat in Einkanalausführung mit Ventilsystem abgebildet.

5.3.3 Technische Systemarchitektur

Die Integration der ausgewählten Lösungselemente zu einem mechatronischen System liefert die technische Systemarchitektur, welche in Abbildung 5.6 dargestellt ist. Während der Integrationstests wird das aktive Sicherheitssystem gegen die Spezifikation der technischen Systemarchitektur getestet (Schäuffele & Zurawka, 2013). Die Komponenten eines elektrifizierten Trekkingrades mit hydraulisch betätigter Bremse sind aus dem Stand der Wissenschaft und Technik bekannt. Im Folgenden werden nur die Komponenten, welche in Bezug zum aktiven Sicherheitssystem stehen, näher erläutert.

Insgesamt sind zur Darstellung des aktiven Sicherheitssystems vier zusätzliche Komponenten notwendig. Die erste Komponente ist die am Vorderrad positionierte Drehzahlsensorik. Die am Fahrradaufbau angebrachte Inertialsensorik stellt die zweite Komponente dar. Die dritte Komponente ist der Druckmodulator, im Falle des BDA das Hydroaggregat mit Ventilsystem in Einkanalausführung. Das SG und der dazugehörige SEW zählen gemeinsam als vierte Komponente und beinhalten sowohl die Antiblockier- als auch die Antiüberschlagfunktion.

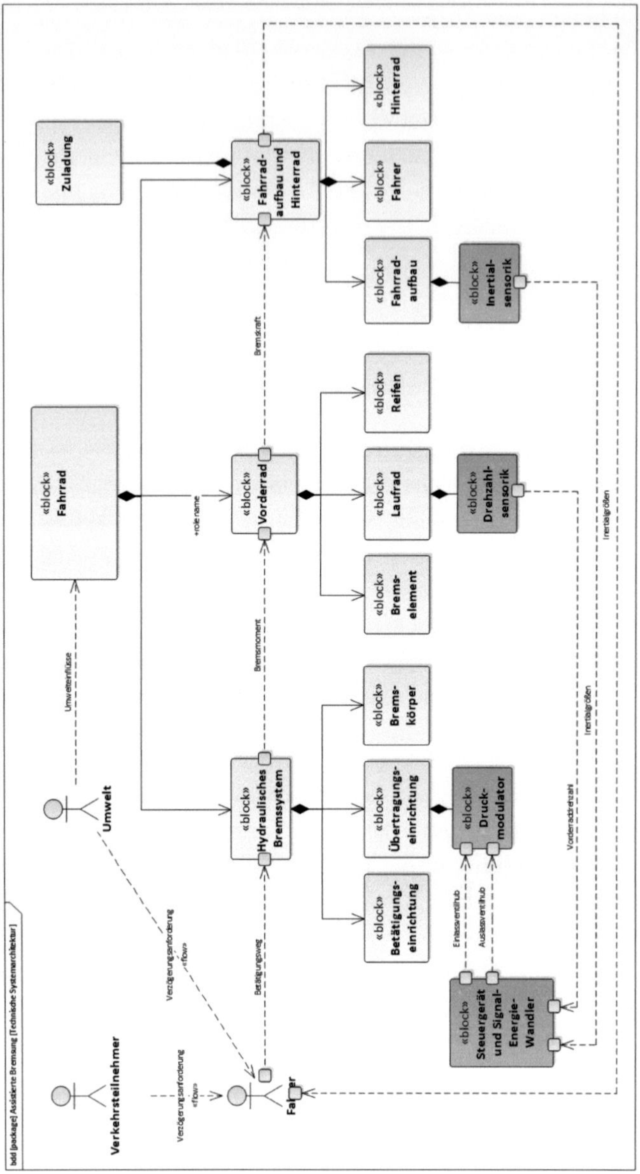

Abbildung 5.6: Technische Systemarchitektur

5.3.4 Integrationstest

Im Rahmen der Integrationstests wird zwischen der Überprüfung der Software und des Systems unterschieden. Im Integrationstest der Software stehen die Zusammenführung der Subsysteme in ein Funktionsmodell sowie die Implementierung des Funktionsmodells auf dem prototypischen SG mittels RCP im Fokus. Der Integrationstest des Systems konzentriert sich auf die interne Verarbeitung des Funktionsmodells hinsichtlich eingehender Sensorsignale und ausgehender Ansteuersignale für die Aktorik.

Ausgangspunkt für die Überprüfung der zusammengeführten Subsysteme in ein Funktionsmodell stellen - wie schon bei BV und ÜV - im Fahrversuch aufgenommene Messdaten von unkritischen und kritischen Fahrsituationen dar. Auf Basis von offline White-Box-Tests konnte die Korrektheit der Berechnungs- und Klassifizierungsergebnisse begutachtet werden. Die Übersetzung des Funktionsmodells in auf dem prototypischen SG ausführbare Algorithmen ist nur für das RCP am HiL Prüfstand und im Fahrversuch notwendig. Für die MiL Simulation ist aufgrund des monolithischen Ansatzes keine Übersetzung erforderlich und die statischen Prüfungen der Simulationssoftware gegenüber Implementierungsrichtlinien sind ausreichend. Für das RCP wird das Funktionsmodell zunächst um Eingangs- und Ausgangsschnittstellen mit der realen Umgebung erweitert. Anschließend wird das Modell per automatischer Codegenerierung in Maschinencode übersetzt, welcher in Echtzeit auf dem prototypischen SG ausgeführt werden kann. Die für die Kompilierung erforderlichen Designentscheidungen sind einerseits im Modell festgelegt (bspw. Programmzykluszeit), andererseits vom Compiler derart getroffen, dass das im Funktionsmodell spezifizierte Verhalten möglichst genau nachgebildet wird.

Im Gegensatz zum Integrationstest der Software wurden für den Integrationstest des Systems online White-Box-Tests am HiL Prüfstand durchgeführt. Einerseits werden am HiL Prüfstand alle Sensorsignale wie am Versuchsträger übertragen, andererseits sind die hydraulisch betätigte Bremse sowie das Hydroaggregat zur Druckmodulation real vorhanden. Die Überprüfung der Interaktion von Sensoren und Funktion zeigte keine Auffälligkeiten, da

Fehler bereits durch die zuvor durchgeführten Modul- und Software-Integrationstests mit im Fahrversuch aufgenommenen Messdaten ausgemerzt wurden. Die einzig notwendige sensorseitige Modifikation betraf die Anpassung der Auswertungsprioritäten im Funktionsmodell. Dabei wurde der Auswertung des Drehzahlsensors am Vorderrad auf Basis von Hardware-Interrupts die höchste Priorität zugewiesen, gefolgt von der Inertialsensorik am Fahrradaufbau, der Berechnung der Regelalgorithmen und der Ansteuerung der Aktorik.

Auf Seite der Aktorik und deren Interaktion mit der Funktion ergaben sich unterschiedliche Fragestellungen. Zum einen zeigte sich, dass die durch die Pulsweitenmodulation festgelegten Ein- und Ausschaltzeiten der Ventile zwar korrekt von der Funktion an die Aktorik übertragen wurden, allerdings unterschied sich die Drucksprunghöhe zwischen virtuellem und realem Bremssystem deutlich. Der Grund liegt in der Systemsteifigkeit der hydraulisch betätigten Bremse mit integrierter Aktorik. Die Systemsteifigkeit wird wesentlich durch Bremszange, Bremsleitung und Bremsflüssigkeit festgelegt, wobei die Eigenschaften letzterer beiden Komponenten stark temperaturabhängig sind. Insbesondere bei der Kalibrierung der Antiblockierfunktion im Fahrversuch sind daher die Ein- und Ausschaltzeiten der Ventile zu überprüfen und hinsichtlich einer robusten Applikation anzupassen.

Neben den Abweichungen bei der Drucksprunghöhe fiel zum anderen auf, dass sich der Akkumulator nach Betätigungskraftreduktion am Bremshebel nicht selbstständig entleerte. Die Ursache liegt in der zu geringen Steifigkeit des Federelements im Akkumulator. Die Aufgabe des Federelements bei einem Hydroaggregat mit Pumpe ist, den Teller im Akkumulator im drucklosen Zustand in dessen Ausgangsposition zu schieben. Zur Rückförderung der Bremsflüssigkeit aus dem Akkumulator in den Ausgleichsbehälter am Bremshebel ist die Feder zu schwach. Folglich ist an dieser Stelle eine Anpassung des Hydroaggregats für den pumpenlosen Einsatz notwendig. Als Abhilfemaßnahme wird der Akkumulator zwischen einzelnen Versuchen manuell durch die Rückförderpumpe entleert, sodass im Bremssystem stets die komplette Bremsflüssigkeit enthalten ist.

5.4 Zusammenfassung

Der BV kombiniert aus der Literatur bekannte Reglerentwürfe und verwendet die aus einem Drehzahlsensor am Vorderrad berechnete Radumfangsbeschleunigung. In Abhängigkeit vom Vorderradzustand wird der Bremsdruck entweder abgebaut, aufgebaut oder gehalten. Aufgrund der im Vergleich zu anderen Kraftfahrzeugen hohen Laufraddynamik, des steifen Bremssystems und eines möglichst minimalen Volumenverbrauchs pro Druckmodulation erfolgt der Bremsdruckabbau und -aufbau stets gepulst.

Der ÜV verwendet sowohl die Radumfangsbeschleunigung am Vorderrad als auch die Vertikalbeschleunigung und Nickrate am Fahrradaufbau. Zur Erkennung eines Hinterradabhebens wird die Trajektorie in der Zustandsebene von Nickrate und Nickwinkel beobachtet und mit einer schräggestellten Schaltlinie verglichen. Der Nickwinkel wird durch eine gleitendende Fensterintegration der Nickrate bestimmt. Die ebenfalls mit einem gleitenden Fenster integrierte Vertikalbeschleunigung ermöglicht die Unterscheidung des Hinterradabhebens vom Übergang einer ebenen in eine abschüssige Fahrbahn. Nach erkanntem Hinterradabheben wird der Bremsdruck am Vorderrad bis zum Wiederaufsetzen des Hinterrades abgebaut. Aufgrund des Einfederns des Hinterradreifens beim Wiederaufsetzen wird das Vorderrad kurzeitig entlastet. In diesem Moment darf der Bremsdruck, um ein Überbremsen des Vorderrades zu vermeiden, nicht aufgebaut werden. Zur Erkennung einer wieder vorhandenen Vorderradlast wertet der ÜV die Radumfangsbeschleunigung aus. Im Anschluss wird der Bremsdruck zunächst gepulst und nach dem Verstreichen einer Zeitkonstanten voll aufgebaut.

Nach erfolgter Systemintegration können in Extremsituationen die beiden konkurrierenden Mehrpunktregler von BV und ÜV unterschiedliche Eingriffe anfordern, weshalb zur Auflösung möglicher Konflikte ein Koordinator entwickelt wurde. Der Grundsatz des Koordinators ist, dass immer diejenige Reglerausgangsgröße Priorität hat, welche den Abbau des Bremsdrucks anfordert und so die kritischen Fahrsituationen entschärft.

6 Systemtest und Eigenschaftsabsicherung

6.1 Ziele und Vorgehensweise

Ziel der Systemtests ist, die im BDA integrierte Antiblockier- und Antiüberschlagfunktion mit Hilfe der modellbasierten Entwicklungsumgebung auf Erreichen der Regelziele zu prüfen und gegenüber den Anforderungen zu verifizieren. Ausgehend von MiL Simulationen über die Nutzung des HiL Prüfstands hin zu RCP im Fahrversuch erfolgt der Systemtest stets realitätsnäher. Der Nutzung jedes Entwicklungswerkzeugs liegt ein Mikrozyklus bestehend aus Test, Bewertung und Optimierung zugrunde.

Die MiL Simulation ermöglicht rein rechnerbasierte Systemtests, in welchen der virtuelle Fahrsituationskatalog automatisiert durchlaufen wird. Diese Art der Systemtests ist ressourcensparend, vollständig reproduzierbar und ermöglicht eine frühe Verifikation gegenüber den Anforderungen. Aufgrund der Vielzahl an variierten System- und Umgebungsparametern bietet die MiL Simulation weiterhin die Möglichkeit, mit geringem Aufwand eine erste, bereits robuste Kalibrierung der Antiblockier- und Antiüberschlagfunktion für die beim Fahrrad große Streuungsbreite der relevanten Parameter zu erreichen.

Grundsätzlich ist eine Modellierung immer unvollständig und die Aussagekraft der Simulationsergebnisse eingeschränkt. Die größten Abweichungen bei der Validierung der Umgebungsmodelle zeigt das Aktorikmodell. Insbesondere ergeben sich Unterschiede zwischen den simulativen und realen Verläufen, wenn mehrere Zyklen bestehend aus Bremsdruckabbau, -halten und -aufbauphasen durchlaufen werden (vgl. Abschnitt 3.2.4). Abhilfe schafft der HiL Prüfstand mit realer hydraulisch betätigter Bremse und integriertem Hydroaggregat. Zum Zwecke des Systemtests wird der virtuelle Fahrsituationskatalog ebenfalls am HiL Prüfstand durchlaufen und die Ergebnisse verifiziert.

Wesentliche Einschränkung von MiL Simulation und HiL Prüfstand ist, dass nur zuvor definierte Situationen und Szenarien untersucht werden. Die Ergebnisse beinhalten immer ein Restrisiko durch Vernachlässigungen in der Modellbildung, numerische Ungenauigkeiten bei der Berechnung und nicht berücksichtigte Randbedingungen. Tests in der realen Betriebsumgebung des Systems beantworten dagegen auch diejenigen Fragen, die vorab nicht gestellt wurden. Verborgene Risiken können beim Systemtest im Fahrversuch identifiziert und eliminiert werden, weshalb dieser Versuchstyp für die abschließende Bewertung des Systems unverzichtbar ist.

6.2 Blockierverhinderer

6.2.1 Model-in-the-Loop Simulation

Voraussetzung für den Test der Antiblockierfunktion ist deren Kalibrierung. Eine Übersichtstabelle aller Kalibrierungsparameter findet sich in Anhang 9.9. Nachfolgend wird die Werte-Wahl der einzelnen Parameter begründet.

Sowohl Trekking- als auch Cityräder besitzen zum überwiegenden Teil und weitestgehend unabhängig von der Rahmengröße 28 Zoll Laufräder (Barzel, Bollschweiler, & Smolik, 2008). Für die Berechnung des Radumfangs ergibt sich daraus ein Rollhalbmesser von näherungsweise 0,35 m. Bei der Wahl der minimalen Radumfangsgeschwindigkeit, bis zu welcher der Drehzahlsensor ausgewertet wird, ist zu beachten, dass bei einer Radblockade unterhalb dieser Schwelle keine Gefährdung für den Fahrer entsteht. Im vorliegenden Fall ist als minimale Radumfangsgeschwindigkeit 1 km/h gewählt. Das zur Differentiation der Radumfangsgeschwindigkeit verwendete Butterworth Tiefpassfilter 2. Ordnung erfordert die Festlegung einer Eckfrequenz. Bei vorab durchgeführten Fahrversuchen im offenen Regelkreis zeigte sich ein Wert von 7 Hz als guter Kompromiss zwischen Glättung und Zeitverzug des Signals. Der Wert wird für die MiL Simulation übernommen.

Eine exakte Applikation der Eckfrequenz ist aufgrund der Unterschiede durch die Rückkopplung und der starken Abhängigkeit von der Fahrbahnoberfläche erst in Fahrversuchen möglich.

Die Wahl der zur Erkennung einer Vorderradblockierneigung genutzten Radumfangsbeschleunigungsschwelle ist eine Abwägung zwischen erreichbarer Verzögerung auf griffiger Fahrbahn und Sicherheit gegenüber einer Vorderradblockade. In Anlehnung an die Ergebnisse der Fahrradreifencharakterisierung wird die Regelschwelle sowie die -a-Schwelle des Reglers mit -12 m/s² parametriert (Maier, Hillenbrand, Wrede, Freund, & Gauterin, 2016). Die Filterzeit bis zur Aktivierung des BV hängt unmittelbar mit dem Signal-Rausch-Verhältnis der Radumfangsbeschleunigung zusammen. Bei den vorab durchgeführten Fahrversuchen im offenen Regelkreis kam es bei einem Wert von 5 ms zu keinen Fehlauslösungen der Antiblockierfunktion. Der Wert wird für die MiL Simulation übernommen und eine exakte Applikation erfolgt im Fahrversuch mit geschlossenem Regelkreis.

Neben der -a-Schwelle sind die +a- und +A-Schwellen die wichtigsten Parameter des Reglers. Für die +a-Schwelle zeigte sich in Voruntersuchungen ein Wert von 2 m/s² und für die +A-Schwelle ein Wert von 16 m/s² vorteilhaft. Zur Findung eines stabilen und wirkungsvollen Verzögerungszustands des Vorderrads werden sowohl die -a-Schwelle als auch +A-Schwelle innerhalb von 1 s nach Aktivierung des BV in ihrem Wert halbiert und im weiteren Verlauf der Regelung bei diesem Wert gehalten. Bei gleichbleibender Reglerausgangsgröße ist davon auszugehen, dass sich entweder das Vorderrad in einem stabilen Verzögerungszustand befindet oder ein Regelfehler, im Extremfall eine Radblockade, aufgetreten ist. In letzterem Fall wird der BV bei unverändertem Aktorikzustand über eine Zeitdauer von 1 s in seinen Ruhe- bzw. Ausgangszustand zurückgesetzt, d.h. die Fahrzeugkontrolle wird bis zu einem möglichen erneuten Eingriff an den Fahrer zurückgegeben. Die Anzahl der maximal zulässigen kumulierten Druckabbauten wird in der MiL Simulation zunächst mit 10 angenommen. Eine exakte Beschränkung der kumulierten Druckabbauten ist spätestens im Fahrversuch notwendig, da der Bremshebel vollständig bis zum Lenker durchfallen könnte und das Vorderrad stark unterbremst wäre.

Von besonderer Wichtigkeit für den Kompromiss zwischen Regelfrequenz und Regeldauer ist die Ausgangsbeschaltung der Ventile. Wie bereits beim Entwurf des BV geschildert, sind die vorrangigen Ziele beim Fahrrad ein für die Fahrstabilität ausreichendes Seitenführungspotential des Reifens, sowie eine möglichst lange Regeldauer idealerweise bis zum Fahrzeugstillstand. Die Ventilbeschaltungen für die Aktorikzustände *Ruhezustand* und *Druckhalten* sind diskret und in Abschnitt 5.3.1 beschrieben. Von größerer Bedeutung sind die nach dem Prinzip der Pulsweitenmodulation festgelegten Ein- und Ausschaltzeiten der Ventile während der Aktorikzustände *Druck (voll) abbauen*, *Druck (voll) aufbauen* und *Druck (gepulst) aufbauen*[1]. Der Integrationstest des BDA zeigt, dass zwar die Ein- und Ausschaltzeiten korrekt von der Funktion an die Aktorik übertragen werden, allerdings sich die Drucksprunghöhe zwischen virtuellem und realem Bremssystem unterscheidet. Aus diesem Grund kann die folgende Parametrierung der Ventilansteuerzeiten für die MiL Simulation nur als Orientierung dienen und eine spätere exakte Festlegung ist notwendig. Im Aktorikzustand *Druck (voll) abbauen* wird das Einlassventil geschlossen und das Auslassventil für jeweils 2,8 ms bei einer Periode von 25 ms geöffnet. Während der Zustände *Druck (voll) aufbauen* und *Druck (gepulst) aufbauen* ist das Auslassventil geschlossen und das Einlassventil wird für jeweils 2 ms respektive 1,7 ms bei einer Periode von ebenfalls 25 ms geöffnet.

Im Rahmen der MiL Simulationen für den Systemtest des BV wurde der komplette virtuelle Fahrsituationskatalog zur Verifizierung der Anforderungen durchlaufen. Die Ergebnisse aller Parametervariationen finden sich in Form von Netzdiagrammen in Anhang 9.9. Im Folgenden wird das Systemverhalten am Beispiel des Referenzfahrmanövers mit variierter Fahrbahnoberfläche von *rutschig* zu *sehr rutschig* diskutiert. Neben den Signalverläufen des geschlossenen Regelkreises zeigt Abbildung 6.1 auch die Signalverläufe des offenen Regelkreises und veranschaulicht so die Wirkungsweise des BV.

---

[1] Zur Reduktion der Drucksprunghöhe pro Ventilaktivierung sowie zur Verringerung des Volumenverbrauchs werden beim BV die *vollen* Druckabbau- und aufbauphasen ebenfalls als gepulste Phasen interpretiert (vgl. Abschnitt 5.2.3).

Zu Beginn der Bremsung besteht nur ein geringer Unterschied zwischen den Signalverläufen, welcher sich durch die Integration des Hydroaggregats in die hydraulisch betätigte Bremse ergibt. Als zusätzliches Übertragungselement verändert das Hydroaggregat einerseits das Bremsflüssigkeitsvolumen, andererseits den Volumenstrom durch zusätzliche Drosselventile. Letzterer Einfluss erhöht die Zeitspanne zur Überwindung des Lüftspiels und ist in Abbildung 6.1 am zeitlichen Versatz des anfänglichen Bremsdruckverlaufs zwischen offenem und geschlossenem Regelkreis erkennbar. Ist der Blockierdruck erreicht, welcher im vorliegenden Fall bei ca. 40 bar liegt, zeigt der BV in einer qualitativen Betrachtung das aus Abbildung 5.5 bekannte Regelverhalten. Zur genauen Bewertung werden die Vorgänge nachfolgend im Detail analysiert.

Nachdem das Lüftspiel überwunden ist, passt sich der Bremsdruck schnell dem Betätigungsdruck an und bewirkt eine negative Radumfangsbeschleunigung. Sobald diese die zur Erkennung einer Blockierneigung vorgegebene Radumfangsbeschleunigungsschwelle unterschreitet, wird vom BV der Aktorikzustand *Druck halten* (2) ausgegeben. Im vorliegenden Fall bleibt die Radumfangsbeschleunigung für die Dauer der Filterzeit unter der Regelschwelle, weshalb der BV in den Aktorikzustand *Druck (voll) abbauen* (1) wechselt. In Folge dessen wird das Auslassventil zweimal kurz geöffnet und der Bremsdruck sinkt gestuft ab, wodurch die Radumfangsbeschleunigung die -a-Schwelle überschreitet. Der Aktorikzustand verändert sich gemäß Regelphilosophie zu *Druck halten* (2), wobei die Radumfangsbeschleunigung weiter zunimmt. Nach Überschreiten der +a-Schwelle gibt der BV den Aktorikzustand *Druck (gepulst) aufbauen* (4) aus und behält diesen auch bei Unterschreiten der +a-Schwelle bei. Das Rad befindet sich nun leicht unterbremst im stabilen Bereich der Kraftschluss-Schlupf-Kurve. Sobald der Bremsdruck den Blockierdruck erreicht, unterschreitet die Radumfangsbeschleunigung die -a-Schwelle erneut und der BV wechselt, ohne eine Filterzeit abzuwarten, zum Aktorikzustand *Druck (voll) abbauen* (1). Die Regelphilosophie wird erneut durchlaufen, wobei die -a- und +A-Schwelle mit zunehmender Regeldauer zusammengezogen werden.

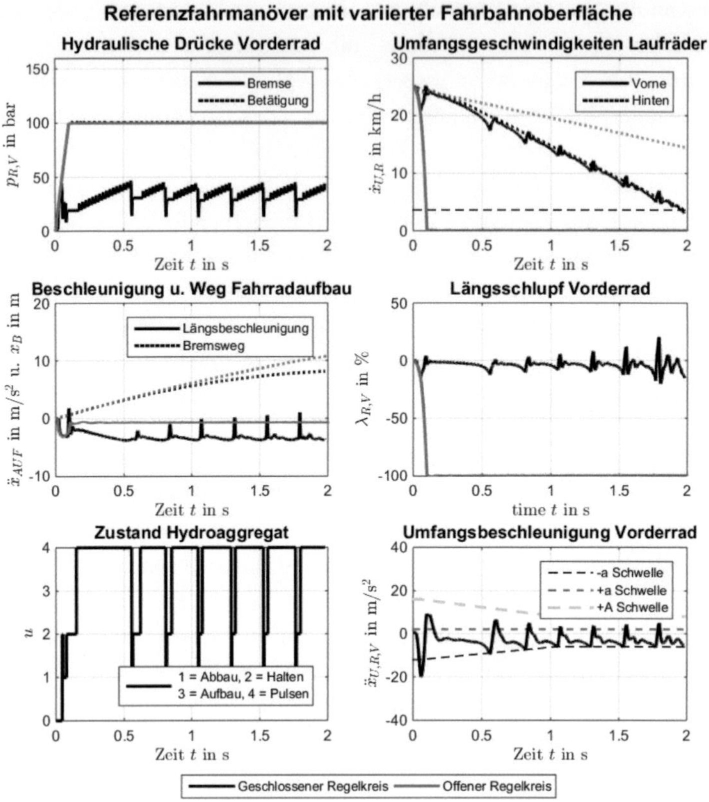

Abbildung 6.1: Blockierverhinderer Simulation Fahrbahnoberfläche

Während des untersuchten Referenzfahrmanövers ist der Bremsschlupf kleiner oder gleich der in den Anforderungen vorgegebenen 10 %, wodurch die Fahrradstabilität aufrechterhalten bleibt. Weiterhin wird die minimale Blockierzeit, also die maximal zulässige Zeitspanne von Bremsbeginn bis zum ersten Druckabbau, eingehalten, da zu Bremsbeginn kein hoher Initialschlupf auftritt. Der Vergleich der Bremswege von offenem und geschlossenem Regelkreis zeigt, dass der Bremsweg mit Antiblockierfunktion kürzer ist und folglich der Reibwert besser ausgenutzt wird. Weiterhin ist die Bremse vor und nach dem Regeleingriff wirkungsvoll, da der Betätigungsdruck auf konstant hohem Niveau bleibt. Die Fahrbahnoberfläche zählt als einer der kritischen Einflussparameter für den BV (vgl. Abschnitt 9.5). Da die Regelung im vorliegenden Fall stabil ist, kann die geforderte Robustheit gegenüber diesem veränderlichen Parameter bestätigt werden. Aufgrund der Starrkörpermodellierung im MBM ist die Anforderung nach einer möglichst geringen Schwingungsanregung der Gabel in der MiL Simulation nicht direkt bewertbar.

Zusammenfassend entspricht die Wirkungsweise des BV dem aus dem Stand der Wissenschaft und Technik bei Kraftfahrzeugen bekannten Antiblockierfunktionen am Fahrrad. Die über das gesamte Bremsmanöver niedrigen Schlupfwerte garantieren einerseits ausreichend Seitenführungspotenzial, bedingen andererseits einen Verlust an möglicher Bremswegminimierung durch verbesserte Reibwertausnutzung. Aufgrund der niedrigen Längsverzögerungsschwelle für ein Hinterradabheben ist letzterer Punkt von geringer Bedeutung, da bereits bei der vorliegenden Kalibrierung des BV in Abhängigkeit des Fahrbahnreibwerts teilweise ein überlagertes Hinterradabheben auftritt. In Summe erfüllt der BV in sieben von acht Fahrsituationen die bewertbaren Anforderungen und zeigt eine zufriedenstellende Leistungsfähigkeit. Die Fahrsituation, bei welcher der BV nicht alle Anforderungen erfüllt, betrifft die Parameterkombination der Vorderradblockade, d.h. alle Parameter sind derart variiert, dass sie eine Vorderradblockade begünstigen. Der Fall ist in Anhang 9.9 diskutiert.

6.2.2 Hardware-in-the-Loop Prüfstand

Im Vergleich zur MiL Simulation sind die Kalibrierungsparameter der Antiblockierfunktion für die Systemtests am HiL Prüfstand unverändert. Die exakte Parametrierung der Ventilansteuerzeiten wird trotz real vorhandener hydraulisch betätigter Bremse mit integriertem Hydroaggregat erst im Fahrversuch festgelegt. Der Grund liegt im Reifenmodell des im Echtzeitrechner integrierten EBM, welches zwar zur Validierung gegenüber dem Fahrversuch eine ausreichende Genauigkeit bietet (vgl. Abschnitt 3.2.4), allerdings für die

Parametrierung der Ventilansteuerzeiten im Zehntel Millisekunden Bereich zu grob ist.

Im Rahmen der Systemtests am HiL Prüfstand wurde bis auf die Variation der Zuladung der komplette virtuelle Fahrsituationskatalog zur Verifizierung der Anforderungen durchlaufen. Die Variation der Zuladung ist beim auf Bewegungsgleichungen basierenden EBM nur mit einem hohen Aufwand möglich, da Aufbaumasse und -schwerpunktlage für alle Kombination von Perzentil-Personen und Rahmengrößen angepasst werden müssen. Die Ergebnisse der untersuchten Parametervariationen finden sich in Form von Netzdiagrammen in Anhang 9.9. Nachfolgend wird das Systemverhalten am Beispiel des Referenzfahrmanövers mit variierter Fahrbahnoberfläche diskutiert. Abbildung 6.2 zeigt zu diesem Zweck die Signalverläufe des geschlossenen Regelkreises von drei Versuchen am HiL Prüfstand. Auffallend ist zunächst die hohe Reproduzierbarkeit der Versuche, welche sich einerseits durch die teils virtuelle/teils reale Umgebung ergibt, andererseits durch die pneumatisch arbeitende Bremsbetätigung.

Der BV zeigt das erwartete Verhalten, wobei deutliche Unterschiede gegenüber der MiL Simulation zu erkennen sind. Insbesondere tritt zu Beginn der Bremsung einer hoher Initialschlupf von bis zu 50 % auf. Der Grund hierfür liegt in der beim HiL Prüfstand vorhandenen realen Übertragung der Sensorsignale vom Echtzeitrechner zum prototypischen SG mit implementierter Antiblockierfunktion. Die Signallaufzeit und -verarbeitung führt dazu, dass das einbrechende Vorderrad später als in der MiL Simulation erkannt wird. Da der hohe Initialschlupf schnell abgebaut werden kann, verfügt das Vorderrad zwar kurzfristig über ein geringes Seitenführungspotenzial, allerdings nur über eine Zeitdauer, welche sich in Fahrversuchen als unkritisch für die Fahrzeugstabilität gezeigt hat. Weiterhin unterscheidet sich der Betätigungsdruckverlauf am HiL Prüfstand gegenüber der MiL Simulation. Der überschrittene vorgegebene Betätigungsdruck von 100 bar erklärt sich durch das Einleiten des Aktorikzustands Druckhalten. Während dieses Zustands wird das Einlassventil geschlossen und die von der pneumatisch arbeitenden Bremsbetätigung aufgebrachte Kraft am Bremshebel wirkt nur noch auf das Bremsflüssigkeitsvolumen bis zum Hydroaggregat und nicht mehr bis zur

Bremszange. Im weiteren Verlauf der Bremsung sinkt der Betätigungsdruck deutlich ab, da sich bedingt durch die Druckmodulationen der Akkumulator des Hydroaggregats füllt und der Bremshebel gen Lenker fällt. Aufgrund der Wegregelung der pneumatisch arbeitenden Bremsbetätigung wird die Betätigungskraft nicht nachgestellt.

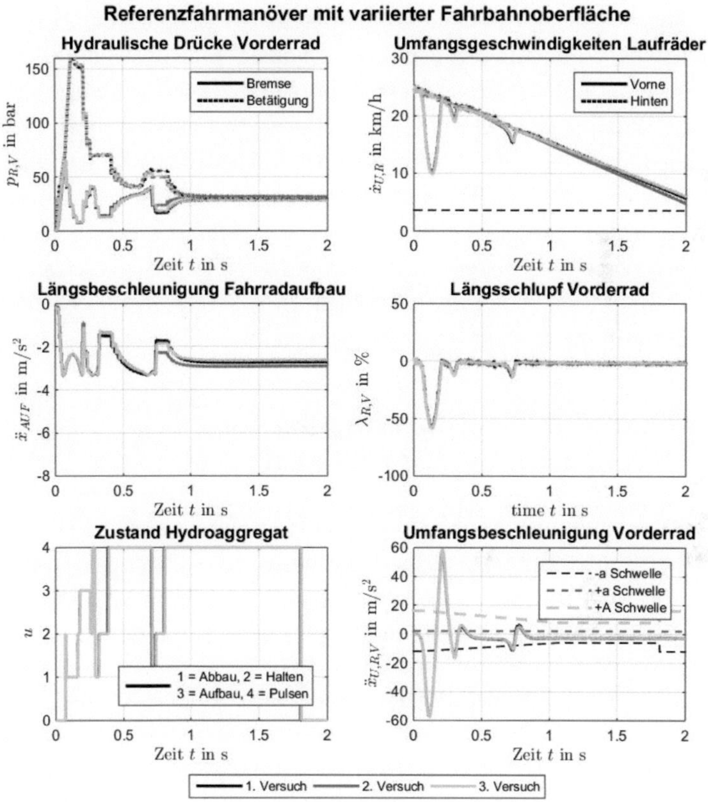

Abbildung 6.2: Blockierverhinderer Prüfstand Fahrbahnoberfläche

Zusammenfassend entspricht die Wirkungsweise des BV dem erwarteten Verhalten und eine Anpassung der Kalibrierungsparameter ist im Vergleich zur MiL Simulation nicht notwendig. Die im Mittel niedrigen Schlupfwerte während des Bremsmanövers garantieren das wichtige Seitenführungspotenzial des Vorderradreifens, wobei bei allen untersuchten Parametervariationen ein deutlicher Einbruch der Umfangsgeschwindigkeit verbunden mit einem hohen Initialschlupf zu Bremsbeginn auftritt. Der hohe Initialschlupf führt dazu, dass bei einer Variation der Initialgeschwindigkeit von 25 km/h auf 15 km/h der BV nur teilweise eine Vorderradblockade vollständig verhindern kann. Bei einer Initialgeschwindigkeit von 10 km/h ist die Antiblockierfunktion ohne Wirkung und das Vorderrad blockiert. Die starke Abhängigkeit von Geschwindigkeit und Leistungsfähigkeit des BV wird in Anhang 9.9 beleuchtet. In Summe erfüllt der BV in fünf von sieben Fahrsituationen die bewertbaren Anforderungen. Die Fahrsituation, bei welcher der BV nicht alle Anforderungen erfüllt, betreffen Bremsungen bei einer Initialgeschwindigkeit von $\leq$ 15 km/h und werden im nachfolgenden Fahrversuch auf deren Fortbestand überprüft.

6.2.3 Rapid-Control-Prototyping im bemannten Fahrversuch

Für den Systemtest der Antiblockierfunktion im Fahrversuch ist eine Anpassung der Kalibrierungsparameter gegenüber den vorherigen Teststufen notwendig. Eine Übersichtstabelle findet sich in Anhang 9.9. Nachfolgend werden nur die veränderten Kalibrierungsparameter beschrieben.

Aufgrund von Fahrzeuganregungen insbesondere auf Fahrbahnen mit stark unterschiedlichem Höhenprofil musste die Eckfrequenz des zur Berechnung der Radumfangsbeschleunigung verwendeten Tiefpassfilters von 7 Hz auf 5 Hz verschoben werden. Zur Vermeidung von Fehlauslösungen, ebenfalls bedingt durch die fahrbahninduzierten Anregungen, wurden die Ansprechschwelle der Regelung sowie die -a-Schwelle von -12 m/s^2 auf -14 m/s^2 verringert und die Filterzeit bis zur Freigabe des ersten Eingriffs von 5 ms auf 25 ms erhöht. Die im Fahrversuch notwendige Begrenzung der kumulierten Druckabbauten, um stets eine ausreichende Verzögerungswirkung am

Vorderrad sicherzustellen, wurde gemäß den Ergebnissen von Voruntersuchungen auf 6 festgelegt. Im Vergleich zur Simulation zeigte sich das Übertragungsverhalten des Laufrads samt Reifen im Fahrversuch als weniger dynamisch. Als wesentliche Gründe für die Unterschiede werden Wechselwirkungen zwischen Reifen und Fahrbahn sowie Parameterannahmen hinsichtlich der Kraftaufbaudynamik (bspw. Relaxationslänge) vermutet. In der Simulation ist die Fahrbahnoberfläche als befestigt angenommen, im Fahrversuch ist sie dagegen unbefestigt (Schotter)[2]. Aufgrund der reduzierten Laufraddynamik im Fahrversuch konnte die zur Ventilansteuerung verwendete Periode von 25 ms auf 50 ms verlängert werden, wodurch sich die mögliche Regeldauer der Antiblockierfunktion vergrößert. Eine zur Periodenverlängerung alternative Halbierung der Ventilansteuerzeiten war aufgrund der erforderlichen Mindestansteuerzeit zum Schalten der Ventile nicht möglich.

Während der Systemtests im Fahrversuch wurde der reale Fahrsituationskatalog zur Verifizierung der Anforderungen durchlaufen. Die Ergebnisse finden sich in Form von Netzdiagrammen in Anhang 9.9. Die bei den Systemtests am HiL Prüfstand festgestellte Geschwindigkeitsgrenze, bis zu welcher der BV eine Vorderradblockade vollständig verhindern kann, verschob sich im Fahrversuch von ≤15 km/h auf am Fahrrad akzeptable <10 km/h.

Abbildung 6.3 zeigt exemplarisch die Signalverläufe des geschlossenen Regelkreises bei einem Referenzfahrmanöver mit variierter Initialgeschwindigkeit. Aus Gründen der Übersichtlichkeit ist nur einer der drei pro Fahrsituation durchgeführten Fahrversuche dargestellt. Einen Eindruck von der aufgrund eines professionellen Testfahrers erzielten hohen Reproduzierbarkeit der Fahrversuche gibt das in Anhang 9.9 dargestellte Referenzfahrmanöver. Bemerkenswert ist die in Abbildung 6.3 ersichtliche lange Regeldauer des BV über einen Zeitraum von 1,5 s, in welchem sich die Fahrzeugreferenzgeschwindigkeit (entspricht der Umfangsgeschwindigkeit des ungebremsten Hinterrades) um ca. 15 km/h reduziert. Trotz der relativ geringen Regelfrequenz von 4 Hz (vier Druckabbauten pro Sekunde) verhindert die

[2] Schotter wurde für die Systemtests des BV im Fahrversuch gewählt, da Trekkingräder häufig auf dieser Fahrbahnoberfläche gefahren werden (bspw. Feld- oder Waldwege)

Antiblockierfunktion eine Vorderradblockade vollständig und garantiert sowohl nach Ansicht des Versuchsfahrers als auch durch Auswertung der Hochgeschwindigkeitsvideos eine ausreichende Fahrstabilität. Eine starke Schwingungsanregung der Gabel durch die Bremsdruckmodulation konnte weder in den Messschrieben noch im Hochgeschwindigkeitsvideo festgestellt werden.

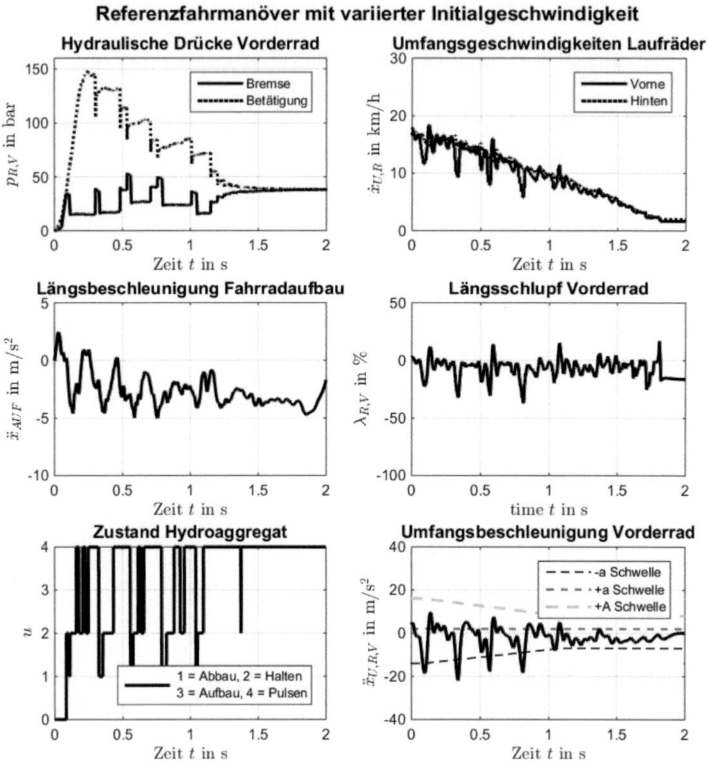

Abbildung 6.3: Blockierverhinderer Fahrversuch Geschwindigkeit

In Summe erfüllt der BV in neun von neun untersuchten Fahrsituationen die Anforderungen, wobei auf einen quantitativen Vergleich mit Ergebnissen aus Fahrversuchen im offenen Regelkreis verzichtet wird. Der Grund liegt in der geringen Reproduzierbarkeit der Quantifizierungsgrößen im offenen Regelkreis. Aufgrund der ohne Funktion auftretenden Vorderradblockade wird das Fahrrad durch die Gleitkufen stabilisiert. Die Gleitkufen setzen innerhalb der Fahrversuche zu unterschiedlichen Zeitpunkten auf die Fahrbahn auf und verfälschen durch die Reibung zwischen Gleitkufe und Fahrbahn die Quantifizierungsgrößen wie bspw. den Bremsweg.

6.2.4 Zusammenfassung

Die drei wichtigsten Anforderungen für den BV sind, die Stabilität des Fahrzeugs aufrechtzuerhalten, die minimale Blockierzeit einzuhalten und den Bremsweg zu optimieren. Im Rahmen der Eigenschaftsabsicherung durch MiL Simulationen werden diese Anforderungen in sieben von acht für die im Fahrsituationskatalog definierten Fälle erfüllt. Nur im Fall der Kombination aller Parameter in der für die Vorderradblockade ungünstigen Ausprägung kann ein kurzer Radstillstand zu Beginn der Bremsung nicht verhindert werden.

Beim Übergang zum HiL Prüfstand ist trotz der real vorliegenden hydraulisch betätigten Bremse mit integriertem Hydroaggregat keine Veränderung der Funktionsapplikation notwendig. Die Anforderungen werden in fünf von sieben Fällen erfüllt. Die Detailanalyse der Fälle, bei denen der BV die Anforderungen verletzt, zeigt eine starke Abhängigkeit von der Initialgeschwindigkeit vor der Bremsung. So wird das in seiner Geschwindigkeit einbrechende Vorderrad bei einer Initialgeschwindigkeit von 15 km/h in den überwiegenden Fällen rechtzeitig erkannt und in den stabilen Bereich geführt. Bei einer Initialgeschwindigkeit von 10 km/h ist der BV ohne Funktion.

Die aus Sicht der Funktionsentwicklung nicht akzeptable geschwindigkeitsabhängige Stabilitätsgrenze der Antiblockierfunktion bei $\leq$15 km/h bewahrheitete sich während des RCP im Fahrversuch nicht. Der BV griff in neun von neun Fahrversuchen zur Verhinderung einer Vorderradblockade rechtzeitig ein und die Stabilitätsgrenze verschob sich auf kleiner 10 km/h. Aus der niedrigeren Initialgeschwindigkeitsgrenze im Fahrversuch folgt, dass die reale Raddynamik kleiner ist als die im Umgebungsmodell berechnete Raddynamik.

6.3 Überschlagverhinderer

6.3.1 Model-in-the-Loop Simulation

Die Ergebnisse aus dem Systemtest der Antiüberschlagfunktion werden in der von der Antiblockierfunktion bekannten Struktur dargestellt. Zunächst liegt der Fokus auf der Kalibrierung des ÜV, wobei nachfolgend nur die Werte-Wahl der einzelnen Parameter begründet wird. Eine Übersichtstabelle aller Kalibrierungsparameter findet sich in Anhang 9.10.

Für die Nullpunktkorrektur der inertialen Größen Vertikalbeschleunigung und Nickrate werden Tiefpassfilter verwendet. Die Eckfrequenzen der Filter sind mit 0,1 Hz sehr klein gewählt, sodass die Nullpunktkorrektur die Signale nach dem Hinterradabheben bis zur Eingriffsentscheidung nicht verfälscht. Die Fensterbreiten der gleitenden Integration von Vertikalbeschleunigung und Nickrate orientieren sich an typischen Zeitkonstanten eines Bremsmanövers mit Hinterradabheben. So ist bei der Integration der Nickrate darauf zu achten, dass deren gesamter Verlauf ab Bremsbeginn berücksichtigt wird. Im Rahmen von Voruntersuchungen zeigte sich, dass spätestens nach 0,5 s der kritische Nickwinkel für einen Bremseingriff erreicht ist. Im Falle einer noch größeren Zeitdauer kann davon ausgegangen werden, dass die Reaktionszeit des Menschen verstrichen ist[3] und der Fahrer den Bremsdruck zur Verhinderung eines Überschlags reduziert. Bei der gleitenden Integration der Vertikalbeschleunigung ist nur die Schwerpunktbewegung unmittelbar vor Erreichen

[3] Nach (Green, 2000) und (Summala, 2000) können Fahrer innerhalb von etwa 0,70 bis 0,75 s ein Signal erkennen und den Fuß vom Gas- zum Bremspedal bewegen, wenn ihnen Zeit und Lage des Bremssignals bekannt ist. Im vorliegenden Fall, also dem bereits eingeleiteten Bremsmanöver, wird davon ausgegangen, dass die Zeitdauer kürzer ist.

des kritischen Nickwinkels von Interesse. Eine zu große Fensterbreite besitzt weiterhin das Risiko, dass bei Gefällefahrt (Schwerpunktabsenkung) ein Hinterradabheben (Schwerpunktanhebung) nicht erkannt wird. Aus diesem Grund wird die Fensterbreite mit 0,1 s klein gewählt.

Zur Erkennung einer Überschlagneigung und der damit verbundenen Einleitung des Bremsdruckabbaus wird die Trajektorie der Überschlagbewegung mit einer festzulegenden schräggestellten Schaltlinie in der Zustandsebene von Nickrate und Nickwinkel verglichen. Für die MiL Simulation wird die robusteste Kalibrierung gewählt, welche die Ordinate bei einer Nickrate von 75 °/s und die Abszisse bei einem Nickwinkel von 7,5° schneidet (vgl. Abbildung 5.4). Die zur eindeutigen Erkennung einer Überschlagneigung zusätzlich notwendige Schwerpunktanhebung wird auf Basis des Vorzeichens der Vertikalgeschwindigkeit festgestellt. Für die Erkennung sowohl des Umkehrpunkts der Überschlagbewegung als auch des Hinterradaufsetzens werden die Nulldurchgänge der Nickrate ausgewertet. Dabei kennzeichnet der erste Vorzeichenwechsel von positiv zu negativ den Umkehrpunkt, der zweite Vorzeichenwechsel von negativ zu positiv das aufgesetzte Hinterrad. Nach dem Hinterradaufsetzen wird anhand des Vorzeichenwechsel der Radumfangsbeschleunigung von negativ zu positiv detektiert, wann das Vorderrad wieder über Radlast verfügt und der Bremsdruck gepulst aufgebaut werden darf. Die Eckfrequenz des zur Differentiation der Radumfangsgeschwindigkeit verwendeten Tiefpassfilters wird wie bei der Antiblockierfunktion in der MiL Simulation auf 7 Hz festgelegt. Die Zeitdauer für den Wechsel des Aktorikzustands von gepulstem Druckaufbau zu vollem Druckaufbau berücksichtigt die typische Angleichungszeit von Bremsdruck an Betätigungsdruck. Aufgrund der hohen Steifigkeit der hydraulisch betätigten Bremse wird die Zeitdauer auf niedrige 150 ms festgelegt.

Im Vergleich zur Antiblockierfunktion kommt der Ausgangsbeschaltung der Ventile bei der Antiüberschlagfunktion eine geringere Bedeutung zu. Die Ventilbeschaltungen für die Aktorikzustände *Ruhezustand*, *Druckhalten*, *Druck (voll) abbauen* und *Druck (voll) aufbauen* sind allesamt diskret und in Abschnitt 5.3.1 beschrieben. Einzig der Aktorikzustand *Druck (gepulst) aufbauen* nutzt das von der Antiblockierfunktion bekannte Prinzip der Pulsweitenmodulation. Während dieses Zustands ist das Auslassventil geschlossen und das Einlassventil wird für jeweils 2 ms bei einer Periode von 7 ms geöffnet. Die deutlich kürzere Periode als beim BV bedingt einen größeren Druckaufbaugradienten, welcher aufgrund des beim Hinterradabheben typischerweise vorliegenden hohen Fahrbahnreibwerts ohne die Gefahr einer Radüberbremsung zulässig ist. Die Anzahl der maximalen kumulierten Druckabbauten wird in der MiL Simulation auf 2 festgelegt. Eine exakte Festlegung ist erst mit realer hydraulisch betätigter Bremse und Hydroaggregat möglich.

Im Rahmen der MiL Simulationen für den Systemtest des ÜV wurde der komplette virtuelle Fahrsituationskatalog zur Verifizierung der Anforderungen durchlaufen. Die Ergebnisse finden sich in Form von Netzdiagrammen in Anhang 9.10. Nachfolgend wird das Systemverhalten am Beispiel des Referenzfahrmanövers mit variierter Fahrbahnoberfläche von *griffig* zu *sehr griffig* diskutiert. Abbildung 6.4 gibt einen Überblick über die wichtigsten bremsdynamischen Größen bei der Überschlagbewegung, wohingegen Abbildung 6.5 die wichtigsten internen Größen der Antiüberschlagfunktion zeigt. Neben den Signalverläufen des geschlossenen Regelkreises zeigen beide Abbildungen auch die Signalverläufe des offenen Regelkreises und veranschaulichen so die Wirkung des ÜV.

Zu Beginn der Bremsung überdecken sich die Signalverläufe von offenem und geschlossenem Regelkreis, bis die Antiüberschlagfunktion aufgrund einer erkannten Überschlagneigung den Aktorikzustand *Druck (voll) abbauen* (1) ausgibt. In Folge dessen reduziert sich die Bremskraft am Vorderrad auf beinahe Null[4] und die Nickbeschleunigung des Fahrradaufbaus wird negativ. Zum Zeitpunkt des ersten lokalen Maximums der Winkelsumme aus Fahrbahnsteigung, Winkel durch Schwerpunktlage und Nickwinkel ist die im System vorhandene rotatorische Energie vollständig in potentielle Energie gewandelt. Anschließend nähert sich das Hinterrad wieder der Fahrbahn an und das Vorderrad wird nach vorne geschoben. Letzterer Vorgang ist an der

[4] Eine vollständige Reduktion der Bremskraft am Vorderrad ist bedingt durch den im Akkumulator entstehenden Gegendruck nicht möglich.

Zunahme der Vorderradumfangsgeschwindigkeit zu erkennen und erklärt sich durch die vertikale Schwerpunktabsenkung des Fahrradaufbaus aufgrund der weiterhin fehlenden Bremskraft am Vorderrad. Nach registriertem Hinterradaufsetzen wechselt die Antiüberschlagfunktion zunächst zum Aktorikzustand *Druck (gepulst) aufbauen* (4) und anschließend zum Aktorikzustand *Druck (voll) aufbauen* (3). Sobald letzterer Aktorikzustand vorherrscht, wird die Fahrzeugkontrolle dem Fahrer wieder vollständig zurückgegeben, d.h. er hat wieder den vollen Durchgriff auf die Bremse.

Im vorliegenden Fall reagiert der virtuelle Fahrer nicht auf das erste Hinterradabheben und hält die Betätigungskraft am Bremshebel aufrecht. Aus diesem Grund hebt das Hinterrad ein zweites Mal ab und die Antiüberschlagfunktion greift erneut ein. Nach erfolgtem Hinterradaufsetzen wird der Bremsdruck aufgebaut, wobei gleichzeitig der Betätigungsdruck aufgrund der in den Akkumulator abgelassenen Bremsflüssigkeit absinkt. Obwohl die Antiüberschlagfunktion auch die Überschlagneigung beim dritten Hinterradabheben erkennt, erfolgt wegen der bereits zweimaligen Druckabbauten kein Eingriff. Im Falle eines erneuten Eingriffs würde der Betätigungsdruck weiter abfallen und die Anforderung einer vor und nach dem Regeleingriff wirkungsvollen Bremsung könnte nicht erfüllt werden. Ergänzend sind nach dem zweimaligen Eingriff zum einen die Geschwindigkeit und damit die Bewegungsenergie deutlich reduziert, zum anderen hat der Fahrer innerhalb der verstrichen Zeitspanne die Chance, den Betätigungsdruck zu reduzieren.

Für die Analyse der wichtigsten internen Größen der Antiüberschlagfunktion zeigt Abbildung 6.5 nur den Vorgang des ersten Hinterradabhebens. Nachdem das Lüftspiel überwunden ist, steigt der Bremsdruck an und die Radumfangsbeschleunigung wird negativ. Die entstehende Bremskraft verzögert den Fahrradaufbau, wodurch die Radlast von hinten nach vorne verschoben wird und der Fahrradaufbau um den Nickpol rotiert. Nach dem Hinterradabheben verschiebt sich der Momentanpol der Rotationsbewegung bei rotierendem Vorderrad in die Vorderradnabe bzw. bei stehendem Vorderrad in den vorderen Radaufstandspunkt. Sowohl die Vorderradlast als auch die Nickrate steigen anschließend deutlich an.

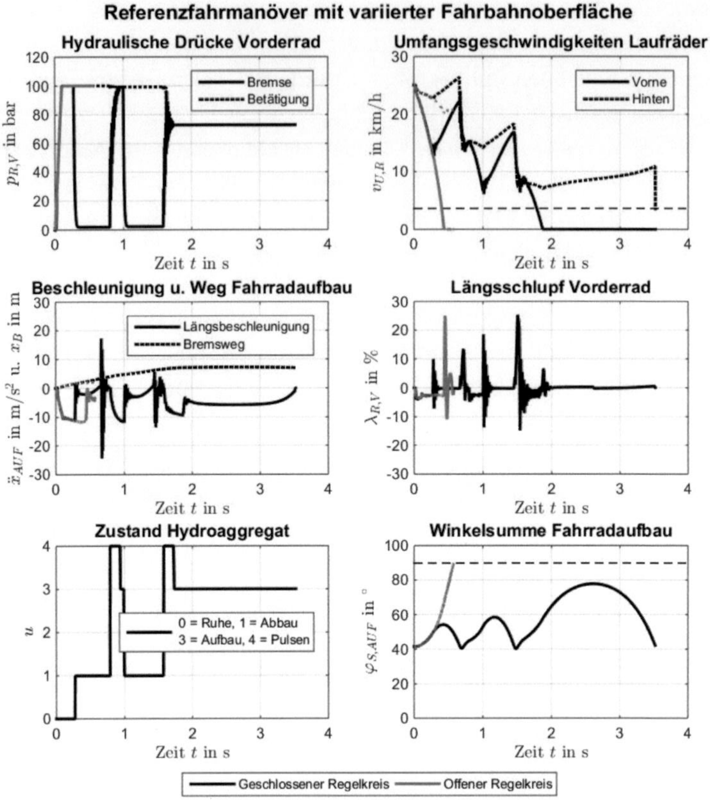

Abbildung 6.4: Überschlagverhinderer Simulation Fahrbahnoberfläche

Die starke Erhöhung der Vorderradlast erklärt sich durch die Vertikalbeschleunigung des Schwerpunkts nach oben (Vorzeichen in Abbildung 6.5 ist negativ), welche im Aufstandspunkt des Vorderrades abgestützt wird. Der Eingriffszeitpunkt der Antiüberschlagfunktion ist am Maximum der Nickrate zu erkennen. Aufgrund des abgebauten Bremsdrucks sinkt die Nickrate im weiteren Verlauf der Bremsung ab. Nach Aufsetzen des Hinterrades, welches unter anderem am Ausschlag in der Vertikalbeschleunigung erkennbar ist, wird die Nickrate wieder positiv. Deutlich zu erkennen ist die zu diesem

Zeitpunkt fehlende Vorderradlast und das durch den Restbremsdruck im Akkumulator bedingte Minimum der Radumfangsbeschleunigung. Sobald das Vorderrad wieder über Radlast verfügt, erfährt dieses bedingt durch die Anpassung an die höhere Fahrzeugreferenzgeschwindigkeit eine positive Radumfangsbeschleunigung. Diesen Umstand nutzend wird der Bremsdruck anschließend ohne Gefahr, das Vorderrad zu überbremsen, gepulst aufgebaut.

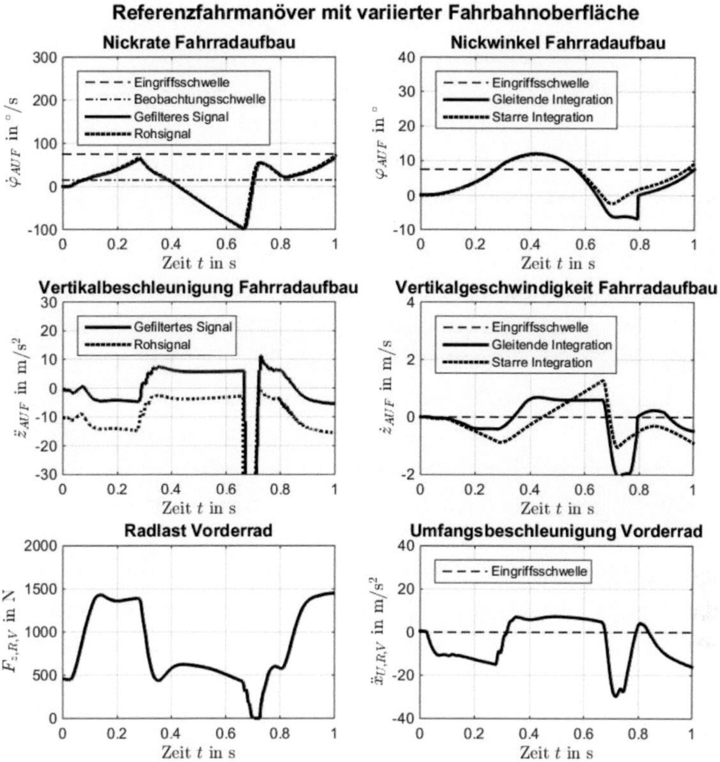

Abbildung 6.5: Überschlagverhinderer Simulation Fahrbahnoberfläche

Im Allgemeinen erfüllt der ÜV im vorliegenden Referenzfahrmanöver mit variierter Fahrbahnoberfläche alle sechs bewertbaren Anforderungen. Hervorzuheben sind insbesondere der geringe maximale Nickwinkel von ca. 15 ° sowie die geringe Hinterradabhebedauer von 0,7 s. Die Anforderung nach einer Optimierung des Bremswegs wird nachfolgend diskutiert. Der *kürzeste* Bremsweg liegt bei einem Bremsmanöver mit Überschlag vor und ist als Vergleichsmaßstab für den ÜV wenig aussagekräftig. Belastbarer ist der *optimale* Bremsweg, welcher sich bei einer Bremsung nahe der für ein Hinterradabheben kritischen Längsverzögerungsschwelle ergeben würde. Im Vergleich zum optimalen Bremsweg verlängert sich der Bremsweg durch den ÜV nur geringfügig, weshalb die Anforderung als „grenzwertig erfüllt" klassifiziert wird. Die Anforderung einer möglichst geringen Schwingungsanregung der Gabel ist, wie schon bei der Antiblockierfunktion, in der MiL Simulation aufgrund der Starrkörpermodellierung im MBM nicht direkt bewertbar.

Zusammenfassend erfüllt der ÜV in zehn von zehn untersuchten Fahrsituationen die bewertbaren Anforderungen und zeigt eine insgesamt robuste Funktionsweise. Die geringen Abhebehöhen und –dauern sorgen für eine schnelle Rückgewinnung der Fahrzeugstabilität nach dem Hinterradabheben. Trotz der kurzzeitig reduzierten Vorderradlast nach dem Hinterradaufsetzen wird ein dynamisches Überbremsen durch die zusätzliche Auswertung der Umfangsbeschleunigung am Vorderrad vermieden. Der gepulste Bremsdruckaufbau limitiert den Bremsdruckgradient und trägt zu einem sicheren Wiederaufbau der Umfangskraft am Vorderrad nach verhindertem Überschlag bei. Nach Integration des ÜV in das BDA werden im Rahmen der MiL Simulationen weiterhin die bewertbaren Anforderungen erfüllt. In manchen Fahrsituationen greift der BV vor dem ÜV ein. Durch diesen Eingriff erhöht sich die Überschlaggefahr nicht. Allerdings verlängert sich die Abhebedauer, da der BV den Bremsdruck reduziert und der Eingriff des ÜV aufgrund des verzögerten Nickraten- und Nickwinkelaufbaus später erfolgt.

6.3.2 Hardware-in-the-Loop Prüfstand

Der Nutzen des HiL Prüfstands für den Systemtest des ÜV ist eingeschränkt, da das virtuelle Grundsystem auf dem EBM basiert. Im EBM ist ein Wiederaufsetzen des Hinterrades nicht abgebildet, weshalb die Simulation zu diesem Zeitpunkt stoppt (vgl. Abschnitt 3.2.2). Folglich kann mit dem HiL Prüfstand nur die Signalverarbeitung und Fahrsituationsanalyse bis zum Bremsdruckabbau durch den ÜV überprüft werden, nicht aber der Bremsdruckwiederaufbau nach erfolgreicher Überschlagverhinderung. In Anhang 9.10 sind exemplarisch die Signalverläufe des geschlossenen Regelkreises von drei Versuchen am HiL Prüfstand für das Referenzfahrmanövers mit variierter Fahrbahnoberfläche dargestellt.

Im Vergleich zur MiL Simulation ist trotz realer Signalübertragung am HiL Prüfstand keine Veränderung der Kalibrierungsparameter für die Systemtests des ÜV notwendig. Aufgrund der teils virtuellen/teils realen Umgebung sowie der pneumatisch arbeitenden Bremsbetätigung besteht, wie bei der Antiblockierfunktion, eine hohe Reproduzierbarkeit der Versuche. In Summe erfüllt der ÜV in neun von neun unterschiedlichen Fahrsituationen die am HiL Prüfstand bewertbaren Anforderungen *Überschlag verhindern*, *geringe Abhebehöhe* und *-dauer*, sowie *Robustheit gegenüber Einflussgrößen*. Größte Einschränkung ist der nicht untersuchbare Bremsdruckwiederaufbau und die damit zusammenhängenden Anforderungen.

6.3.3 Rapid-Control-Prototyping im bemannten Fahrversuch

Im Vergleich zu den vorherigen Teststufen ist für den Systemtest der Antiüberschlagfunktion im Fahrversuch eine geringfügige Anpassung der Funktionsstruktur und Kalibrierungsparameter notwendig. Die Anpassung der Funktionsstruktur betrifft die Erkennung einer wiedervorhandenen Vorderradlast nach dem Hinterradaufsetzen durch die Radumfangsbeschleunigung. Trotz einer Verschiebung der Eckfrequenz des zur Berechnung der Radumfangsbeschleunigung verwendeten Tiefpassfilters, konnte aufgrund von Fahrbahnanregungen keine robuste Erkennung erreicht werden. Aus diesem

Grund wird im Entwurf der Antiüberschlagfunktion für den Fahrversuch eine Totzeit nach erkanntem Hinterradaufsetzen abgewartet bis der Bremsdruck zunächst gepulst und nach Verstreichen einer weiteren Zeitkonstante voll aufgebaut wird.

Die notwendige Anpassung der Kalibrierungsparameter ist im Wesentlichen durch den menschlichen Fahrer bedingt. In Voruntersuchungen zeigte sich, dass der Fahrer am Umkehrpunkt der Überschlagbewegung, also während des Übergangs von Hinterradanheben zu –absenken, leicht den Sattel verlässt und kurze Zeit später wieder auf dem Sattel landet. Die induzierten Einflüsse auf die IMU erschweren eine Erkennung des Umkehrpunkts anhand des Übergangs von positiver zu negativer Nickrate. Aus diesem Grund wurde die Nickrateschwelle vom Nulldurchgang hin zu einer negativen Nickrate verschoben. In ähnlicher Weise wurde der zum Erkennen des Hinterradaufsetzens genutzte Übergang von negativer zu positiver Nickrate vom Nulldurchgang hin zu einer positiven Nickrate verschoben. In Voruntersuchungen bzgl. des Hydroaggregats zeigte sich, dass beim Bremsdruckabbau nach erkanntem Hinterradabheben ein großes Bremsflüssigkeitsvolumen in den Akkumulator abgelassen wird. Der Bremshebel fällt dadurch während des folgenden Bremsdruckaufbaus deutlich gen Lenker, weshalb die zulässige Anzahl kumulierter Druckabbauten von zwei auf eins begrenzt wurde. Eine Übersichtstabelle aller Kalibrierungsparameter der Antiüberschlagfunktion im Fahrversuch findet sich in Anhang 9.10.

Während der Systemtests im Fahrversuch wurde der reale Fahrsituationskatalog zur Verifizierung der Anforderungen durchlaufen. Die Ergebnisse finden sich in Form von Netzdiagrammen ebenfalls in Anhang 9.10. Nachfolgend wird das Systemverhalten am Beispiel des Referenzfahrmanövers mit variierter Initialgeschwindigkeit diskutiert. Zu diesem Zweck zeigen Abbildung 6.6 die wichtigsten bremsdynamischen Größen bei der Überschlagbewegung und Abbildung 6.7 die wichtigsten internen Größen der Antiüberschlagfunktion. Auffallend ist die durch einen professionellen Testfahrer erreichte hohe Reproduzierbarkeit zwischen den einzelnen Versuchen, welche durch die stets gleiche Initialgeschwindigkeit vor der Bremsung, gleiche Betätigung der Bremse und kaum vorhandene Fahrerbewegung entsteht. Der in Abbildung

6.6 gezeigte Verlauf der bremsdynamischen Größen bei der Überschlagbewegung gleicht der MiL Simulation, weshalb an dieser Stelle auf eine erneute Ausführung verzichtet wird.

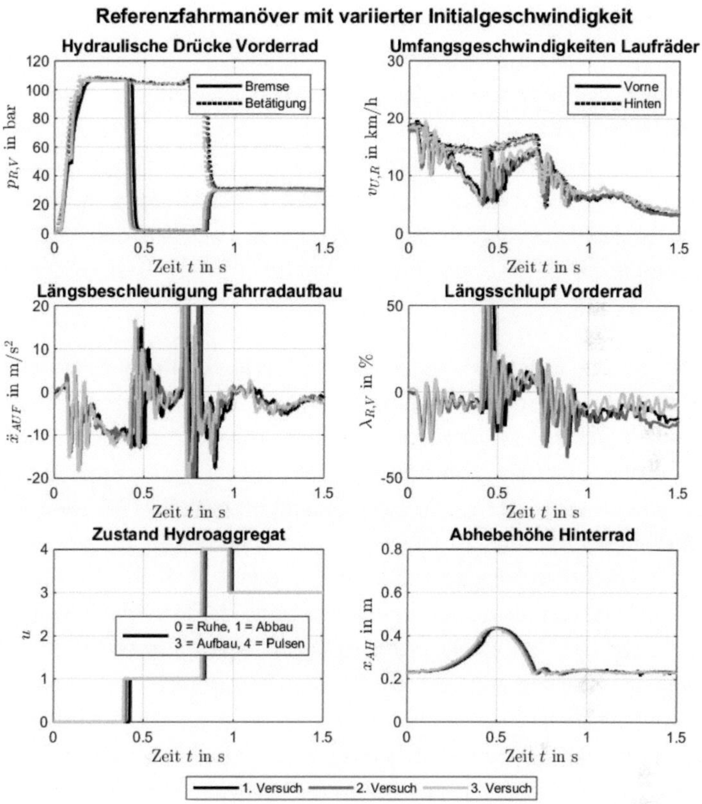

Abbildung 6.6: Überschlagverhinderer Fahrversuch Geschwindigkeit

Von größerem Interesse sind, bedingt durch die geringfügige Anpassung der Funktionsstruktur, die in Abbildung 6.7 gezeigten internen Größen der Antiüberschlagfunktion. Im Vergleich zur MiL Simulation ist statt der am

Versuchsträger nicht sensierten Vorderradlast der Zustand des Hydroaggregats dargestellt. Nachdem das Lüftspiel überwunden ist, wird die Radumfangsbeschleunigung negativ und die Nickrate durch die Rotation des Fahrradaufbaus um den Nickpol positiv. Die erkennbaren Schwingungen im Signalverlauf von Radumfangsbeschleunigung und Nickrate, aber auch Vertikalbeschleunigung, entstehen durch das abhebende Hinterrad. Im weiteren Bremsverlauf steigt die Nickrate an, bis die Antiüberschlagfunktion eingreift und den Bremsdruck absenkt. Das Hinterradaufsetzen ist am deutlichen Ausschlag der Vertikalbeschleunigung erkennbar. Wie bei der MiL Simulation bedingt die zu diesem Zeitpunkt fehlende Vorderradlast eine negative Radumfangsbeschleunigung. Letztere besitzt im Fahrversuch ein deutlich schlechteres Signal-Rausch-Verhältnis, weshalb die beschriebene Modifikation der Funktionsstruktur für den gefahrlosen Bremsdruckwiederaufbau notwendig ist.

Im vorliegenden Referenzfahrmanöver mit variierter Initialgeschwindigkeit erfüllt der ÜV sechs der sieben an ihn gestellten Anforderungen. Die von der MiL Simulation bereits bekannte geringe Abhebehöhe und -dauer sind hervorzuheben, da das Hinterrad schnell wieder über Fahrbahnkontakt verfügt und sowohl Brems- als auch Seitenführungskräfte übertragen kann. Die Wirkungsweise der Antiüberschlagfunktion wurde insbesondere aus diesen Gründen vom Versuchsfahrer als gut bewertet. Sowohl nach Ansicht des Versuchsfahrers als auch durch Auswertung der Hochgeschwindigkeitsvideos zeigte sich eine starke Schwingungsanregung der Gabel. Die starke Schwingungsanregung entsteht durch den Bremsdruckabbau von Betätigungsdruckniveau auf nahe Null. Vor dem Bremsdruckabbau wird die Gabel bedingt durch die wirkende Bremskraft am Vorderrad entgegen der Fahrrichtung gespannt. Im Moment des Bremsdruckabbaus reduziert sich die Umfangskraft am Vorderrad nahezu schlagartig, wodurch die Gabel stark in Fahrtrichtung beschleunigt und mit abnehmender Amplitude schwingt.

Zusammenfassend zeigt der ÜV im Fahrversuch eine hohe Robustheit und Zuverlässigkeit. Im Vergleich zu vorangegangen Teststufen ist eine geringfügige Anpassung der Kalibrierungsparameter und der Funktionsstruktur notwendig. Letztere ist bedingt durch das unzureichende Signal-Rausch-

Verhältnis der Radumfangsbeschleunigung, welche zur Erkennung einer wiederaufgebauten Vorderradlast nach dem Hinterradaufsetzen verwendet wird. Abhilfe schafft das Abwarten einer Zeitkonstante bis zum Beginn des erneuten Bremsdruckaufbaus. In Summe erfüllt der ÜV in neun von neun Fahrversuchen alle Anforderungen bis auf eine geringe Schwingungsanregung der Gabel. Insbesondere aus Perspektive der Betriebsfestigkeit von Gabeln sind die durch den vollständigen Bremsdruckabbau entstehenden Belastungen kritisch zu sehen.

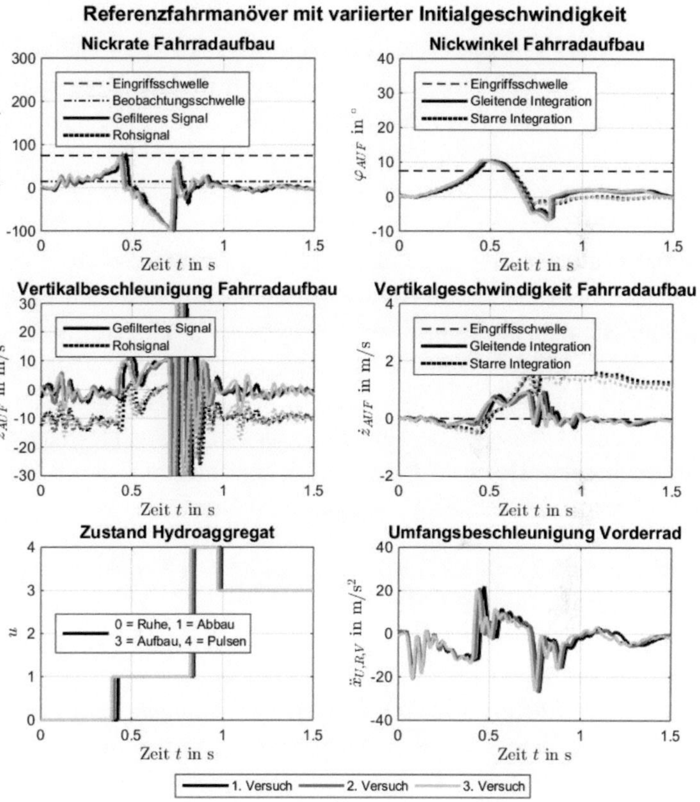

Abbildung 6.7: Überschlagverhinderer Fahrversuch Geschwindigkeit

6.3.4 Rapid-Control-Prototyping im unbemannten Fahrversuch

Entwicklungschronologisch wurden die unbemannten vor den bemannten Fahrversuchen durchgeführt, um möglicherweise noch fehlerbehaftete Entwürfe des ÜV gefahrlos zu testen. Nachfolgend wird auf die Testergebnisse aus dem unbemannten Fahrversuch eingegangen und diese mit dem bemannten Fahrversuch verglichen. Abbildung 6.8 zeigt hierfür die wichtigsten bremsdynamischen Größen bei der Überschlagbewegung von bemanntem und unbemanntem Fahrversuch im Vergleich.

Zunächst fällt der zeitliche Versatz zwischen den Druckverläufen auf. Der Versatz ergibt sich durch das Lüftspiel zwischen Bremsbelägen und Bremsscheibe. Im bemannten Fahrversuch muss das Lüftspiel komplett überwunden werden, wohingegen im unbemannten Fahrversuch die Bremse bereits leicht vorgespannt ist. Im Vergleich zu den Fahrversuchen im offenen Regelkreis (vgl. Abschnitt 9.1) ist der Druckanstieg zwischen beiden Fahrversuchskonfigurationen im geschlossenen Regelkreis deutlich ähnlicher. Aufgrund der implementierten Antiüberschlagfunktion betätigt der menschliche Versuchsfahrer die Bremse weniger vorsichtig und erreicht so nahezu den gleichen Druckgradienten wie die pneumatisch arbeitende Bremsaktorik. Unter Berücksichtigung der Abweichungen besteht zu Beginn der Bremsung große Ähnlichkeit zwischen beiden Fahrversuchskonfigurationen hinsichtlich dem hydraulischem Druck und der Umfangsgeschwindigkeit am Vorderrad sowie der Längsbeschleunigung am Fahrradaufbau.

Unterschiede finden sich in den Signalverläufen von Umfangsgeschwindigkeit und Abhebehöhe am Hinterrad. Der Vergleich von bemanntem und unbemanntem Fahrversuch zeigt, der für ein Hinterradabheben charakteristische Sprung im Signalverlauf der Hinterradumfangsgeschwindigkeit (vgl. Abschnitt 2.2.2) tritt trotz ähnlicher Längsbeschleunigungen im bemannten Fahrversuch später auf. Der Grund liegt im unterschiedlichen Massenverhältnis zwischen Fahrrad und Fahrer respektive Crashtest-Dummy (vgl. Abschnitt 9.1). Nach dem Hinterradabheben greift der ÜV trotz des späteren Hinterradabhebens zuerst beim bemannten Fahrversuch ein. Folglich ist das

Massenträgheitsmoment von Fahrradaufbau, Hinterrad und Fahrer bzw. Crashtest-Dummy um die Vorderradnabe bei drehendem Rad bzw. um den Vorderradaufstandspunkt bei stehendem Rad (ab 0,5 s) im unbemannten Fahrversuch größer als im bemannten Fahrversuch.

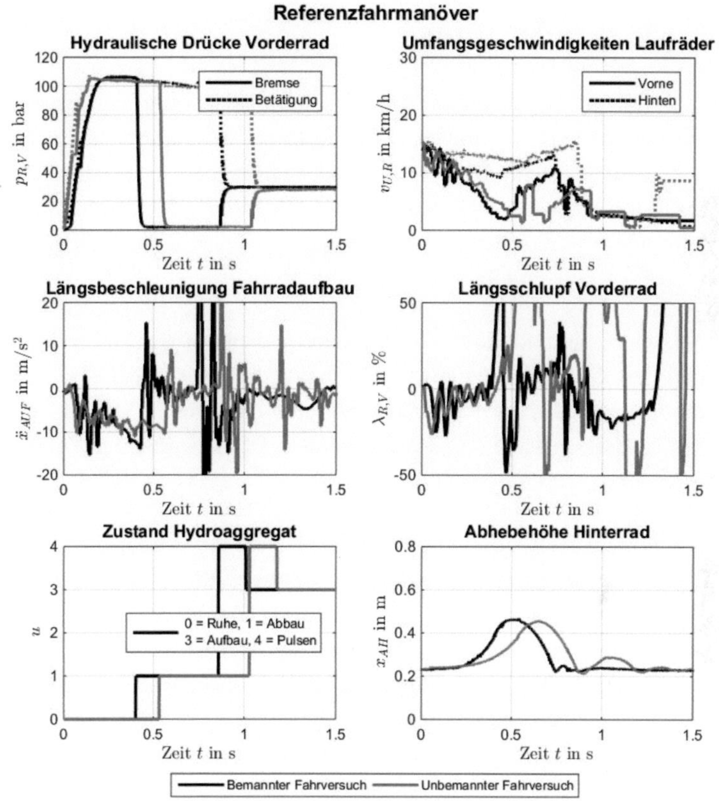

Abbildung 6.8: Überschlagverhinderer Fahrversuch Referenz

Zusammenfassend stellt der unbemannte Fahrversuch eine zuverlässige Methode für den Systemtest des ÜV im frühen Entwicklungsstadium dar.

Unter Berücksichtigung der spezifischen Unterschiede zum bemannten Fahrversuch lassen sich automatisiert, reproduzierbar und gefahrlos wertvolle Testergebnisse sammeln. Als Einschränkungen sind einerseits der hohe Durchführungsaufwand, andererseits die fehlenden (Stör-)Einflüsse eines menschlichen Versuchsfahrers zu nennen.

6.3.5 Zusammenfassung

Der ÜV erfüllt im Rahmen der MiL Simulationen in zehn von zehn Fällen die bewertbaren Anforderungen. Insbesondere wurde das Regelziel des schnellen Absenkens des Hinterrades nach dem Abheben von der Fahrbahn erreicht. Trotz kurzzeitig fehlender Vorderradlast nach dem Wiederaufsetzen des Hinterrades tritt durch den verzögerten gepulsten und anschließend vollen Bremsdruckaufbau kein Überbremsen des Rades auf.

Die Funktionsapplikation am HiL Prüfstand entspricht der MiL Simulation. Aufgrund der Modellbildung des in den Echtzeitrechner integrierten Modells (Simulationsende bei Hinterradaufsetzen) kann ein Großteil der Anforderungen nicht am HiL Prüfstand überprüft werden. Die bewertbaren Anforderungen werden in neun von neun Fällen erfüllt.

Bei der Eigenschaftsabsicherung mit RCP im Fahrversuch zeigt der ÜV sehr gute Ergebnisse. In neun von neun untersuchten Fahrsituationen erfüllt der ÜV alle Anforderungen. Im Vergleich zur Funktionsapplikation am HiL Prüfstand ist eine geringfügig veränderte Nickratenschwelle zur Erkennung des Umkehrpunkts der Überschlagbewegung und des Hinterradwiederaufsetzens notwendig. Größter Unterschied zwischen HiL Prüfstand und RCP im Fahrversuch ist, dass die am Vorderrad wiederaufgebaute Radlast aufgrund von Fahrbahnanregungen nicht aus der Radumfangsbeschleunigung erkannt werden kann. Abhilfe schafft das Abwarten einer Zeitkonstante bis der gepulste Bremsdruckwiederaufbau eingeleitet wird.

7 Bewertung der Ergebnisse und Ausblick

7.1 Entwicklungsmethoden und -werkzeuge

7.1.1 Diskussion der Methoden

Das in dieser Arbeit verwendete und an das V-Modell angelehnte Vorgehensmodell konnte wie geplant durchlaufen und die Machbarkeit des BDA in Form eines fahrbaren Funktionsmusters nachgewiesen werden. Zur Beantwortung der Forschungsfrage „Welche Stärken und Schwächen weist das als Entwicklungsmethodik für mechatronische Systeme bewährte V-Modell am Fahrrad auf?“ werden nachfolgend die im Vorgehensmodell enthaltenen Prozessbausteine sowie die eingesetzten Methoden bewertet.

Die Identifikation der relevanten *Anwendungsfälle* für das BDA stellte die Basis für eine zielgruppenorientierte und unfallspezifische Systementwicklung dar. Aufgrund der großen Dunkelziffer von Fahrradunfällen und insbesondere Alleinunfällen in amtlichen Unfallstatistiken gelang es, durch einen neuartigen Ansatz aussagekräftige und wissenschaftlich bis dato unbekannte Erkenntnisse für die Unfallsituation in Deutschland zu gewinnen. Eine Schwäche der Unfallforschung war die aus Datenschutzgründen notwendige Trennung der quantitativen Studie von der qualitativen Befragung.

Die *Anforderungen* ergaben sich aus den Anwendungsfällen, welche für die beiden kritischen Fahrsituationen Vorderradblockade und Überschlag ein getrenntes Bild zeichneten. Aus diesem Grund wurde das BDA in die Subsysteme BV und ÜV untergliedert, wodurch eine unabhängige und damit passgenaue Entwicklung der Antiblockier- und Antiüberschlagfunktion möglich war.

Zur weiteren *Spezifikation* wurde aus den Anwendungsfällen ein umfangreicher Fahrsituationskatalog für Simulation und Fahrversuch abgeleitet, welcher die wichtigsten Einflussgrößen beinhaltet. Die Quantifizierung der Anforderungen auf Basis des Fahrsituationskatalogs und mit Hilfe der Umgebungsmodelle stellte sich als äußerst effizient heraus und garantierte, dass der durch die Einflussgrößen aufgespannte Parameterraum vollständig untersucht wurde. Zudem konnte aufgrund der vollständigen Reproduzierbarkeit der Simulation die Leistungsfähigkeit des BDA durch einen direkten Vergleich von offenem und geschlossenem Regelkreis optimal verifiziert werden.

Die zum *Systementwurf* eingesetzten Methoden des Systems Engineering knüpften nahtlos an die Anwendungsfälle und die daraus abgeleiteten Anforderungen an. Zur Findung eines Systemkonzepts wurde das BDA zunächst funktional dekompositioniert und die ermittelten Funktionen anschließend hinsichtlich ihres Beitrags für den Machbarkeitsnachweis priorisiert. Die sich ergebende funktionale Systemarchitektur sorgte bei allen an der Entwicklung beteiligten Personen für ein einheitliches Systemverständnis und war wichtige Voraussetzung, um systematisch realisierbare Lösungselemente zu finden und auszuwählen.

Der domänenspezifische Komponentenentwurf konzentrierte sich auf den *Reglerentwurf* und bediente sich an den klassischen Methoden der Regelungstechnik. Die Umsetzung der Antiblockier- und Antiüberschlagfunktion in Blockschaltbildern bzw. Zustandsautomaten ermöglichte die direkte und zeitsparende *Implementierung* in eine virtuelle Blockdiagrammumgebung. Die zum Zwecke des *Modultests* vorgenommene Stimulation der implementierten Funktionen mit generischen Eingangssignalen und im Fahrversuch aufgezeichneten Messdaten ließ eine frühe Überprüfung der Signalverarbeitungs- und Regelalgorithmen zu.

Der *Integrationstest* des BDA gegenüber dem Systementwurf zeigte, dass die in die virtuelle Blockdiagrammumgebung implementierte Antiblockier- und Antiüberschlagfunktion per automatischer Code-Generierung korrekt auf das Prototypen-SG übertragen wurde. Die aufgrund der Interaktion mit realer Sensorik und Aktorik notwendigen, in ihrer Anzahl überschaubaren Iterationen konnten durch die Methode des RCP in kurzer Zeit und sehr effizient durchgeführt werden.

Die großen Stärken der modellbasierten Entwicklungsumgebung zeigten sich bei der *Kalibrierung* des BDA und im *Systemtest* zur Verifizierung der Anforderungen. So konnte durch MiL Simulationen, welche den gesamten Fahrsituationskatalog abdeckten, eine robuste Reglerstruktur und -applikation gefunden werden, welche bei den anschließenden realitätsnäheren Systemtests am HiL Prüfstand und im Fahrversuch nur noch geringfügig verändert werden musste. Der HiL Prüfstand mit integrierter hydraulisch betätigter Bremse samt Hydroaggregat sowie realer Kommunikation zwischen Sensorik, Prototypen-SG und Aktorik zeigte sich insbesondere für den BV als gewinnbringende Teststufe zwischen den rein rechnerbasierten und komplett realen Systemtests.

Den Abschluss des Vorgehensmodells stellt die Systemvalidierung gegenüber den Anwendungsfällen durch *Feldtests* dar. Diese Teststufe wurde im Rahmen der Arbeit ausgeschlossen, ist aber zur Bewertung der Systemakzeptanz und zur Schärfung der Anwendungsfälle und Anforderungen vor einem erneuten Durchlauf des Vorgehensmodells zwingend erforderlich.

7.1.2 Diskussion der Werkzeuge

Die im Rahmen der Arbeit aufgebauten Entwicklungswerkzeuge ergeben eine durchgängige modellbasierte Entwicklungsumgebung für aktive Sicherheitssysteme am Fahrrad. Zur tiefergehenden Beantwortung der Forschungsfrage „Wie kann eine durchgängige modellbasierte Entwicklungsumgebung für aktive Sicherheitssysteme am elektrifizierten Fahrrad aussehen?“ werden nachfolgend die Details der Entwicklungsumgebung diskutiert. Zunächst werden die dem absteigenden Ast des Vorgehensmodells zugeordneten *Werkzeuge zur Analyse und Spezifikation* beleuchtet. Anschließend stehen die dem aufsteigenden Ast des Vorgehensmodells zugeordneten *Werkzeuge zur Integration und zum Test* im Vordergrund.

Wesentliche Merkmale des *Versuchsträgers* sind dessen umfassende Messtechnik sowie fahrversuchsspezifische Konfigurationen. Die Messtechnik ermöglicht es, die fahrdynamischen Vorgänge bei starken Bremsungen ohne eine folgende kritische Fahrsituation, mit Vorderradblockade oder mit Hinterradabheben und drohendem Überschlag ganzheitlich zu erfassen. In Summe verfügt der Versuchsträger über elf Sensoren (2x Drehzahl, 4x Druck, 2x IMU, 1x Federweg, 1x Abhebeweg und 1x Fahrradtacho) und drei Aktuatoren (1x Hydroaggregat, 1x Bremsbetätigung und 1x Antriebseinheit). Diese Ausstattung ermöglicht es, sowohl bemannte als auch unbemannte Fahrversuche durchzuführen. Die Methode der automatisierten unbemannten Fahrversuche ist notwendig, wenn ein starkes Hinterradabheben mit hohem Überschlagrisiko oder frühe Entwicklungsstadien der Antiüberschlagfunktion abgesichert werden sollen. Im Vergleich zum bisherigen Stand der Wissenschaft und Technik (Dozza & Fernandez, Bicycle Dynamics, 2014), (Enisz, et al., 2014), (Miah, Kaparias, Stirling, & Liatsis, 2016), (Moore, 2012) und (Winck, Marek, & Ngoo, 2010) stellt der Versuchsträger mit diesen Merkmalen einen deutlichen Fortschritt dar.

Die drei wesentlichen Schritte beim Aufbau von *Simulationsmodellen* sind die Modellierung, die Parametrierung und die Validierung. Insbesondere hinsichtlich der letzten beiden Schritte konnte im Rahmen dieser Arbeit ebenfalls ein deutlicher wissenschaftlicher Fortschritt erreicht werden. So wurde erstmalig eine tiefgehende Analyse des Übertragungsverhaltens von hydraulisch betätigten Fahrradbremsen sowie den longitudinalen und vertikalen Eigenschaften eines Fahrradreifens durchgeführt. Weiterhin sind bis dato bekannte vergleichbare fahrdynamische Simulationsmodelle von Fahrrädern wie (Chia-Chin, 2012), (Enisz, et al., 2014), (Hansmann, Mayer, Heller, & Baca, 2011), (Redfield, 2005) und (Ren, Shim, Ryu, & Chen, 2014) nicht validiert und damit zum Zwecke einer modellbasierten Entwicklung nur bedingt einsetzbar. Die im Rahmen dieser Arbeit aufgebauten und vollständig validierten Simulationsmodelle (unter Berücksichtigung der Abweichungen des Aktorikmodells bei mehrfachen Druckmodulationszyklen) erlauben dagegen umfassende Untersuchungen am offenen und geschlossenen Regelkreis. In Kombination mit der umfangreichen Parameterdatenbank von Fahrer, Fahrrad und Umwelt können Anwendungsfälle nachgestellt, Anforderungen quantifiziert oder Voruntersuchungen für den Systementwurf durchgeführt werden. Weiterhin können die Simulationsmodelle als virtuelle Umgebung für den Systemtest durch MiL Simulation und HiL Prüfstand eingesetzt werden, wobei das EBM noch die Schwäche aufweist, dass nur der Vorgang des Hinterradabhebens, nicht aber des Hinterradaufsetzens modelliert ist.

Die Werkzeuge der *MiL Simulation* und des *RCP im Fahrversuch* sind grundsätzlich aus der mechatronischen Systementwicklung bei Kraftfahrzeugen bekannt. Im Rahmen dieser Arbeit wurden die Entwicklungswerkzeuge auf das Fahrrad übertragen und erfolgreich angewendet. Ebenfalls im Bereich des Kraftfahrzeugbaus weit verbreitet, aber im Fahrradbereich unter Berücksichtigung des aktuellen Stands der Wissenschaft und Technik vollkommen neu ist der aufgebaute *HiL Prüfstand*. Neben dem realen Bremssystem samt Hydroaggregat sowie der realen Signalübertragung zwischen Sensorik, Prototypen-SG und Aktorik sind die weiteren Besonderheiten des HiL Prüfstands eine pneumatisch arbeitende Aktorik zur reproduzierbaren Nachstellung der menschlichen Bremshebelbetätigung, die Systemgrenze zwischen realem und virtuellem Grundsystem in der Bremszange sowie das in den Echtzeitrechner integrierte Simulationsmodell eines Fahrrads.

7.1.3 Diskussion der Transfermöglichkeiten

Die Transfermöglichkeiten der modellbasierten Entwicklungsumgebung für weitere Fahrwerkregelsysteme am Fahrrad sind stark abhängig von der/den betrachteten Richtung/en der Fahrzeugbewegung.

So ermöglicht die Messtechnik am Versuchsträger, weitere Fahrsituationen im Bereich der Längs-, Hub- und Nickbewegung detailliert zu untersuchen. Liegt der Fokus dagegen auf weiteren Bewegungsrichtungen oder gar auf der räumlichen Fahrzeugbewegung, ist die vorhandene Messtechnik auf deren Eignung zu überprüfen und ggf. zu erweitern. Im letzteren Fall ist der Aufwand bedingt durch das modulare Ausstattungskonzept des Versuchsträgers gering. Aufwändiger könnte je nach Energiebedarf und Schnittstellen die Verwendung neuer Aktuatoren für RCP im Fahrversuch sein.

Die Transfermöglichkeiten der aufgebauten Umgebungsmodelle sind dem Versuchsträger ähnlich, wobei eine Veränderung der Sensorik und Aktorik weniger aufwändig ist. Eine Erweiterung der Umgebungsmodelle hin zu einer räumlichen Fahrzeugbewegung ist dagegen deutlich aufwändiger, da zunächst die zusätzlichen Freiheitsgrade bei der Modellbildung berücksichtigt (EBM) bzw. freigegeben (MBM) werden müssen. Anschließend sind die Parameter von Fahrer, Fahrrad und Umwelt zu bestimmen. In diesem Kontext stellt insbesondere die querdynamische Charakterisierung von Fahrradreifen mit Schräglaufwinkel und Sturz eine Herausforderung dar. Bisher veröffentliche wissenschaftliche Studien von der Universität Padua (Doria, et al., 2013), (Bulsink, Doria, van de Belt, & Koopman, 2015) und der Universität Wisconsin (Dressel & Rahman, 2012) (Dressel A. E., 2013) weisen stark unterschiedliche Ergebnisse auf. Nachdem sowohl die Modellierung als auch Parametrierung erweitert wurden, sind die Umgebungsmodelle vor deren Einsatz in der Entwicklungsumgebung erneut zu validieren.

7.2 Funktionsmuster des bremsdynamischen Assistenzsystems

7.2.1 Physikalische Bewertung

Der Fahrer stellt bei der Fahrradfahrt den Regler und das Fahrrad die Regelstrecke dar. Die Aufgabe des Fahrers ist, die Ist-Trajektorie des Fahrrads mit der Soll-Trajektorie in Übereinstimmung zu bringen. Diese Aufgabe kann der Fahrer als Regler nur solange erfüllen, wie sich das Fahrrad in einem steuerbaren Zustand befindet (Wolff, 2012). Die in diesem Zusammenhang stehende Forschungsfrage „Welches Potenzial bietet ein aktives Sicherheitssystem für elektrifizierte Fahrräder zur Abschwächung der kritischen Fahrsituationen Vorderradblockade und Überschlag (um die Fahrzeugquerachse)?“ wird nachfolgend beantwortet.

Aus Angst, das Vorderrad zu überbremsen und damit in einen nicht steuerbaren Fahrzustand zu gelangen, betätigen viele Fahrradfahrer die Vorderradbremse nicht oder nur schwach und regeln die Fahrzeugverzögerung vorrangig durch Betätigung der Hinterradbremse (Schepers & Klein Wolt, 2012). Aufgrund der dynamischen Radlastverlagerung während des Bremsvorgangs kann durch die Hinterradbremse eine deutlich geringere Bremskraft und damit Längsverzögerung erreicht werden als mit der Vorderradbremse. Sofern das BDA dem Fahrer die Angst vor einer Betätigung der Vorderradbremse nimmt, kann nur durch die psychologische Wirkung bereits das Unfall- und Sturzrisiko bei Fahrrädern verringert werden.

Im Falle einer zu starken Betätigung der Vorderradbremse, bei welcher das Fahrrad in einen nicht steuerbaren Zustand gelangen würde, erfolgt der Bremseingriff durch das BDA. Der Bremseingriff bewirkt, dass je nach Fahrbahnreibwert entweder das Vorderrad bei drohender Radblockade stabil und lenkbar bleibt oder das Hinterrad nach dessen Abheben und drohendem Überschlag schnell wieder über Fahrbahnkontakt verfügt. Die Robustheit des Systems gegenüber einer Vielzahl in Realität auftretender Parameterschwankungen (bspw. unterschiedliche Fahrer) und Störgrößen (bspw. unterschiedliche Umweltbedingungen) zeigte sich in den Systemtests. In Summe kann von einer Reduktion des Unfall- und Sturzrisikos für den Fahrer auch bei kritischen Fahrsituationen ausgegangen werden.

7.2.2 Technische Bewertung

Im Rahmen dieser Arbeit konnte erstmalig im Fahrradbereich die Machbarkeit eines elektronisch geregelten aktiven Sicherheitssystems nachgewiesen werden, welches die Nachteile mechanischer Lösungen signifikant reduziert. Im Vergleich zu (Enisz, et al., 2014) wirkt die Antiblockierfunktion nicht auf das Hinterrad, sondern auf das für die Fahrstabilität entscheidende Vorderrad. Die Antiüberschlagfunktion basiert auf einem im Vergleich zum Stand der Wissenschaft und Technik neuen Sensorkonzept und nutzt die inertialen Messgrößen einer mikromechanischen IMU am Fahrradaufbau. Ein zweiter Drehzahlsensor am Hinterrad ist nicht notwendig. Die Forschungsfrage „Kann die technische Machbarkeit eines Überschlagverhinderers auf Basis einer Inertialsensoreinheit nachgewiesen werden?“ kann folglich bejaht werden. Optimierungspotenzial besteht auf Seiten der Sensorik bei der

Berechnung der Radumfangsbeschleunigung aus dem Drehzahlsensorsignal am Vorderrad. Die Signalverarbeitung des Drehzahlsignals zeigte insbesondere bei niedrigen Fahrgeschwindigkeiten Schwächen. Anknüpfungspunkte bieten die in (Merry, van de Molengraft, & Steinbuch, velocity & acceleration estimation, 2010), (Merry, van de Molengraft, & Steinbuch, time-stamping, 2013) und (Petrella, Tursini, Peretti, & Zigliotto, 2007) beschriebenen Ansätze.

Sowohl die Antiblockier- als auch Antiüberschlagfunktion benötigen nur wenige, weitestgehend von der Regelstrecke unabhängige Kalibrierungsparameter und verringern so auch bei bspw. wechselnden Fahrern des gleichen Fahrrads das Unfall- und Sturzrisiko. Die Regelphilosophie der Antiblockierfunktion ergab sich durch Kombination mehrerer im Stand der Wissenschaft und Technik bekannter Regelansätze, wobei die einzelnen Druckmodulationszustände hinsichtlich eines minimierten Volumenverbrauchs optimiert wurden. In Bezug auf die Forschungsfrage „Welche neuen Regelansätze sind für die spezifische Bremsdynamik und veränderte Sensorik am Fahrrad zu entwerfen?“ mussten folglich für die Antiblockierfunktion keine neuen Regelansätze entwickelt werden. Im Gegensatz dazu ist die Antiüberschlagfunktion eine vollkommene Neuentwicklung und begrenzt das Hinterradabheben in der jetzigen Parametrierung zuverlässig auf einen Nickwinkel von kleiner 15°. Wesentliches Optimierungspotenzial beim ÜV besteht in der weiteren Verringerung der Hinterradabhebehöhe und -dauer. Weiterhin ist nach Meinung mehrerer Experten, welche das BDA bereits Probe gefahren sind, das Hinterradaufsetzen nach erfolgtem Bremseingriff zu hart. Neben einer Veränderung der Parameter könnte durch eine IMU mit geringerer Gruppenlaufzeit für die sensorinterne Signalverarbeitung bei gleichzeitig ausreichendem Signal-Rausch-Verhältnis die Gefahr eines Hinterradabhebens möglicherweise schon vor dem eigentlichen Abheben erkannt werden. Alternativ oder ergänzend könnten Algorithmen zur Sensordatenfusion implementiert werden, wie sie bspw. von den jüngsten Fahrwerkregelsystemen bei Krafträdern bekannt sind (Schröter, Pleß, & Seiniger, 2015).

Grundsätzlich ist ein aktives Sicherheitssystem am Fahrrad ohne Pumpenelement darstellbar, wodurch die Basis für eine immense Gewichts- und

Bauraumreduktion des Hydroaggregats geschaffen ist. Die Forschungsfrage „Kann als Aktorik ein serienmäßiger Druckmodulator mit Ventilsystem in Einkanalausführung ohne Pumpe verwendet werden?" ist dennoch nur teilweise zu bejahen, da Anpassungen auf Seite der hydraulisch betätigten Bremse und des Hydroaggregats notwendig sind. So ist durch ein größeres Bremsflüssigkeitsvolumen im Ausgleichbehälter am Bremshebel sicherzustellen, dass auch bei vollständig gefülltem Akkumulator noch eine ausreichende (Rest-)Bremskraft möglich ist. Dies ist sowohl bei zwei in kurzer Zeit aufeinanderfolgenden Bremsungen mit jeweils einem Bremseingriff als auch bei Bergabfahrten mit permanenter Bremsbetätigung und zwischenzeitlichem Bremseingriff wichtig, da sich der Akkumulator nur im Falle eines drucklosen Systems selbstständig entleeren kann. Weiterhin kann durch ein größeres Bremsflüssigkeitsvolumen im Ausgleichbehälter die Anzahl möglicher Druckmodulationen erhöht werden. Die zusätzlich verfügbaren Druckmodulationen bieten beim BV die Möglichkeit, die Regelfrequenz für eine verbesserte Reibwertausnutzung zu erhöhen und/oder die Regeldauer für sichere Bremsungen aus größeren Initialgeschwindigkeiten zu verlängern. Auf Seite des Hydroaggregats ist die Steifigkeit des Federelements im Akkumulator zu erhöhen, um im drucklosen Zustand die Bremsflüssigkeit in den Ausgleichsbehälter am Bremshebel rückfördern zu können.

7.3 Weiterführende Forschungsfragen

7.3.1 Alternative Systemkonzepte

Die nachfolgende Diskussion alternativer Systemkonzepte für das BDA ist nach dem allgemeinen Aufbau mechatronischer Systeme bestehend aus Grundsystem, Sensorik, Informationsverarbeitung und Aktorik strukturiert.

Der prototypische Funktionsnachweis wurde im Rahmen dieser Arbeit am *Grundsystem* Trekkingrad geführt. Die jüngsten Entwicklungen im Fahrradbereich zeigen, dass insbesondere die Verkaufszahlen elektrifizierter Mountainbikes (kurz: MTB) stark zunehmen (Eisenberger, Fahrradmarkt, 2016). MTBs verfügen typischerweise über hydraulisch betätigte Scheibenbremsen, durch welche ein Einsatz des BDA möglich ist. Im Vergleich zu Trekkingrädern sind der Nutzungskontext und die Fahrwerkeigenschaften (bspw. Hinterradfederung) von MTBs grundlegend anders. MTBs werden deutlich sportlicher auf zumeist unbefestigten Fahrbahnen mit größeren Steigungen gefahren. Diese beiden Randbedingungen verschärfen die Anforderungen an das BDA deutlich. So müsste bspw. die Regelfrequenz des BV aufgrund der unbefestigten Fahrbahn erhöht werden, wodurch die Regeldauer stark absinkt. Die als Abhilfemaßnahme denkbare Verwendung der im Hydroaggregat enthaltenen Rückförderpumpe ist kritisch zu sehen, da die für den Einsatz am Fahrrad notwendige Energie-, Gewichts- und Bauraumreduktion der Aktorik nicht möglich wäre.

Als alternative *Aktorik* könnte ein Druckmodulator nach dem Plunger-Prinzip eingesetzt werden, wie ihn die Firma BFO für ihre hauseigene wasserbasierte Bremse entwickelt. Neben der nicht limitierten Anzahl an Druckmodulationen besitzt eine solche Aktorik den Vorteil, eine deutlich präzisere Bremsdruckregelung zu ermöglichen. In Verbindung mit einer Niederdruckbremse kann zudem der zur Bewegung des Plungers eingesetzte Aktor klein, leicht und energieeffizient ausgelegt werden. Grundlegende Randbedingung bei der Entwicklung einer alternativen Aktorik ist die Wirtschaftlichkeit. So ist ein aufwändiger Druckmodulator im Bereich der hochwertigen MTBs denkbar, im Bereich der kostensensitiven Trekking- und vor allem Cityräder aber wenig erfolgversprechend.

Eine wesentliche Neuheit des BDA ist die zur Überschlagverhinderung verwendete *Sensorik*. Neben den vom ÜV genutzten inertialen Größen Vertikalbeschleunigung und Nickrate sensiert die IMU auch die Längsbeschleunigung. Letztere stellt die Basis für vielfältige Antriebsregelfunktionen bei elektrifizierten Fahrrädern dar, wie sie bspw. in der Arbeit von (Baumgärtner, 2015) entworfen wurden. Zur Verbesserung der in dieser Arbeit entworfenen Bremsregelfunktionen kann mithilfe der Längsbeschleunigung der Bremsschlupf am Vorderrad berechnet werden. Als zweite Regelgröße im BV könnte der Bremsschlupf zu einer erhöhten Robustheit beitragen. Im ÜV kann mithilfe der Längsverzögerung ein Hinterradabheben komplett vermieden werden, indem die Längsverzögerung unter die für ein

Hinterradabheben kritische Längsverzögerungsschwelle geregelt wird. Voraussetzung für eine solche Regelung ist, sowohl die Systemschwerpunktlage als auch Fahrbahnsteigung schnell und zuverlässig zu schätzen.

In Ergänzung zu Drehzahl- und Inertialsensorik bietet ein ebenfalls bei Fahrdynamikregelsystemen teilweise eingesetzter Bremsdrucksensor (Mörbe, Fahrdynamiksensoren, 2015) weitere Möglichkeiten zur Erhöhung der Regelgüte von BV und ÜV sowie der Ventilansteuerung. So könnte bspw. die Ansteuerung der Ventile mittels eines unterlagerten Bremsdruckregelkreises verbessert werden. Die Herausforderung bei der Verwendung eines solchen Regelkreises liegt in der starken Abhängigkeit der hydraulisch betätigten Bremse von der Umgebungstemperatur sowie der Ventilöffnungs- und -schließzeiten von der Versorgungsspannung des Hydroaggregats.

In der *Informationsverarbeitung* kann die Bremsdruckinformation für eine Gradientenbegrenzung genutzt werden, welche die bei den Systemtests des BV teilweise aufgetretenen hohen Initialschlupfwerte zu Bremsbeginn besser kontrollierbar macht. Weiterhin ist die Erkennung des Blockierdrucks möglich, wobei eine Regelung auf diesen nicht zu empfehlen ist, da sich der Fahrbahnreibwert und damit der Blockierdruck während eines Bremsmanövers sprunghaft ändern können. Eine Begrenzung des Bremsdruckgradienten bietet auch beim ÜV Vorteile. So kann der Vorgang des Hinterradabhebens in seiner Dynamik beschränkt werden, wodurch eine sicherere Erkennung möglich ist und die Schaltlinie in der Zustandsebene hin zu kleineren Nickwinkel und Nickraten wandern könnte. Bei bekanntem Hinterradabhebedruck ist die vollständige Verhinderung eines Hinterradabhebens möglich, wobei sich Systemschwerpunktlage und Fahrbahnsteigung während eines Bremsmanövers ändern können.

7.3.2 Mensch-Maschine-Interaktion

Wichtige Voraussetzung für das Vertrauen des Fahrers in das BDA ist eine geeignete Mensch-Maschine-Interaktion. Die Interaktion zwischen Fahrer und Fahrrad findet bilateral statt. So äußert der Fahrer durch Betätigung des Bremshebels seinen Verzögerungswunsch gegenüber dem Fahrrad. Im Falle einer unkritischen Bremsung ist aufgrund des von Kraftfahrzeugen angelernten Verhaltens davon auszugehen, dass der Fahrer eine Verzögerung des Fahrrads, aber keine Rückmeldung vom BDA erwartet. Tritt dagegen eine kritische Bremssituation mit aktivem Bremseingriff durch das BDA ein, ist die Frage zu klären, ob der Fahrer eine Rückmeldung erwartet. Im aktuellen Entwurf des BDA erfolgt diese Rückmeldung haptisch durch Pulsation des Bremshebels. Eine offene Forschungsfrage ist, ob diese Art der Rückmeldung am Fahrrad optimal ist oder eine Kommunikation über andere Sinneskanäle eine bessere Interaktion zwischen Mensch und Maschine bietet. In diesem Zuge ist auch zu untersuchen, wie ein möglicher Fehlerfall des BDA dem Fahrer mitgeteilt wird. So ist die Frage zu klären, ob die von Kraftfahrzeugen bekannte Signallampe das geeignete Kommunikationsmittel darstellt. Anknüpfungspunkte für eine Untersuchung der Fahrer-Fahrrad-Kommunikation bieten Studien aus dem Kontext der Verkehrsumfelderkennung wie (Puchades, de Angelis, Fraboni, Pietrantoni, & Prati, 2016).

Zur Erhöhung des (Produkt-)Reifegrads des BDA sind weitere Durchläufe des V-Modells notwendig. Dabei sind die Anwendungsfälle und die daraus abgeleiteten Anforderungen stets weiter zu konkretisieren. Maßgeblichen Einfluss hat das Fahrverhalten, welches sich bei vorhandenem aktivem Sicherheitssystem deutlich verändern könnte. Eine Methode zur detaillierten Fahrverhaltensbeobachtung bei Fahrrädern sind sogenannte Naturalistic Cycling Studies (NCS) (Johnson, Charlton, Oxley, & Newstead, 2010) (Dozza & Werneke, Naturalistic Cycling Data, 2014). Bei NCS werden Fahrräder von Versuchsteilnehmern mit Kameras und zusätzlicher Sensorik ausgestattet, um deren Fahr- und Nutzungsverhalten über einen längeren Zeitraum hinweg zu dokumentieren (Schleinitz, et al., 2014). Im Kontext des BDA ist denkbar, einer Versuchsgruppe Fahrräder *mit* Sicherheitssystem und einer Kontrollgruppe Fahrräder *ohne* Sicherheitssystem zur Verfügung zu stellen. Auf Basis der gesammelten Daten können anschließend spezifische Unterschiede hinsichtlich des Mobilitäts- und Sicherheitsverhaltens im Alltag herausgearbeitet und die Anwendungsfälle verfeinert werden. Weiterhin ist es auf Basis der gewonnen Daten möglich, Fahr- und Streckenprofile abzuleiten und diese zur Stimulation der virtuellen Umgebung zu nutzen. Neben passgenaueren Systemtests können die Simulationsergebnisse auch hinsichtlich der Belastung auf einzelne Bauteile ausgewertet werden. So sind schon in einem frühen Entwicklungsstadium Lastkollektive verfügbar, welche die parallele Bauteildimensionierung von Einzelkomponenten wie bspw. Bremse oder Gabel ermöglichen.

7.3.3 Zukünftige Sicherheitssysteme

Grundsätzlich sind durch die verfügbare elektrische Energie am elektrifizierten Fahrrad eine Vielzahl an weiteren Fahrwerkregelsystemen zur Steigerung von Fahrkomfort und -sicherheit denkbar. Die wesentlichen begrenzenden Faktoren sind die durch den Käufer akzeptierten Kosten, der am Fahrrad verfügbare Bauraum sowie der akzeptierte Eingriffsgrad in die Fahraufgabe.

Als Beispiel für ein sehr einfaches Komfort- und Sicherheitssystem sei eine absenkbare Sattelstütze genannt, wie sie von MTBs für die Bergabfahrt bekannt ist. Im Falle eines Hinterradabhebens oder bei niedrigen Fahrgeschwindigkeiten bzw. im Stillstand (Europa Patentnr. EP 2 540 606, 2012) könnte mit einer solchen Sattelstütze der Fahrerschwerpunkt abgesenkt und die Fahrradstabilität erhöht werden. Komplexere Ansätze zur Verbesserung der Fahrradstabilität basieren auf Lenkmomentaktuatoren (Oortwijn, 2016) , Steer-by-wire Konzepten (Schwab & Appleman, 2013) sowie rotierenden Kreiseln am Fahrradaufbau (Yetkin, et al., 2014) oder im Vorderrad. Letzterer Ansatz ist bereits von (Yvolution, 2014) für Kinderfahrräder zum Erlernen des Fahrradfahrens umgesetzt und käuflich erwerbbar.

Neben dem BDA ist die Übertragung weiterer, bereits vom Kraftrad bekannter aktiver Sicherheitssysteme auf das Fahrrad möglich. So kann ein Integralbremssystem (wie bspw. BMW Motorrad Integral ABS (BMW, 2000)), welches die an den Bremshebeln durch den Fahrer eingesteuerten Bremsdrücke optimal zwischen Vorder- und Hinterrad verteilt, vor allem weniger geübten Fahrradfahrern helfen, die optimale Verzögerungswirkung zu erreichen. Ein ABS für die Kurve (wie bspw. Bosch Motorcycle Stability Control MSC (Bosch, Stabilitätskontrolle, 2013)) könnte ein Sicherheitsplus bei der Fahrradfahrt insbesondere abseits befestigter Fahrbahnoberflächen bieten. Weiterhin ist durch eine Verknüpfung von längs- und vertikaldynamischen

Fahrwerkregelsystemen (wie bspw. Bosch Semi-aktive Dämpfungsregelung SDCU (Bosch, Dämpfungsregelung, 2016)) eine weitere Verbesserung der Fahrstabilität möglich. Aktuelle Einschränkungen bei der Übertragung solcher Systeme sind die zu hohen Kosten, der zu große Bauraum, die mangelnden Integrationsmöglichkeiten und der große Energiebedarf der Aktorik.

Zusätzlich zu den klassischen sensorbasierten Sicherheitssystemen sind auch kamera- und ultraschallbasierte Systeme vorstellbar. So greift das in (Engbers, 2014) und (de Hair, Kwakkernaat, Dubbeldam, & Engbers, 2015) präsentierte „intelligente Fahrrad" den vom Kraftrad bekannten Assistenten zur Erkennung eines weiteren Fahrzeugs im toten Winkel auf. Bedingt durch die beim Fahrrad fehlenden Außenspiegel wird der Fahrer nicht visuell, sondern haptisch durch pulsierende Lenkergriffe und Sattelflächen gewarnt.

7.4 Zusammenfassung

Für die Systementwicklung wurde das V-Modell als Entwicklungsmethodik erfolgreich auf das Fahrrad übertragen und eine vollständige modellbasierte Entwicklungsumgebung aufgebaut. Die Stärken der Entwicklungsumgebung liegen einerseits in den Umgebungsmodellen. Die Umgebungsmodelle ermöglichen die beim Fahrrad große Streuungsbreite der relevanten Parameter simulativ zu untersuchen. Andererseits bestehen aufgrund der Modularität der Werkzeugkette vielseitige Transfermöglichkeiten für weitere Funktionsentwicklungen und -optimierungen am Fahrrad. Eine Schwäche der Entwicklungsumgebung ist das Aktorikmodell, welches bedingt durch die notwendige Abstraktion bei der Modellbildung sowie die nicht zu umgehende Abschätzung eines Teils der Parameter Abweichungen zur Realität zeigt.

Die Machbarkeit des BDA konnte in Form eines fahrbaren Funktionsmusters nachgewiesen werden. Aus physikalischer Sicht lieferte das BDA sehr gute Ergebnisse und verhinderte sowohl die Vorderradblockade als auch den Überschlag. Aus technischer Sicht besteht vor allem hinsichtlich der Signalverarbeitung des Drehzahlsensors sowie der Ansteuerung der Aktorik Verbesserungspotential. Die Ansteuerung der Aktorik könnte mittels eines unterlagerten Bremsdruckregelkreises verbessert werden, was allerdings einen zusätzlichen Bremsdrucksensor erfordert.

Die Entwicklung von Sicherheitssystemen für das elektrifizierte Fahrrad steht noch am Anfang. Der durch das BDA erbrachte Machbarkeitsnachweis stellt einen ersten Schritt in diese Richtung dar. Hinsichtlich aktiver Sicherheitssysteme ist zu erwarten, dass die Fahrräder den Krafträdern folgen werden. Bei der Einführung solcher Systeme wie auch dem BDA ist die Mensch-Maschine-Interaktion nicht zu vernachlässigen. Einerseits stellt sich die Frage bis zu welchem Grad der Fahrer einen Eingriff in die Fahraufgabe akzeptiert, andererseits ist zu untersuchen, welche Veränderungen sich im Fahrverhalten von Fahrradfahrern durch Sicherheitssysteme ergeben.

8 Zusammenfassung

Neben der Erleichterung der Fortbewegung bietet die bei elektrifizierten Fahrrädern vorhandene elektrische Energie neue funktionale Möglichkeiten wie den Betrieb eines aktiven Sicherheitssystems. Ein solches System unterstützt den Fahrer beim Bremsvorgang und kann so das Fahrradfahren sicherer machen. Ziel dieser Arbeit ist es, die Machbarkeit eines aktiven Sicherheitssystems zur Verhinderung sowohl der Vorderradblockade als auch des Überschlags (um die Fahrzeugquerachse) in Form eines fahrbaren Funktionsmusters nachzuweisen. Das sogenannte bremsdynamische Assistenzsystem (BDA) zielt auf die bei elektrifizierten Fahrrädern weit verbreiteten hydraulisch betätigten Scheibenbremsen ab und nutzt zur Beeinflussung beider kritischer Fahrsituationen das Prinzip der Bremsdruckmodulation. Als Entwicklungsmethodik wird das aus dem Kraftfahrzeugbau für mechatronische Systeme bekannte und bewährte V-Modell exemplarisch auf das Fahrrad übertragen. Wesentlicher Bestandteil der Methode ist die rechnerbasierte Entwicklung großer Teile des Systems mithilfe von Modellen.

Als *Anwendungsvoraussetzung* für den modellbasierten Systementwurf wurden modular aufgebaute Entwicklungswerkzeuge erstellt. Die Werkzeuge zur Analyse und Spezifikation (absteigender Ast des V-Modells) dienen zur Untersuchung des Fahrzeugverhaltens im offenen Regelkreis. Die Verknüpfung der erstellten Simulationsmodelle von mechanischem Grundsystem, Sensorik und Aktorik ergibt die virtuelle Umgebung. In Kombination mit aus der Literatur bekannten und durch eigene Untersuchungen ergänzten Parametern lässt sich mithilfe der virtuellen Umgebung die beim Fahrrad große Streuungsbreite der relevanten Parameter abdecken. Als Beispiele seien veränderliche Fahrereigenschaften, z.B. Schwerpunktlage, oder Umweltbedingungen, z. B. Fahrbahnreibwert, genannt. Ein Versuchsträger mit umfangreicher Messtechnik ermöglicht die bremsdynamischen Vorgänge während der beiden kritischen Fahrsituationen im Fahrversuch zu erfassen und für die Validierung der Umgebungsmodelle zu nutzen.

Das Werkzeug der Model-in-the-Loop (MiL) Simulation zur Unterstützung von Integration und Test (aufsteigender Ast des V-Modells) ergibt sich durch Verknüpfung der virtuellen Umgebung mit der virtuellen Funktion zu einem geschlossenen Regelkreis. Im Unterschied zur MiL Simulation steigt beim aufgebauten Hardware-in-the-Loop (HiL) Prüfstand der Realitätsgrad. Das Funktionsmodell ist in ein Rapid-Control-Prototyping (RCP) System implementiert. Die hydraulisch betätigte Bremse und die Aktorik zur Druckmodulation sind als Hardware-Komponenten in den HiL Prüfstand integriert. Die übrigen Komponenten der Umgebung werden auf einem Echtzeitrechner simuliert. Zur finalen Absicherung im Fahrversuch wird das RCP System mit implementiertem Funktionsmodell in die Versuchsträgerumgebung eingebunden. Die entwickelte Methode automatisierter, unbemannter Bremsversuche ermöglicht es, gefahrlos die Grenzen des BDA bei starkem Hinterradabheben mit hohem Überschlagrisiko zu ermitteln.

Zur Findung der *Anforderungen* und Herleitung des Systemkonzepts dienen Anwendungsfälle, die durch Analyse und Auswertung von Ergebnissen der Unfallforschung abgeleitet und definiert wurden. Die Anwendungsfälle zeichnen für die beiden kritischen Fahrsituationen ein klar getrenntes Bild. Typischerweise geschieht ein Überschlag einerseits bei Not- und Schreckbremsungen auf Fahrbahnen mit hohem Reibwert in der Ebene oder leichtem Gefälle (urbaner Raum), andererseits bei Bremsfehlern auf Fahrbahnen mit mittlerem bis hohem Reibwert im leichten bis steilen Gefälle (ländlicher Raum). Ein Blockieren des Vorderrades ist hauptsächlich bedingt durch Bremsfehler auf Fahrbahnen mit niedrigem Reibwert und/oder kurvigem Verlauf bei erhöhter Fahrgeschwindigkeit. Aufgrund der Unterschiedlichkeit der Anwendungsfälle wurde das BDA in die Subsysteme Blockierverhinderer (BV) und Überschlagverhinderer (ÜV) untergliedert und beide Subsysteme konnten weitgehend unabhängig voneinander entwickelt werden. Ein auf den wichtigsten Einflussgrößen der Anwendungsfälle basierender Fahrsituationskatalog garantiert, dass der für die Subsysteme relevante Parameterraum beim Systementwurf und -test abgedeckt wurde.

Vorrangiges Ziel beim *Systementwurf* des BDA ist es, während des Bremsvorgangs die Kontrollierbarkeit des Fahrzeugs zu erhalten und das Risiko eines Sturzes zu verringern. Hierfür nutzt das BDA zur Druckmodulation ein von Krafträdern bekanntes Hydroaggregat als Aktorik. Das Hydroaggregat verfügt unter anderem über eine Pumpe, welche die zur Reduktion des Bremsdrucks in den Akkumulator abgelassene Bremsflüssigkeit in den Bremskreis rückfördert. Wegen Energieverbrauch und Bauraum wurde die Pumpe für den Systementwurf nicht berücksichtigt. Folglich steht die in den Akkumulator abgelassene Bremsflüssigkeit während des restlichen Bremsvorgangs nicht mehr zur Verfügung und die Anzahl der Druckmodulationen ist limitiert. Zur Erkennung und Regelung der kritischen Fahrsituationen verwendet das BDA einen Drehzahlsensor am Vorderrad und eine Inertialsensoreinheit am Fahrradaufbau. Im Vergleich zu bekannten aktiven Sicherheitssystemen bei Krafträdern ist durch die Verwendung der Inertialsensoreinheit ein zusätzlicher Drehzahlsensor am Hinterrad nicht nötig.

Aufgabe des ÜV ist ein schnelles Absenken des Hinterrades nach dem Abheben von der Fahrbahn. Zur Erkennung und Regelung eines Hinterradabhebens wertet der ÜV die Trajektorie in der Zustandsebene von Nickrate und Nickwinkel aus. Zur Vermeidung von Fehleingriffen bspw. bei Bremsen auf einer Kuppe wird zusätzlich die Vertikalbeschleunigung miteinbezogen, welche Auskunft über die Schwerpunktbewegung gibt. Nach erkanntem Hinterradabheben wird der Bremsdruck am Vorderrad abgebaut bis das Hinterrad wieder auf die Fahrbahn aufsetzt. Aufgrund des Einfederns des Hinterradreifens beim Wiederaufsetzen wird das Vorderrad kurzeitig entlastet und der Bremsdruck darf – um ein Überbremsen zu vermeiden – in diesem Moment nicht aufgebaut werden. Zur Sicherstellung einer wieder vorhandenen Vorderradlast wartet der ÜV eine Zeitkonstante ab und leitet anschließend den gepulsten Bremsdruckwiederaufbau ein. Der BV nutzt die aus dem Drehzahlsensorsignal am Vorderrad berechnete Radumfangsbeschleunigung und besitzt die Aufgabe, Stabilität und Lenkbarkeit des Fahrrads zu gewährleisten. Der BV kombiniert aus der Literatur bekannte Reglerentwürfe zu einer Beschleunigungsschwellenregelung. Nach erfolgter *Systemintegration* können in Extremsituationen die beiden konkurrierenden Regler von BV und ÜV unterschiedliche Eingriffe anfordern, weshalb zur Auflösung möglicher Konflikte ein Koordinator entwickelt wurde. Der Grundsatz des Koordinators ist, dass immer diejenige Reglerausgangsgröße Priorität hat, welche den

Abbau des Bremsdrucks anfordert und so die kritischen Fahrsituationen entschärft.

Im Rahmen des *Systemtests* wurden die Werkzeuge MiL Simulation, ein HiL Prüfstand und RCP im Fahrversuch zur Überprüfung der geforderten Systemeigenschaften mit zunehmendem Realitätsgrad genutzt. Dabei verhinderte der BV im Fahrversuch in neun von neun Fällen eine Vorderradblockade und garantierte durch niedrige Bremsschlupfwerte ausreichend Seitenführungskraftpotenzial. Die Detailanalyse der Fälle, bei denen das Vorderrad weit in den instabilen Bereich der Kraftschluss-Schlupf-Kurve geriet, zeigt eine starke Abhängigkeit von der Initialgeschwindigkeit vor der Bremsung. So kann der BV bei einer Initialgeschwindigkeit von kleiner 10 km/h den Bremsdruck am Vorderrad nur noch teilweise rechtzeitig absenken und das in seiner Geschwindigkeit schnell einbrechende Vorderrad gänzlich an der Blockade hindern. Der ÜV erfüllte im Fahrversuch stets alle Anforderungen. Aufgrund des erforderlichen starken Absenkens des Bremsdrucks während des ersten Regelzyklus wird eine große Menge an Bremsflüssigkeit in den Akkumulator des Hydroaggregats geleitet. Da die Rückförderpumpe nicht verwendet wird, kann der für das Hinterradabheben notwendige Bremsdruck nachfolgend nicht mehr aufgebaut werden, wodurch ein zweiter Eingriff des ÜV während eines Bremsvorgangs nicht auftrat. Eine weitere Optimierung des Bremswegs sowie ein sanfteres Hinterradaufsetzen wären durch ein gestuftes Absenken des Bremsdrucks nach erkanntem Hinterradabheben möglich. Gleichzeitig führt ein gestuftes Absenken des Bremsdrucks zu einer vergrößerten Abhebehöhe und -dauer. Dies steht im Widerspruch zum Regelziel, das Hinterrad möglichst schnell wieder abzusenken.

Zusammenfassend konnte die Machbarkeit eines aktiven Sicherheitssystems für Fahrräder in Form eines fahrbaren Funktionsmusters nachgewiesen werden. Die Besonderheit des Systems stellt der ÜV auf Basis einer Inertialsensoreinheit am Fahrradaufbau dar, welche aufgrund ihres kleinen Bauraums und ihrer robusten Ausführung in die Elektronik für den elektrischen Hilfsantrieb integriert werden kann. Für die Systementwicklung wurde eine vollständige modellbasierte Entwicklungsumgebung aufgebaut und erfolgreich angewendet. Aufgrund der Modularität der Werkzeugkette bestehen vielseitige Transfermöglichkeiten für weitere Funktionsentwicklungen und -optimierungen am Fahrrad. Hinsichtlich aktiver Sicherheitssysteme ist zu erwarten, dass die Fahrräder den Krafträdern folgen werden. Als Beispiele sei die Integralbremse, das Antiblockiersystem für Kurvenfahrt, oder die Kollisionswarnung durch Umfeldsensorik genannt. Weitere Sicherheitssysteme sind unter anderem zur querdynamischen Stabilisierung beim Anfahren und der Fahrt in niedrigen Geschwindigkeitsbereichen denkbar.

9 Anhang

9.1 Versuchsträger und beispielhafte Fahrversuche

Ausstattungsdetails des Versuchsträgers

Der Versuchsträger basiert auf einem Trekkingrad mit der Modellbezeichnung E-Fire 408 EQ // 408 des Herstellers Merida & Centurion Germany GmbH aus dem Jahr 2013. Die nachfolgende Tabelle 9.1 fasst die aus bremsdynamischer Sicht wichtigsten Ausstattungskomponenten zusammen.

Tabelle 9.1: Grundsystem Versuchsträger

Komponente	Hersteller	Bestandteile
Rahmen	Centurion	Electric Fire, AL 6061, smooth-welded, Größe 61cm
Gabel	SR Suntour	*Auslieferung*: SF13-NCX-E RL Lite 700C Air Remote LO, 63mm *Modifikation* (wg. hoher Beanspruchung): SF14-MT-E45 DS RL 29", 63mm
Reifen	Schwalbe	Marathon Supreme Evo, 42-622 Kevlar
Bremse (vorne und hinten)	Magura	Hebel: *Auslieferung*: MT-2 *Modifikation* (zusätzlicher Bremsschalter): MTE Leitung: Disc Tube Flüssigkeit: *Auslieferung*: Royal Blood (Mineralöl) *Modifikation* (wg. Fluidinkompatibilität d. Aktorik): DOT5 (Silikonöl) Zange: MT-4 (Festsattel mit zwei Kolben) Scheibe: Storm 180 mm Beläge: 7.4 Performance (Organisch)
Elektrischer Hilfsantrieb	Bosch	Mittelmotor: Classic+ Drive Unit (250W) Rahmenakku: Classic+ Power Pack (400Wh)

Tabelle 9.2 zeigt die verwendeten Sensoren und stellen die aus Sicht der Arbeit wichtigsten Eigenschaften dar. Weitere Informationen finden sich in den Datenblättern in der studentischen Arbeit (Klein, 2014).

Tabelle 9.2: Sensoren Versuchsträger

Messgröße	Sensorbezeichnung	Positionierung	Messprinzip	Messbereich	Messgenauigkeit
Druck	Sensortechnik Wiedemann M01-CAN	Bremssystem	Dünnschicht-Messzelle	0…250 bar	≤ 1 %
Drehzahl	Bosch DF11sM	Laufräder	Magnetoresistiv (Hall-Effekt)	1…max m/s	Abhängig von Toleranzen Impulsrad
Beschleunigung/ Drehrate	Bosch SU-MM5.10	Fahrradaufbau	Kapazitives Prinzip/ Coriolis-Effekt	± 4,2 g/ ± 163 °/s	≤ ± 3 %/ ≤ ± 4 %
Federweg	2-D Debus Diebold SA-LP100	Gabel	Linear Potentiometer	0…100 mm	± 1 mm
Abhebeweg	Micro-Epsilon ILD 1402-600	Hinterradnabe	Laser Triangulation	200…800 mm	Abhängig von Fahrbahnoberfläche

Fortsetzung von Tabelle 9.2

Messgröße	Mess-auflösung	Abtastrate	Signal-übertragung	Energie-versorgung
Druck	± 0,01 bar	1000/s	CAN-Bus	12 V
Drehzahl	Abhängig von Auswertealgo-rithmus	2500/s	Strompegel	12 V
Beschleu-nigung/ Dreh-rate	± 0,01 g/ ± 0,1 °/s	200/s	CAN-Bus	12 V
Federweg	≤ 0,01 mm	unbegrenzt	Spannung	5 V
Abhebeweg	80…600 µm	1000/s	Spannung	24 V

Der Versuchsträger verfügt bei Fahrversuchen im geschlossenen Regelkreis neben der pneumatisch arbeitenden Bremsbetätigung für unbemannte Fahrversuche über das hydraulisch arbeitende Hydroaggregat zur Bremsdruckmodulation. Die Informationsverarbeitung übernimmt das Prototypensteuergerät, wobei sowohl die Eingangs- und Ausgangsbeschaltung extern durch den Signal- und Energiewandler erfolgt. Ein separater Akkumulator versorgt die Komponenten des Versuchsträgers mit elektrischer Energie. Tabelle 9.3 zeigt die Aktorik-, Informationsverarbeitung- und Peripheriekomponenten des

Versuchsträgers. Details finden sich in den studentischen Arbeiten (Müllendorff, 2014), (Clausecker, Dieterle, Kurrle, & Scharpf, 2014) und (Dieterle, Kurrle, & Scharpf, 2015).

Tabelle 9.3: Weitere Komponenten Versuchsträger

Komponente	Hersteller	Bestandteile
Bremsbetätigung	Festo	Zylinder: Doppeltwirkender Kolbenstangenzylinder DSNU-25-50-P (ISO 6432) Magnetventil: Elektrisch betätigtes 5/2-Wegeventil VUVG-L10-M52-MT-M7-5H2L-C3 Speicher: Druckluftspeicher nach EN 286 CRVZS-0.4
Hydroaggregat	Bosch	Motorrad ABS9.1M base *Auslieferung*: 2-Kanal mit Pumpe und mit elektronischem Steuergerät *Modifikation* (wg. Energie-, Gewicht- und Bauraumreduktion d. Aktorik): 1-Kanal ohne Pumpe und ohne elektronisches Steuergerät
Steuergerät	dSPACE	MicroAutoBox II mit Prozessor Board DS1401 und I/O-Karte DS1511 Zusätzlich: Real-Time Interfaces CAN & USB
Signal- und Energiewandler	HS Pforzheim	Spannungswandlung auf 5, 12 und 24V Signalwandlung Strom- in Spannungspegel Leistungsendstufen für pneumatische Bremsbetätigung und Ventilsysteme d. Hydroaggregats
Akkumulator	HS Pforzheim	8x LiFePo Zellen mit Nennspannung 13,2V und Energiegehalt 66Wh in 4s2p Ausführung
Schutzbox	Peli	1450 Case mit Würfelschaum

Die elektrische Signalübertragung und Energieversorgung der am Versuchsträger verbauten Komponenten erfolgt über einen Kabelbaum. Weiterhin bestehen hydraulische Verbindungen zwischen Bremssystem und Aktorik zur Druckmodulation. Die pneumatischen Verbindungen begrenzen sich auf die automatische Bremsbetätigung. Abbildung 9.1 gibt einen Überblick zur mechatronischen Komponentenintegration. Abbildung 9.2 und Abbildung 9.3 zeigen die Komponentenplatzierung am Versuchsträger für bemannte Fahrversuche.

Bemannte Fahrversuche

Bei allen nachfolgend dargestellten bemannten Fahrversuchen im offenen Regelkreis hatte der Versuchsfahrer die Anweisung, möglichst geradeaus zu fahren und nur das Vorderrad zu bremsen. Die Fahrversuche unterscheiden sich in starke Bremsung ohne kritische Fahrsituation, mit Hinterradabheben und mit Vorderradblockade. Die Ergebnisse sind exemplarisch und ermöglichen eine Diskussion der Stärken und Schwächen des bemannten Fahrversuchs. Alle Achsen in den Abbildungen sind auf Wertebereiche skaliert, wie sie bei Auftreten einer der kritischen Fahrsituationen vorkommen.

Abbildung 9.4 zeigt wichtige Signalverläufe bei starken Bremsungen ohne kritische Fahrsituation aus fahrradtypischen Initialgeschwindigkeiten. Die Fahrversuche fanden in einem Parkhaus auf ebener und trockener Fahrbahn aus Beton statt. Die Umfangsgeschwindigkeiten der Laufräder überdecken sich während der Bremsungen weitestgehend, d.h. alle Bremsungen fanden unter geringem Bremsschlupf statt. Auffallend ist die Abweichung der Umfangsgeschwindigkeit des Hinterrades von der des Vorderrads am Ende der Bremsung aus einer Initialgeschwindigkeit von 25 km/h. Der „Sprung“ in der Umfangsgeschwindigkeit am Hinterrad deutet auf ein Hinterradabheben hin. Im vorliegenden Fall fand nur eine starke Entlastung des Hinterrades statt, da sich weder die Nickrate noch die Abhebehöhe signifikant ändern. Weiterhin zeigen die Umfangsgeschwindigkeiten eine teilweise deutliche Abweichung von den definierten Initialgeschwindigkeiten vor Bremsbeginn. Der Grund liegt in der niedrigen Auflösung des Fahrradtachos (ein Signal pro Hinterradumdrehung) und der daraus folgenden groben Geschwindigkeitsinformation für den Versuchsfahrer.

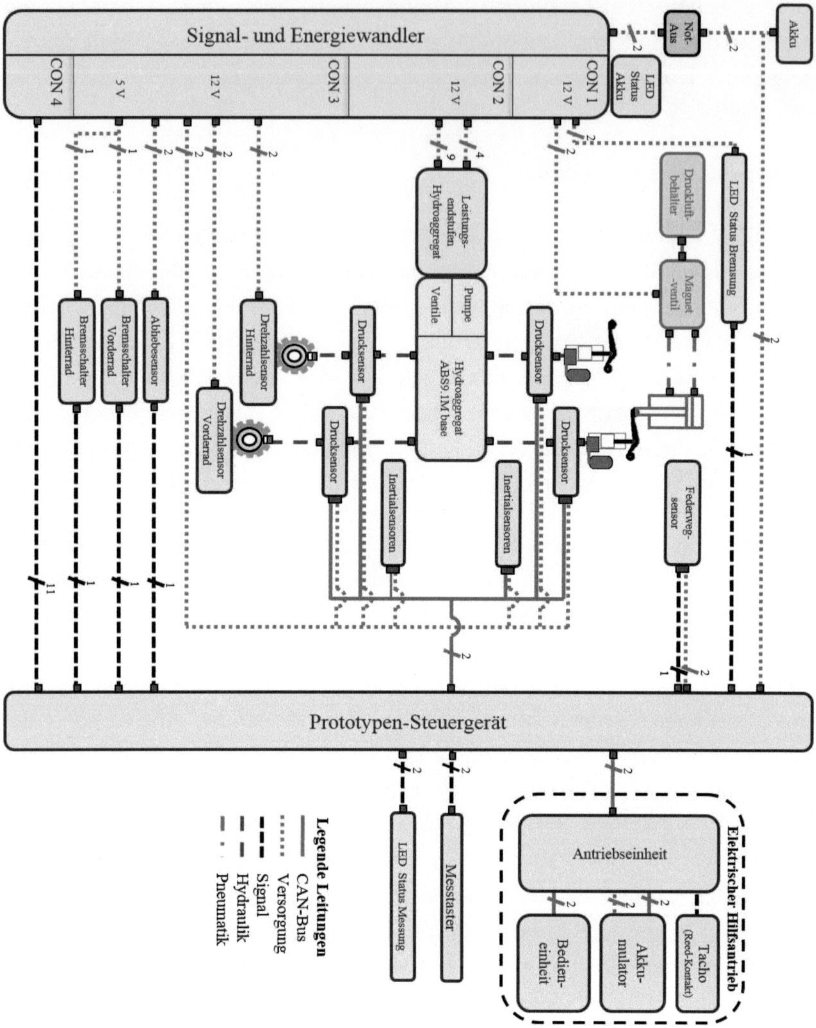

Abbildung 9.1: Komponentenintegration Versuchsträger

Abbildung 9.2: Komponentenplatzierung Versuchsträger

Sensoren					
Bezeichnung	Drucksensor	Drehzahlsensor	Inertialsensoren	Federwegsensor	Abhebewegsensor
Symbol					
Aktoren					
Bezeichnung	Luftspeicher	Magnetventil	Zylinder	Hydroaggregat	
Symbol					
Informationsverarbeitung und weitere Komponenten					
Bezeichnung	Schutzbox	Steuergerät	Signal- und Energiewandler	Akkumulator	
Symbol					

Abbildung 9.3: Komponentenplatzierung Versuchsträger Legende

Eine mögliche Verbesserungsmaßnahme ist, die aus dem Vorderraddrehzahlsensor berechnete Umfangsgeschwindigkeit (Antriebsschlupf am Hinterrad) auf dem Display des Fahrradtachos anzuzeigen. Der Betätigungsdruck (gemessen nahe des Bremshebels) und der Bremsdruck (gemessen nahe der Bremszange) überdecken sich bei den gezeigten Fahrversuchen (keine Druckmodulation im offenen Regelkreis). Der Druckgradient ist mit kleiner 300 bar/s niedrig. Die erreichten Druckniveaus von bis zu 80 bar entsprechen dem kritischen Grenzdruck für ein Hinterradabheben des männlichen 75. Perzentil Versuchsfahrers (Maier, Kubatschek, Györfi, Pfeiffer, & Wrede, 2015). Im Vergleich zur Nickrate zeigt die Längsbeschleunigung ein schlechtes Signal-Rausch-Verhältnis und ist zudem von Eigenschwingungen des Fahrradaufbaus mit einer Frequenz von ca. 10 Hz überlagert. Die deutlichen Plateaus in den Verläufen der Einfederung sowie die unterschiedlichen Negativfederwege vor und nach den Bremsungen lassen einen ausgeprägten Stick-Slip-Effekt der Gabel erkennen.

Die in Abbildung 9.5 gezeigten Signalverläufe von starken Bremsungen mit Hinterradabheben fanden auf einer ebenen, asphaltierten und trockenen Fahrbahn (hoher Reibwert) statt. Entgegen der Vorgabe einer möglichst realitätsnahen Not- bzw. Schreckbremsung (steil ansteigender und abfallender Druckgradient) „regelte" der Versuchsfahrer in den Bremsungen mit einer Initialgeschwindigkeit von 10 und 15 km/h den Druck am Vorderrad. Die Regeleingriffe begründen sich durch ein hohes Überschlagrisiko, erkennbar an den Abhebehöhen während der beiden Versuche[1]. Im Vergleich zu den Fahrversuchen ohne kritische Fahrsituation sind die Druckgradienten mit größer 700 bar/s deutlich höher. Von besonderem Interesse für die Entwicklung des BDA ist der charakteristische Verlauf der Nickrate während eines Hinterradabhebevorgangs. Die positive Nickrate ergibt sich anfänglich durch die Einfederung der Gabel aufgrund der dynamischen Radlastverlagerung während des Bremsvorgangs.

[1] Eine Abhebehöhe von kleiner 0,2 m bedeutet der Sensor ist außerhalb seines Messbereichs. Die insbesondere bei der Bremsung mit einer Initialgeschwindigkeit von 15 km/h erkennbaren starken Ausschläge im Signal der Abhebehöhe treten kurz vor Austritt und kurz nach wieder Eintritt in den Messbereich des Sensors auf.

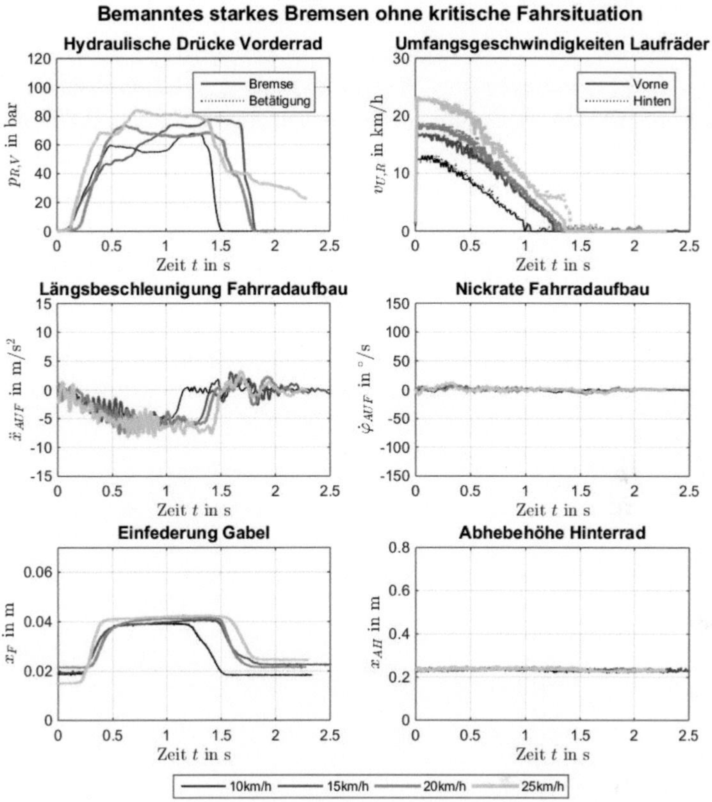

Abbildung 9.4: Bemanntes starkes Bremsen ohne kritische Fahrsituation

Nach Abheben des Hinterrades und dem Beginn der Rotationsbewegung um die Fahrzeugquerachse nimmt die Nickrate weiter zu, bis der Versuchsfahrer den Druck reduziert. Bedingt durch die interne Signalverarbeitung der Inertialsensorik folgt die Nickrate dem am Rad wirkenden Druck mit einem gewissen Zeitverzug. Nach der Druckreduktion durch den Fahrer wird die Nickrate kleiner, die Abhebehöhe nimmt durch die Umwandlung von Rotations- in Lageenergie weiter zu. Der maximale Nickwinkel bzw. die maximale Abhebehöhe ist zum Zeitpunkt des Nulldurchgangs der Nickrate erreicht.

Anschließend nähert sich das System Fahrrad und Fahrer wieder der Fahrbahn an und die Nickrate ist negativ. Der Übergang der negativen zur positiven Nickrate kennzeichnet das Wiederaufsetzen des Hinterrades. Das Wiederaufsetzen ist ebenfalls gut in den deutlichen Ausschlägen in den Verläufen der Längsverzögerung zu erkennen. Die nach dem Hinterradaufsetzen auftretenden Oszillationen in den Verläufen von Nickrate und Längsbeschleunigung klingen durch die dämpfenden Eigenschaften von Versuchsfahrer und Fahrradreifen schnell ab.

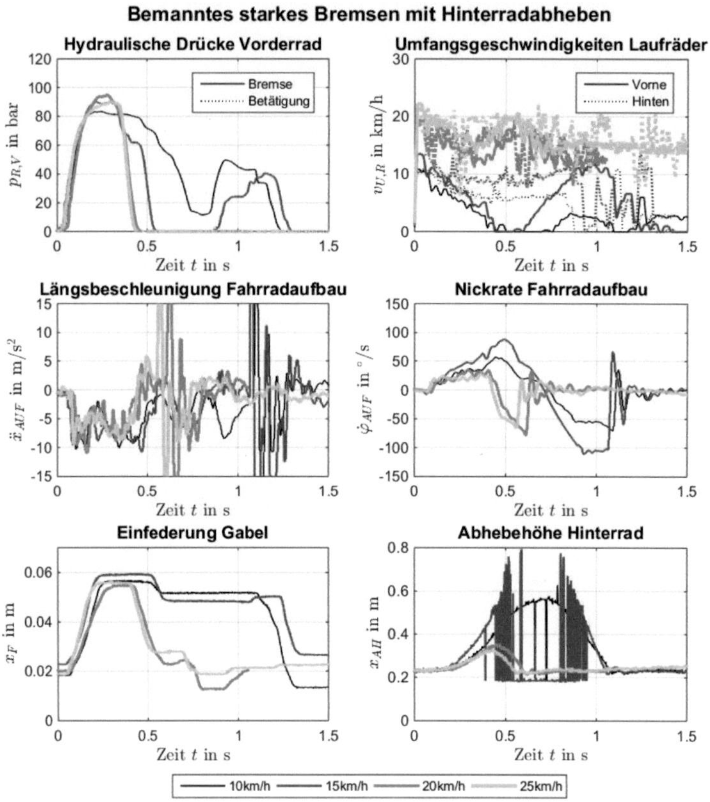

Abbildung 9.5: Bemanntes starkes Bremsen mit Hinterradabheben

Abbildung 9.6 zeigt wichtige Signalverläufe bei starken Bremsungen mit Vorderradblockade und stellt im Vergleich zu den beiden vorangegangenen Abbildungen statt der Nickrate den aus den Umfangsgeschwindigkeiten der Laufräder berechneten Vorderradbremsschlupf in Längsrichtung dar. Die Fahrversuche fanden auf einer ebenen, bewässerten Fahrbahn aus poliertem Beton (niedriger Reibwert) statt. Anhand der Umfangsgeschwindigkeiten der Laufräder und des Bremsschlupfs am Vorderrad ist die Vorderradblockade deutlich zu erkennen. Mit zunehmendem Druck bricht die Umfangsgeschwindigkeit des Vorderrades stark ein, wohingegen die Umfangsgeschwindigkeit des ungebremsten Hinterrades deutlich geringer abnimmt. Nach etwa 130 ms blockiert das Vorderrad und der Bremsschlupf entspricht 100 %. Während der Radblockade wirkt zwischen Vorderradreifen und Fahrbahn der Gleitbeiwert, weshalb trotz des hohen Druckniveaus die Längsbeschleunigung relativ gering ist. In den Versuchen mit einer Initialgeschwindigkeit von 10 und 15 km/h reicht die niedrige Längsbeschleunigung dennoch aus, die kritische Längsbeschleunigungsschwelle für das Hinterradabheben zu unterschreiten (ca. -6,3 m/s²). Die in der Abhebehöhe erkennbare Geschwindigkeitsabhängigkeit der Überlagerung von Vorderradblockade und Hinterradabheben (je höher die Vorderradgeschwindigkeit, desto kleiner der Gleitbeiwert des Reifens) ist in (Maier, Hillenbrand, Wrede, Freund, & Gauterin, 2016) beschrieben.

Unbemannter Fahrversuch

Der unbemannte Fahrversuch dient zur gefahrlosen Untersuchung von starkem Hinterradabheben mit hohem Überschlagrisiko. Abbildung 9.7 zeigt den Versuchsträger mit allen für den unbemannten Fahrversuch notwendigen Komponenten. Tabelle 9.4 ordnet den Nummern in der Abbildung einzelne Komponenten zu und erläutert deren Zweck.

In (Kubelka, Linder, & Zhang, 2016) wurden die unterschiedlichen Massen von bemanntem und unbemanntem Fahrversuch bilanziert. Im bemannten Fahrversuch beträgt die Masse des Versuchsträgers ohne Fahrer und ohne Gleitkufen 33 kg. Nach Subtraktion der Masse des Versuchsträgers im Auslieferungszustand von ca. 24 kg ergibt sich eine Masse von 9 kg für die zusätzlichen Komponenten. Im unbemannten Fahrversuch erhöhen insbesondere die Rumpfhalterung (ca. 4,8 kg), die Lenkerarretierung (ca. 2,2 kg) und die Zwillingsbereifung (ca. 10,4 kg) die Masse des Versuchsträgers. In Summe ergibt sich eine Versuchsträgermasse von 53,5 kg. Unter Berücksichtigung der Masse des verwendeten Crashtest-Dummy von 70 kg ergibt sich eine Gesamtmasse von 123,5 kg im unbemannten Fahrversuch. Der Unterschied zum bemannten Fahrversuch, bei welchem der Versuchsfahrer eine Masse von 89 kg besitzt und die Gesamtmasse 122 kg beträgt, ist mit 1,5 kg gering.

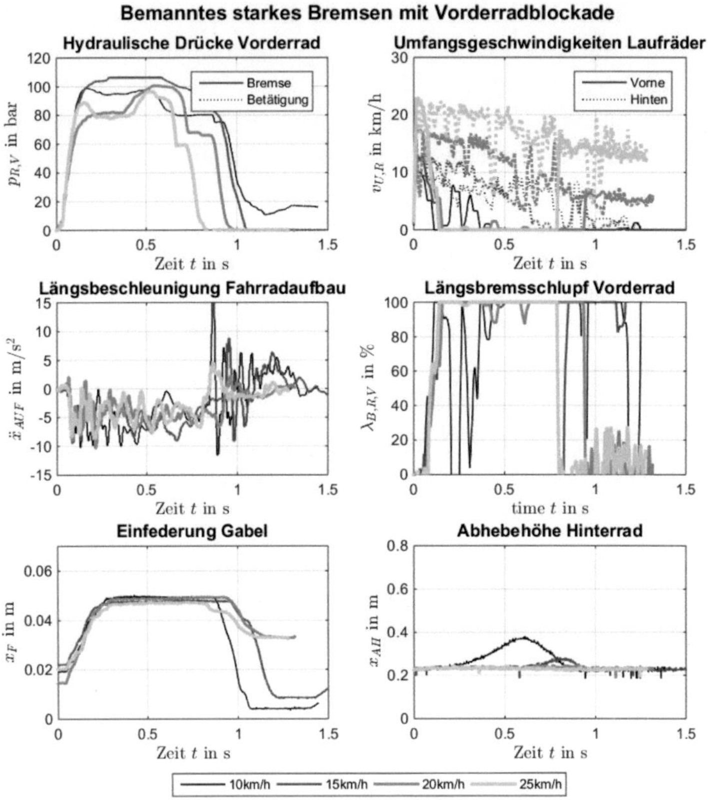

Abbildung 9.6: Bemanntes starkes Bremsen mit Vorderradblockade

Abbildung 9.7: Komponenten unbemannter Fahrversuch

Zur Analyse der bremsdynamischen Eigenschaften von Versuchsträger und Crashtest-Dummy zeigt Abbildung 9.8 drei unbemannte Fahrversuche mit starkem Bremsen und Hinterradabheben aus einer Initialgeschwindigkeit von 10 km/h. Die Fahrversuche fanden auf einer ebenen und trockenen Fahrbahn aus Beton (hoher Reibwert) statt. Auffallend ist zunächst die starke Überdeckung der Signalverläufe. Die hohe Reproduzierbarkeit ergibt sich durch die Automatisierung anhand des SG. Im Vergleich zum menschlichen Versuchsfahrer, welcher nur über die Tachoinformation verfügt, nutzt das SG die aus dem Vorderraddrehzahlsensor berechnete Umfangsgeschwindigkeit, um die definierte Initialgeschwindigkeit vor der Bremsung exakt einzusteuern. Die Eigenschaften der anschließenden Vorderradbremsung können durch den Luftdruck im Druckluftspeicher und den durch eine Drossel veränderbaren Volumenstrom in den Kolbenstangenzylinder vorgegeben werden. Bei den vorliegenden Fahrversuchen wurde die Einstellung für eine Notbremsung (hydraulischer Druck von 100 bar und Gradient von 1000 bar/s) gewählt. Die Charakteristik der einzelnen Verläufe entspricht grundsätzlich denen eines bemannten Fahrversuchs mit starkem Bremsen und Hinterradabheben.

Tabelle 9.4: Komponenten unbemannter Fahrversuch

Nr.	Komponente	Hersteller	Zweck
1	Elektrischer Hilfsantrieb	Bosch	Beschleunigung des Versuchsträgers auf eine definierte Zielgeschwindigkeit durch die elektrische Antriebseinheit. Versorgung durch den Akkumulator des elektrischen Hilfsantriebs.
2	Steuergerät	dSPACE/ Hochschule Pforzheim	Steuergerät zur Kontrolle des unbemannten Fahrversuchs. Nutzung von Signal- und Energiewandler und Versorgung durch extra Akkumulator.
3	Brems-betätigung	Festo/ Hochschule Pforzheim	Vorderradbremsung durch Verbindung von Bremshebel und Kolbenstangenzylinder mittels Bowdenzug. Steuerung des Zylinders durch Magnetventil und Versorgung durch Druckluftspeicher.
4	Lenker-arretierung	Hochschule Pforzheim	Mechanische Lenkerarretierung zur Einstellung des Geradeauslaufs durch Fixierung des Lenkers relativ zum Rahmen.
5	(Rumpf-) Halterung	Hochschule Pforzheim	Halterung für den Rumpf des Crashtest-Dummys zur Positionierung auf dem Versuchsträger und Einstellung einer typischen Sitzposition.
-	Zwillings-bereifung	Hochschule Pforzheim	Zwillingsbereifung zur querdynamischen Stabilisierung des Versuchsträgers mit Crashtest-Dummy.
-	Crashtest-Dummy	Simulaids, Inc./ Ormed GmbH	Modell Rescue Randy Erwachsener III Gewicht: ca. 70 kg Größe: ca. 1,75 m/ Orthesen: DONJOY X-Act ROM 2x Knee und 2x Elbow

Zur Identifikation spezifischer Unterschiede zeigt Abbildung 9.9 beide Versuchskonfigurationen im Vergleich. Zunächst fällt der zeitliche Versatz zwischen den Druckverläufen auf. Der Versatz ergibt sich durch das Lüftspiel zwischen Bremsbelägen und Bremsscheibe. Im bemannten Fahrversuch muss nach Bremsbetätigung durch den Fahrer das Lüftspiel komplett überwunden werden, wohingegen im unbemannten Fahrversuch die Bremse bereits leicht

„vorgespannt“ ist. Die unterschiedlichen Druckgradienten zu Beginn der Bremsung erklären sich durch den menschlichen Versuchsfahrer. Dieser betätigt stets vorsichtiger die Bremse als die automatisch arbeitende Bremsaktorik. Unter Berücksichtigung dieser Abweichungen besteht große Ähnlichkeit zwischen beiden Versuchskonfigurationen hinsichtlich der Verläufe von hydraulischem Druck und Vorderradumfangsgeschwindigkeit.

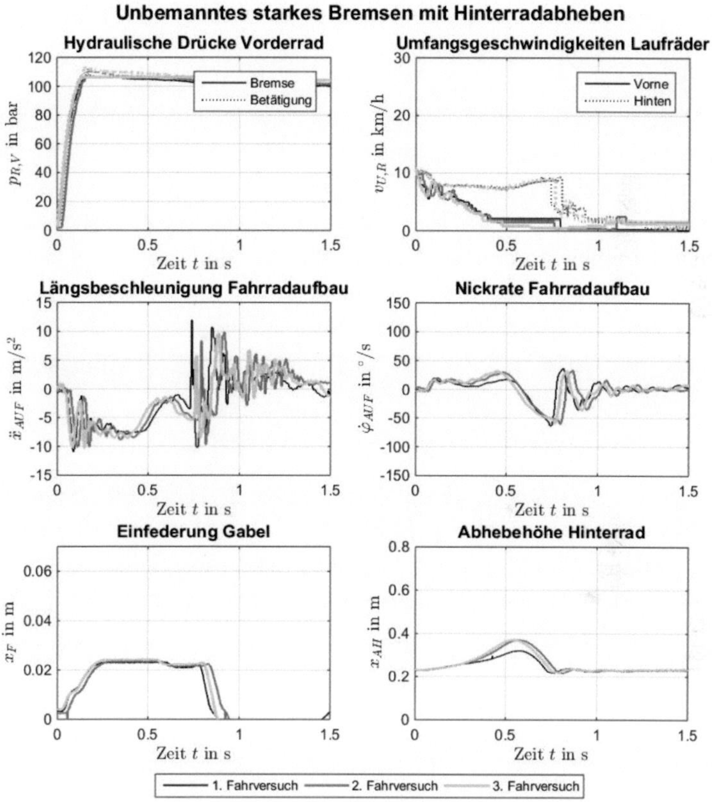

Abbildung 9.8: Unbemanntes starkes Bremsen mit Hinterradabheben

Unterschiede finden sich in den Verläufen von Längsbeschleunigung, Umfangsgeschwindigkeit am Hinterrad, Nickrate, Abhebehöhe und Einfederung. Der Vergleich der Hinterradumfangsgeschwindigkeiten zeigt, der charakteristische Sprung als Kennzeichen des Hinterradabhebens tritt im unbemannten Fahrversuch früher auf. Der Grund liegt in der kurzzeitig größeren Längsverzögerung beim unbemannten Fahrversuch (ca. $t = 0{,}2s$). Bei gleichen Längsverzögerungsverläufen würde aufgrund des Massenverhältnisses von Fahrer zu Fahrrad das Hinterrad im bemannten Fahrversuch (ca. 2,7 : 1) früher als im unbemannten Fahrversuch (1,3 : 1) abheben, da der Systemschwerpunkt im unbemannten Fahrversuch niedriger liegt, vgl. Gl (2.4).

Die Unterschiede von Nickrate und Abhebehöhe zwischen beiden Versuchskonfigurationen lassen sich anhand der Vorderradumfangsgeschwindigkeit erklären. Solange sich das Vorderrad dreht, rotiert der Fahrradaufbau plus Hinterrad um die Vorderradachse. In diesem Zustand hat die große Masse der Zwillingsbereifung kaum einen Einfluss und die Verläufe von Nickrate und Abhebehöhe sind ähnlich. Nachdem das Vorderrad zum Stillstand kommt, verlagert sich der Momentanpol der Rotationsbewegung in den Vorderradaufstandspunkt. In diesem Zustand besitzt die Masse der Zwillingsbereifung einen Einfluss und die Abweichungen bei Nickrate und Abhebehöhe zwischen den beiden Versuchskonfigurationen entstehen.

Im Vergleich zum menschlichen Fahrer stützt der Crashtest-Dummy sein Gewicht nicht am Lenker ab (flexible Ellenbogengelenke und lose Verbindung der Hände mit dem Lenker). Der Negativfederweg ist aus diesem Grund im unbemannten Fahrversuch kleiner. Während der Bremsung wirkt prinzipiell in beiden Versuchskonfigurationen eine ähnliche dynamische Vorderradlast. Allerdings ist das Nickmoment[2], aufgrund der unterschiedlichen Schwerpunktlagen, im unbemannten Fahrversuch geringer, wodurch sich die unterschiedlichen Einfederungen erklären lassen.

[2] Das Nickmoment ist das Produkt aus der im Schwerpunkt wirkenden Trägheitskraft in Längsrichtung und dem Abstand von Schwerpunkt und Nickpol. Der Nickpol liegt bei einem Fahrrad mit ausschließlicher Gabelfederung in der Hinterradachse (beide Laufräder am Boden).

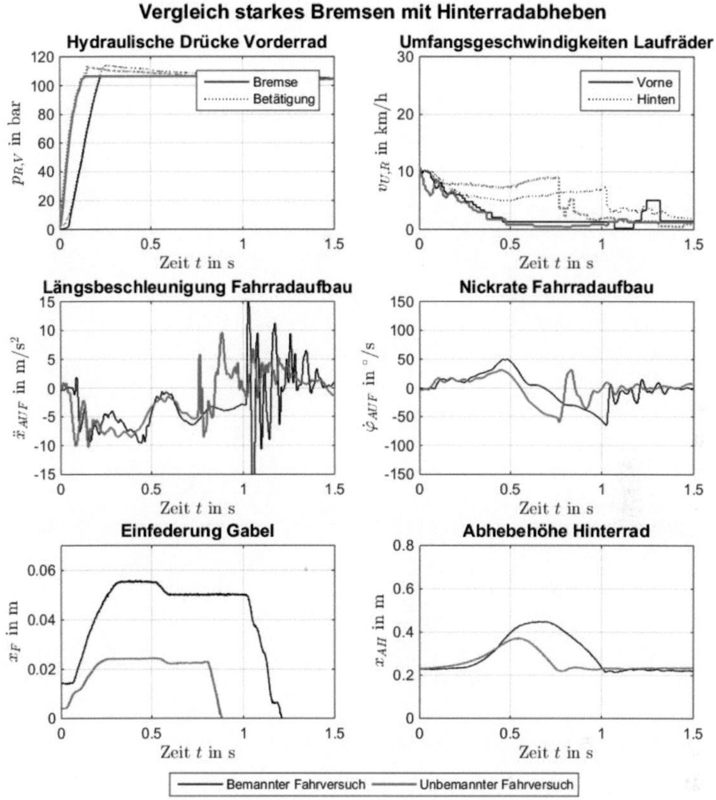

Abbildung 9.9: Vergleich starkes Bremsen mit Hinterradabheben

9.2 Parametrierung und Validierung der Simulationsmodelle

Der Versuchsfahrer entspricht mit einer Masse von 89 kg und einer Größe von 1,89 m einer männlichen 75. Perzentil Person. Nachfolgende Tabelle 9.5 und Tabelle 9.6 zeigen die zur Modellvalidierung verwendeten Parameter für die Gliedmaßen respektive Gelenke des Fahrermodells. Die verwendeten Parameter des Versuchsträgers untergliedern sich in Fahrradaufbau ohne

Fahrer und Laufräder mit Reifen. Sie sind in Tabelle 9.7 und Tabelle 9.8 zusammengefasst.

Tabelle 9.5: Modellparameter Versuchsfahrer Gliedmaße

Parameter	Einheit	Wert
Kopf		
Masse	kg	2,28
Massenträgheitsmoment (xx, yy, zz)	$kg \cdot m^2$	$\begin{pmatrix} 0,022 & & \\ & 0,025 & \\ & & 0,016 \end{pmatrix}$
Schwerpunkt (x, y, z)	m	$\begin{pmatrix} 0 \\ 0 \\ 0 \end{pmatrix}$
Länge	m	0,23
Hals		
Masse	kg	0,63
Massenträgheitsmoment (xx, yy, zz)	$kg \cdot m^2$	$\begin{pmatrix} 0,002 & & \\ & 0,003 & \\ & & 0,003 \end{pmatrix}$
Schwerpunkt (x, y, z)	m	$\begin{pmatrix} 0 \\ 0 \\ 0 \end{pmatrix}$
Länge	m	0,05
Oberarm		
Masse	kg	2,18
Massenträgheitsmoment (xx, yy, zz)	$kg \cdot m^2$	$\begin{pmatrix} 0,014 & & \\ & 0,015 & \\ & & 0,003 \end{pmatrix}$
Schwerpunkt (x, y, z)	m	$\begin{pmatrix} 0 \\ 0 \\ 0,16 \end{pmatrix}$
Länge	m	0,30
Unterarm		
Masse	kg	1,52
Massenträgheitsmoment (xx, yy, zz)	$kg \cdot m^2$	$\begin{pmatrix} 0,011 & & \\ & 0,011 & \\ & & 0,002 \end{pmatrix}$
Schwerpunkt (x, y, z)	m	$\begin{pmatrix} 0 \\ 0 \\ 0,12 \end{pmatrix}$
Länge	m	0,29

Hand		
Masse	kg	0,55
Massenträgheitsmoment (xx, yy, zz)	$kg \cdot m^2$	$\begin{pmatrix} 0,002 & & \\ & 0,001 & \\ & & 0,001 \end{pmatrix}$
Schwerpunkt (x, y, z)	m	$\begin{pmatrix} 0 \\ 0 \\ 0,06 \end{pmatrix}$
Länge	m	0,19
Rumpf		
Masse	kg	21,19
Massenträgheitsmoment (xx, yy, zz)	$kg \cdot m^2$	$\begin{pmatrix} 0,441 & & \\ & 0,374 & \\ & & 0,579 \end{pmatrix}$
Schwerpunkt (x, y, z)	m	$\begin{pmatrix} 0 \\ 0,23 \\ 0 \end{pmatrix}$
Länge Rumpf	m	0,44
Breite Schultern	m	0,45
Becken		
Masse	kg	14,62
Massenträgheitsmoment (xx, yy, zz)	$kg \cdot m^2$	$\begin{pmatrix} 0,128 & & \\ & 0,143 & \\ & & 0,148 \end{pmatrix}$
Schwerpunkt (x, y, z)	m	$\begin{pmatrix} 0 \\ 0,11 \\ 0 \end{pmatrix}$
Länge Becken	m	0,19
Breite Becken	m	0,33
Oberschenkel		
Masse	kg	14,32
Massenträgheitsmoment (xx, yy, zz)	$kg \cdot m^2$	$\begin{pmatrix} 0,176 & & \\ & 0,186 & \\ & & 0,049 \end{pmatrix}$
Schwerpunkt (x, y, z)	m	$\begin{pmatrix} 0 \\ 0 \\ 0,19 \end{pmatrix}$
Länge	m	0,43
Unterschenkel		
Masse	kg	5,71
Massenträgheitsmoment (xx, yy, zz)	$kg \cdot m^2$	$\begin{pmatrix} 0,090 & & \\ & 0,091 & \\ & & 0,010 \end{pmatrix}$

Schwerpunkt (x, y, z)	m	$\begin{pmatrix} 0 \\ 0 \\ 0{,}15 \end{pmatrix}$
Länge	m	0,45
Fuß		
Masse	kg	1,05
Massenträgheitsmoment (xx, yy, zz)	$kg \cdot m^2$	$\begin{pmatrix} 0{,}001 & & \\ & 0{,}007 & \\ & & 0{,}006 \end{pmatrix}$
Schwerpunkt (x, y, z)	m	$\begin{pmatrix} 0{,}01 \\ 0{,}05 \\ 0 \end{pmatrix}$
Länge Fuß	m	0,32
Breite Fuß	m	0,11

Tabelle 9.6: Modellparameter Versuchsfahrer Gelenke

Parameter	Einheit	Wert
Drehgelenk Genick (Bezug: um z-Achse)		
Obere Begrenzung	°	30
Untere Begrenzung	°	-20
Steifigkeit	N·m/°	1
Dämpfung	N·m·s/°	0,1
Ausgangsposition	°	0
Drehgelenk Wirbelsäule Bezug: um z-Achse		
Obere Begrenzung	°	30
Untere Begrenzung	°	-20
Steifigkeit	N·m/°	1
Dämpfung	N·m·s/°	0,1
Ausgangsposition	°	26
Kardangelenk Schulter (Bezug: um x- und y-Achse)		
Obere Begrenzung (x, y)	°	$\begin{pmatrix} -10 \\ 90 \end{pmatrix}$
Untere Begrenzung (x,y)	°	$\begin{pmatrix} 90 \\ -90 \end{pmatrix}$
Steifigkeit (x, y)	N·m/°	$\begin{pmatrix} 0{,}7 \\ 0{,}7 \end{pmatrix}$

Dämpfung (x, y)	N·m·s/°	$\begin{pmatrix}0{,}07\\0{,}07\end{pmatrix}$
Ausgangsposition (x, y)	°	$\begin{pmatrix}20{,}7\\-68{,}8\end{pmatrix}$
Drehgelenk Ellenbogen (Bezug: z-Achse, Steifigkeit und Dämpfung s.u.)		
Obere Begrenzung	°	150
Untere Begrenzung	°	-5
Ausgangsposition	°	0,4
Kugelgelenk Hand		
Obere Begrenzung (x, y, z)	°	$\begin{pmatrix}0\\0\\80\end{pmatrix}$
Untere Begrenzung (x, y, z)	°	$\begin{pmatrix}0\\0\\-70\end{pmatrix}$
Steifigkeit (x, y, z)	N·m/°	$\begin{pmatrix}0\\0\\0{,}03\end{pmatrix}$
Dämpfung (x, y, z)	N·m·s/°	$\begin{pmatrix}0\\0\\0{,}003\end{pmatrix}$
Ausgangsposition (x, y, z)	°	$\begin{pmatrix}17{,}4\\-50{,}4\\31{,}2\end{pmatrix}$
Kardangelenk Hüfte (Bezug: um x- und y-Achse)		
Obere Begrenzung (x, y)	°	$\begin{pmatrix}40\\130\end{pmatrix}$
Untere Begrenzung (x,y)	°	$\begin{pmatrix}-30\\-10\end{pmatrix}$
Steifigkeit (x, y)	N·m/°	$\begin{pmatrix}1{,}5\\0{,}7\end{pmatrix}$
Dämpfung (x, y)	N·m·s/°	$\begin{pmatrix}0{,}15\\0{,}07\end{pmatrix}$
Linke Ausgangsposition (x, y)	°	$\begin{pmatrix}-1{,}4\\-26{,}8\end{pmatrix}$
Rechte Ausgangsposition (x, y)	°	$\begin{pmatrix}1{,}4\\-59{,}4\end{pmatrix}$
Drehgelenk Knie (Bezug: z-Achse, Steifigkeit und Dämpfung s.u.)		
Obere Begrenzung	°	150

Untere Begrenzung	°	0
Ausgangsposition	°	84,5
Kugelgelenk Fuß (Bezug: z-Achse, außer anders angegeben)		
Obere Begrenzung (x, y, z)	°	$\begin{pmatrix} 60 \\ 50 \\ 0 \end{pmatrix}$
Untere Begrenzung (x, y, z)	°	$\begin{pmatrix} -30 \\ -30 \\ 0 \end{pmatrix}$
Steifigkeit (x, y, z)	N·m/°	$\begin{pmatrix} 10 \\ 0,2 \\ 0,2 \end{pmatrix}$
Dämpfung (x, y, z)	N·m·s/°	$\begin{pmatrix} 1 \\ 0,02 \\ 0,02 \end{pmatrix}$
Linke Ausgangsposition (x, y, z)	°	$\begin{pmatrix} 2,5 \\ -57,5 \\ 2,2 \end{pmatrix}$
Rechte Ausgangsposition (x, y, z)	°	$\begin{pmatrix} -1,5 \\ -25,4 \\ -0,7 \end{pmatrix}$
Ergänzende lineare Feder-Dämpfer-Systeme		
Steifigkeit (Schulter-Handgelenk)	kN/m	11,79
Dämpfung (Schulter-Handgelenk)	kN·s/m	0,65
Steifigkeit (Hüfte-Fuß)	kN/m	27,74
Dämpfung (Hüfte-Fuß)	kN·s/m	0,64

Tabelle 9.7: Modellparameter Versuchsträger Aufbau ohne Fahrer

Parameter	Einheit	Wert
Rahmen mit Antriebseinheit (des elektrischen Hilfsantrieb)		
Masse	kg	15,36
Massenträgheitsmoment (xx, yy, zz)	$kg \cdot m^2$	$\begin{pmatrix} 0 & & \\ & 2,139 & \\ & & 0 \end{pmatrix}$
Schwerpunkt (x, y, z)	m	$\begin{pmatrix} 0,54 \\ 0 \\ 0,18 \end{pmatrix}$
Radstand	m	1,12

Sattelrohrlänge	m	0,77
Sattelrohrwinkel	°	73
Kurbelwellenlänge	m	0,18
Kurbellänge	m	0,15
Akkumulator (des elektrischen Hilfsantrieb am Unterrohr)		
Masse	kg	2,57
Massenträgheitsmoment (xx, yy, zz)	$kg \cdot m^2$	$\begin{pmatrix} 0{,}003 & & \\ & 0{,}024 & \\ & & 0{,}024 \end{pmatrix}$
Schwerpunkt (x, y, z)	m	$\begin{pmatrix} 0{,}16 \\ 0 \\ 0{,}05 \end{pmatrix}$
Abmaße (Länge, Breite, Höhe)	m	$\begin{pmatrix} 0{,}33 \\ 0{,}09 \\ 0{,}09 \end{pmatrix}$
Abstand zur Antriebseinheit	m	0,1
Abstand zum Unterrohr	m	0,04
Sattel		
Masse	kg	0,65
Gabel		
Ungefederte Masse	kg	1,48
Gefederte Masse	kg	1,38
Masse Lenker	kg	0,33
Massenträgheitsmoment ungefederter Teil (xx, yy, zz)	$kg \cdot m^2$	$\begin{pmatrix} 0{,}057 & & \\ & 0{,}049 & \\ & & 0{,}008 \end{pmatrix}$
Massenträgheitsmoment gefederter Teil (xx, yy, zz)	$kg \cdot m^2$	$\begin{pmatrix} 0{,}041 & & \\ & 0{,}036 & \\ & & 0{,}005 \end{pmatrix}$
Schwerpunkt ungefederter Teil (x, y, z)	m	$\begin{pmatrix} 0 \\ 0 \\ 0{,}16 \end{pmatrix}$
Schwerpunkt gefederter Teil (x, y, z)	m	$\begin{pmatrix} 0 \\ 0 \\ 0{,}06 \end{pmatrix}$
Standrohrlänge	m	0,3
Tauchrohrlänge	m	0,32
Lenkkopfwinkel	°	18
Steuerrohrlänge	m	0,2
Gabelvorbiegung	m	0,03

Gabelschaftlänge	m	0,23
Vorbauwinkel zum Gabelschaft	°	105
Vorbaulänge	m	0,13
Lenkerbreite	m	0,64
Gabelgesamtlänge	m	0,46
Einfederweg	m	0,063
Steifigkeit	kN/m	25
Dämpfung	kN·s/m	4
Schutzbox (mit Steuergerät, Signal- und Energiewandler und separatem Akkumulator)		
Masse	kg	5,66
Abmaße (Länge, Breite, Höhe)	m	$\begin{pmatrix} 0,30 \\ 0,34 \\ 0,15 \end{pmatrix}$

Tabelle 9.8: Modellparameter Versuchsträger Laufräder

Parameter	Einheit	Wert
Laufräder		
Vorderradmasse	kg	1,16
Hinterradmasse	kg	3,08
Massenträgheitsmoment Vorderrad (xx, yy, zz)	$kg \cdot m^2$	$\begin{pmatrix} 0,08 & & \\ & 0,16 & \\ & & 0,08 \end{pmatrix}$
Massenträgheitsmoment Hinterrad (xx, yy, zz)	$kg \cdot m^2$	$\begin{pmatrix} 0,08 & & \\ & 0,16 & \\ & & 0,08 \end{pmatrix}$
Laufradradius (unbelastet)	m	0,353
Felgenbreite	m	0,042
Steifigkeit	kN/m	200
Dämpfung	kN·s/m	1
Reifen (Pacejka Koeffizienten fahrbahnabhängig, hier: trockener Asphalt)		
Schlauch- und Mantelmasse	kg	0,495
Massenträgheitsmoment Reifen (xx, yy, zz)	$kg \cdot m^2$	$\begin{pmatrix} 0,16 & & \\ & 0,33 & \\ & & 0,16 \end{pmatrix}$
Radnennlast	kN	1,3

Formfaktor für Umfangskraft (PCX1)	1	1,75
Fahrbahnreibwert bei Radnennlast (PDX1)	1	0,9
Radlastabhängigkeit Fahrbahnreibwert (PDX2)	1	-0,0025
Sturzabhängigkeit Fahrbahnreibwert (PDX3)	1	-0,02
Kurvenverlauf bei Radnennlast (PEX1)	1	0,76
Radlastabhängigkeit Kurvenverlauf (PEX2)	1	0,056
Längsschlupfsteifigkeit bei Radnennlast (PKX1)	1	33,7
Radlastabhängigkeit Längsschlupfsteifigkeit (PKX2)	1	24,6
Exponentielle Radlast-abhängigkeit Längsschlupf-steifigkeit (PKX3)	1	-0,65

Sowohl der bemannte als auch unbemannte Fahrversuch wurden stets mit einer Hochgeschwindigkeitskamera gefilmt. Die Kameraaufnahmerate entspricht der Sensorabtastrate durch das SG von 1 kHz. Abbildung 9.10 zeigt Einzelaufnahmen aus zwei exemplarisch ausgewählten Fahrversuchen. Im links abgebildeten Versuch erfüllt der Versuchsfahrer die Vorgabe einer aufrechten und gleichbleibenden Sitzposition sowie eines permanenten Sattelkontakts. Sein Verhalten entspricht damit der Modellierung der Simulationsmodelle. Im rechts abgebildeten Versuch dagegen erreicht der Versuchsfahrer einen für ihn kritischen Nickwinkel (verfälschende Panikreaktionen) und verlässt den Sattel während des Nickwinkelabbaus.

Zur Validierung des MBM und EBM werden die in Abschnitt 9.1 dargestellten bemannten Fahrversuche verwendet, sofern sie nach der Mess- und Videodatenanalyse als geeignet eingestuft wurden. Die nachfolgenden Ergebnisse sind exemplarisch und dienen der Herausarbeitung spezifischer Stärken und Schwächen beider Simulationsmodelle. Zu diesem Zweck werden sowohl die Signalverläufe als auch die Differenz zwischen gemessenen und simulierten Werten als Kastengrafiken gezeigt.

Abbildung 9.10: Hochgeschwindigkeitsvideos Hinterradabheben

Abbildung 9.11 stellt die Mess- und Simulationsdaten aus Fahrversuch, MBM und EBM für eine starke Bremsung ohne kritische Fahrsituation aus einer Initialgeschwindigkeit von ca. 13 km/h dar. Auffallend ist zunächst das frühe Simulationsende des EBM. Der Grund liegt in der gewählten Bremsschlupfdefinition, vgl. Gl. (2.3), weshalb zur Vermeidung einer Division durch Null die Simulation des EBM bei Unterschreiten einer definierten Geschwindigkeitsschwelle des Fahrradaufbaus stoppt. Die Verläufe von gemessenem und simuliertem Betätigungsdruck liegen exakt übereinander, da der im Fahrversuch gemessene Duck als Stimulation für die Modelle dient. Neben den Betätigungsdrücken liegen auch die Bremsdrücke, die Vorder- und Hinterradumfangsgeschwindigkeiten, die Nickraten sowie die Abhebehöhe nahezu völlig übereinander. Kleinere Abweichungen zwischen simulierter und gemessener Längsverzögerung ergeben sich durch den Anhaltevorgang bei Sekunde eins. Kurz nachdem das Fahrrad zum Stillstand kommt, nimmt der reale Fahrer die Füße von den Pedalen, wohingegen der virtuelle Fahrer, bedingt durch die Systemschwerpunktlage in der Fahrzeugmittenebene, anhalten kann, ohne umzufallen. Die Unterschiede hinsichtlich der gemessenen und simulierten Einfederung ergeben sich durch den nicht modellierten Stick-Slip-Effekt der Gabel. Die abweichenden simulierten Einfederungen resultieren aus der Modellbildung, wobei das MBM deutlich näher am gemessenen Verlauf liegt. Die in Abbildung 9.12 dargestellten Kastengrafiken belegen die auf Basis der Signalverläufe gewonnen Erkenntnisse. Der aus der Differenz von im Fahrversuch gemessenen und durch EBM respektive MBM simulierten Werten berechnete Median liegt für alle betrachten Signale nahe Null. Eine Streuung der Signale ist ebenfalls kaum vorhanden und kann durch leichte Fahrbahnregungen erklärt werden.

Die Validierung eines starken Bremsens mit Vorderradblockade wird anhand der in Abbildung 9.13 dargestellten Signalverläufe und der in Abbildung 9.14 gezeigten Kastengrafiken erläutert. Wichtigste Bewertungsgrößen sind die Umfangsgeschwindigkeiten der Laufräder sowie der Bremsschlupf am Vorderrad. Die gemessene und simulierte Vorderradumfangsgeschwindigkeit überdecken sich während des Radeinbruchs weitestgehend. Zudem ist die Blockierdauer zwischen Realität und Simulation gleich. Unterschiede zwischen MBM und Fahrversuch zeigen sich beim Wiederanlaufen des Vorderrades, nachdem der Fahrer den Betätigungsdruck reduziert. Als Grund werden Annahmen bei der Parametrierung des Pacejka Reifenmodells, insbesondere des Relaxationsverhaltens im Reifenlatsch, vermutet. Nach dem Wiederanlaufen des Vorderrades sind die Umfangsgeschwindigkeiten der Laufräder im MBM deutlich höher als in Realität. Der Grund liegt im zu niedrigen Gleitbeiwert zwischen Vorderradreifen und ebener, bewässerter Versuchsfahrbahn aus poliertem Beton.

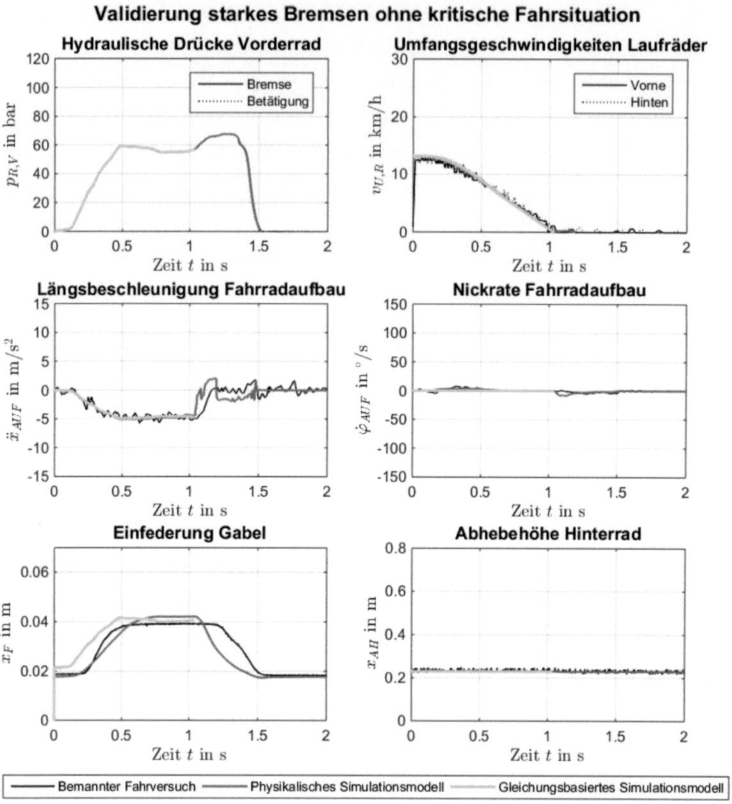

Abbildung 9.11: Modellvalidierung starkes Bremsen Signalverläufe

Aus dem zu niedrigen Gleitbeiwert resultiert eine geringere Längsverzögerung des Fahrradaufbaus und folglich eine geringere Reduktion der Fahrgeschwindigkeit (erkennbar an der Umfangsgeschwindigkeit des Hinterrads) in der MBM Simulation als in Realität. Die niedrigere Längsverzögerung bedingt weiterhin eine geringere dynamische Radlastverlagerung während der Bremsung, weshalb auch die Einfederungen von Fahrversuch und MBM abweichen.

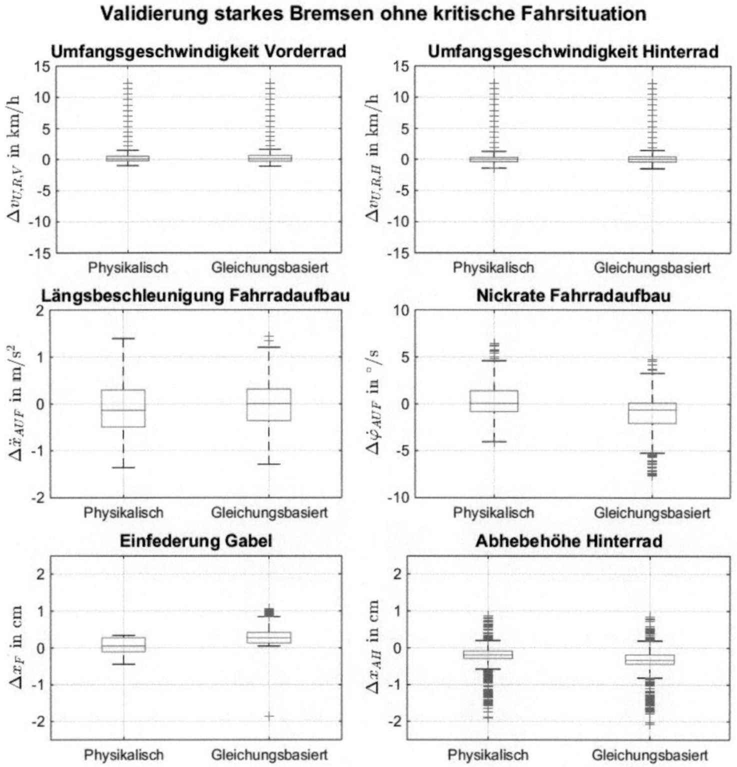

Abbildung 9.12: Modellvalidierung starkes Bremsen Kastengrafiken

Aufgrund der bewässerten und polierten Fahrbahnoberfläche (geringe Makro- und Mikrorauheit) ist eine Anpassung des Gleitbeiwerts im Pacejka Reifenmodell herausfordernd. Zwar verbesserte eine Veränderung der Pacejka Koeffizienten nach einem ersten Validierungsversuch unter Nutzung der Methode der kleinsten Fehlerquadrate die Überdeckung von MBM und Realität, allerdings konnten die diskutierten Abweichungen nicht gänzlich vermieden werden.

Im Vergleich zum MBM nutzt das EBM die Näherungsgleichung von Burckhardt als Grundlage des Reifenmodells. Die Näherungsgleichung beschreibt die Kraftschluss-Schlupf-Kurve anhand von drei Koeffizienten, welche deutlich leichter an die Reibbedingungen zwischen Reifen und Fahrbahnoberfläche anpassbar waren. Aus diesem Grund ist die Überdeckung der gemessenen und durch EBM simulierten Verläufe bis auf die Einfederung hoch. Die Abweichungen bei der Einfederung resultieren vor allem aus dem in Realität vorhandenen Stick-Slip-Effekt der Gabel.

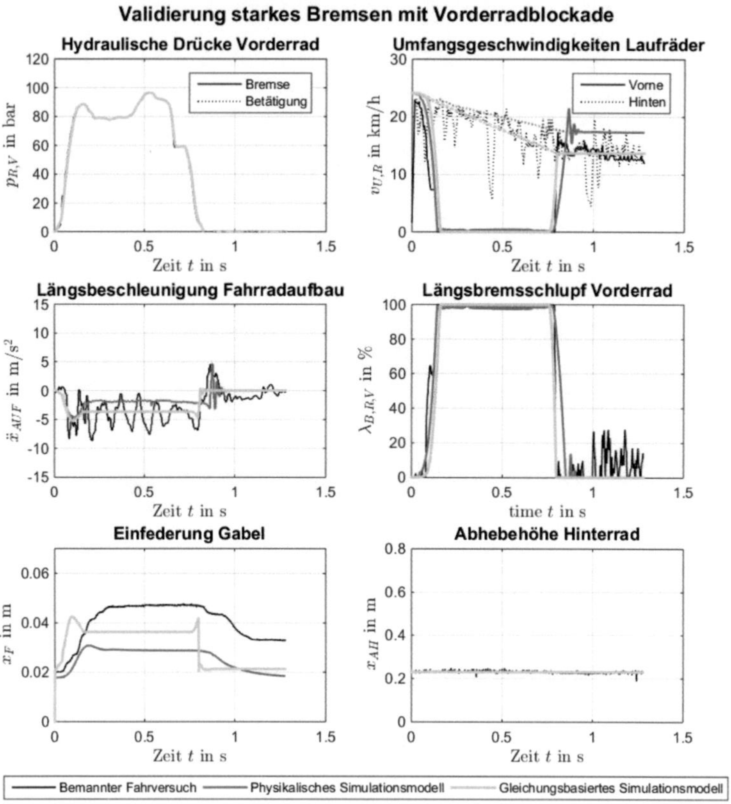

Abbildung 9.13: Modellvalidierung Vorderradblockade Signalverläufe

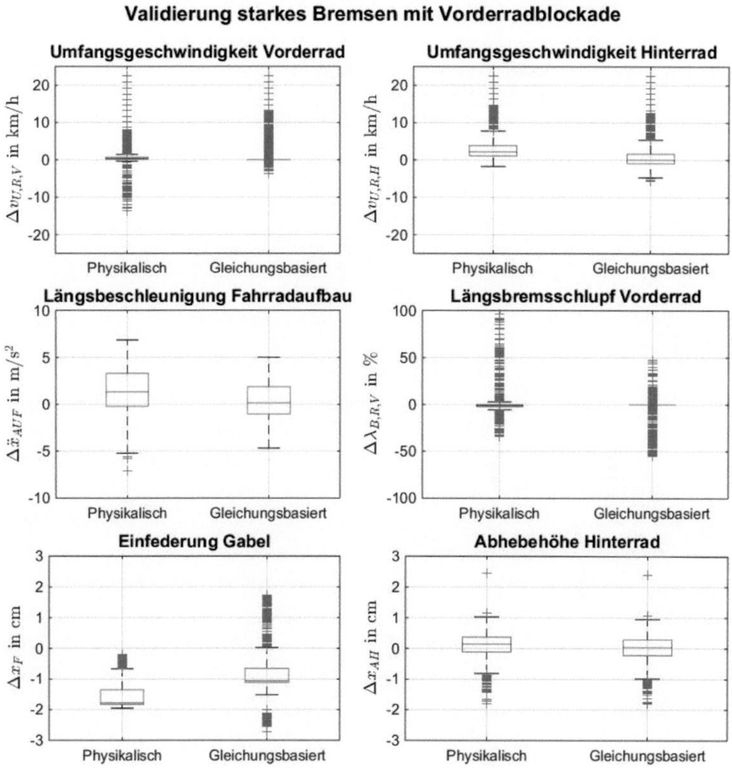

Abbildung 9.14: Modellvalidierung Vorderradblockade Kastengrafiken

9.3 Ausstattungsdetails des HiL Prüfstands

Tabelle 9.9 listet die Komponenten des Echtzeitrechners auf. Tabelle 9.10 gibt einen Überblick zu den für die pneumatische Bremsbetätigung und Spannkraftmessung verwendeten Komponenten.

Tabelle 9.9: HiL Prüfstand Komponenten Echtzeitrechner

Komponente	Hersteller	Bestandteile
Hardware	IPG	Xpack4 Real-Time System mit: Intel Pentium M (32-bit) Linux mit Xenomai-Erweiterung
I/O-Karten	IPG	Eingang: Analoge Signale: M36N01 Ausgang: Analoge Signale: M62N CAN-Bus Nachrichten: M51 Rechteckige Drehzahl-Signale: M400
Software	IPG/ HS Pforzheim	CarMaker HiL/ Xeno 4.5.5 Integration gleichungsbasiertes Simulations-modell (EBM) von Fahrrad und Fahrer sowie Sensormodelle über CarMaker for Simulink

Tabelle 9.10: HiL Prüfstand weitere Komponenten

Komponente	Hersteller	Bestandteile
Bremsbetätigung	Festo	Steuergerät: Terminal (CPX) Zylinder: Mehrstellungszylinder (ADNM) mit Positionstransmitter (SMAT) Ventile: Proportional-Druckregelventil (VPPM) Magnetventil (MFH) Zwischenpuffer: Druckluftspeicher (CRVZS)
Spannkraftsensor	HBM	Piezoelektrischer Kraftmessring: CLP (Nennkraft: 7 kN) Digitaler Ladungsverstärker: CMD600

Abbildung 9.15 zeigt den gemeinsam mit der Firma Festo AG entwickelten schmematischen Schaltplan der pneumatischen Bremsbetätigung. Ein Schalten des Magnetventils Q3 simuliert einen typischen Anbremsvorgang des

Fahrradfahrers, ein zusätzliches Schalten des Magnetventils Q2 eine Not- bzw. Schreckbremsung.

Abbildung 9.16 und Abbildung 9.17 geben einen Überblick zur hydraulisch und elektrisch dominierten Komponentenseite des HiL Prüfstands und zeigen Detailaufnahmen der Einzelkomponenten.

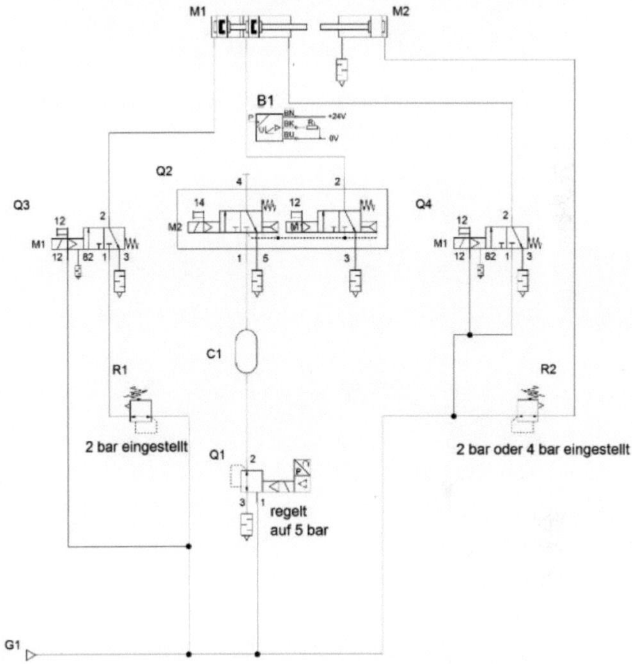

Abbildung 9.15: Bremsbetätigung schematischer Schaltplan

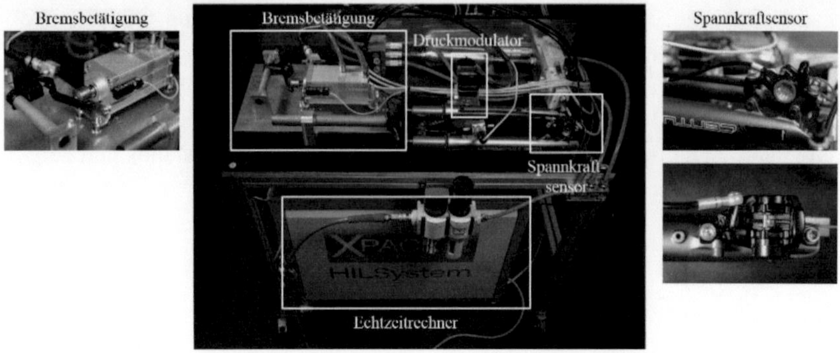

Abbildung 9.16: HiL Prüfstand „hydraulische“ Komponentenseite

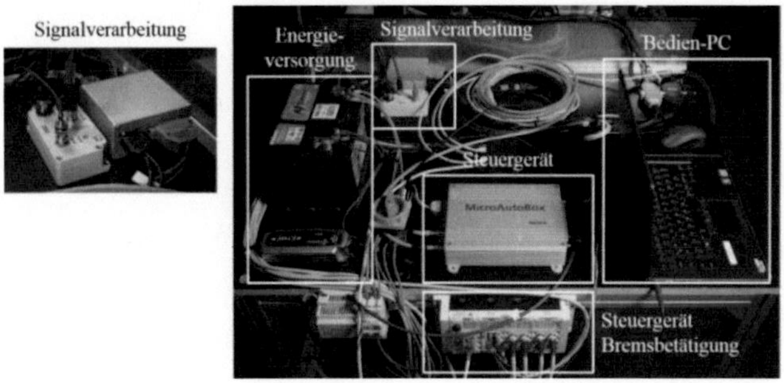

Abbildung 9.17: HiL Prüfstand „elektrische“ Komponentenseite

9.4 Fahrsituationskatalog

Dem Fahrsituationskatalog liegt eine Unterteilung in die Rubriken Bremsung (vgl. Tabelle 9.11), Fahrbahn (vgl. Tabelle 9.12) und Fahrrad (vgl. Tabelle 9.13) zugrunde. Jede diese Rubriken ist ihrerseits unterteilt in die variierten Parameter, die Quantifizierung der Parameter, die verwendeten Werte für Simulation und Fahrversuch sowie den Untersuchungsgegenstand.

Die Rubrik Bremsung umfasst die Parameter Bremsbetätigung und Initialgeschwindigkeit. Letztere besitzt die Abstufungen langsam, normal und schnell, wobei sich die zu den Abstufungen gehörenden Werte zwischen Simulation und Fahrversuch unterscheiden. Der Grund liegt in der Gefährdung des menschlichen Versuchsfahrers bei bemannten Fahrversuchen und zunehmender Instabilität des Versuchsträgers bei unbemannten Fahrversuch mit hoher Geschwindigkeit. Unterschiede zwischen Simulation und Fahrversuch bestehen auch hinsichtlich der Bremsbetätigung. In der Simulation kann die Betätigungskraft als Stimulationsgröße exakt vorgegeben werden. Im Fahrversuch hingegen kann erst durch die nachfolgende Messdatenauswertung festgestellt werden, ob das subjektive Empfinden des Versuchsfahrers für eine Notbremsung oder Schreckbremsung tatsächlich auch dem geforderten Bremsdruckverlauf entspricht.

Die Abstufungen der Fahrbahnoberfläche sind sehr rutschig, rutschig, griffig und sehr griffig. In der Simulation werden die Abstufungen durch Kraftschluss-Schlupf-Kurven berücksichtigt, welche sich hinsichtlich Haft- und Gleitbeiwert sowie kritischem Bremsschlupf unterscheiden. Im Fahrversuch wird die Abstufung rutschig durch eine Fahrt auf trockenem Schotter, die Abstufung griffig durch eine Fahrt auf trockenem Beton abgedeckt. Die Abstufungen sehr rutschig respektive sehr griffig finden keine Berücksichtigung. Die Parameter Steigung, Fahrer, Zuladung und Bremsenkennwert sind bei Fahrversuchen konstant.

Tabelle 9.11: Fahrsituationskatalog (Teil Bremsung)

Rubrik	Bremsung				
Parameter	Initialgeschwindigkeit			Bremsbetätigung	
Quantifizierung	Langsam	Normal	Schnell	Notbremsung	Schreckbremsung
Wert Simulation	10 km/h	25 km/h	50 km/h	155 N in 100 ms	230 N in 100 ms
Wert Fahrversuch	10 km/h	15 km/h	20 km/h	Bewertung bei Messdatenaufbereitung anhand Bremsdruck 100 bar in 100 ms	Bewertung bei Messdatenaufbereitung anhand Bremsdruck 150 bar in 100 ms
Untersuchungsgegenstand	Vorderradblockade	Referenz	Hinterradabheben, Überschlag	Referenz	Vorderradblockade Hinterradabheben, Überschlag

Tabelle 9.12: Fahrsituationskatalog (Teil Fahrbahn)

Rubrik	Fahrbahn					
Parameter	Oberfläche				Steigung	
Quantifizierung	Sehr rutschig	Rutschig	Griffig	Sehr griffig	Eben	Abschüssig
Wert Simulation	$\mu_H = 0{,}5$ $\mu_G = 0{,}3$ $\lambda_{B,K} = 5\ \%$	$\mu_H = 0{,}7$ $\mu_G = 0{,}4$ $\lambda_{B,K} = 10\ \%$	$\mu_H = 0{,}9$ $\mu_G = 0{,}6$ $\lambda_{B,K} = 15\ \%$	$\mu_H = 1{,}1$ $\mu_G = 0{,}8$ $\lambda_{B,K} = 20\ \%$	0 % (0 °)	15 % (8,5 °)
Wert Fahrversuch	-	Trockener Schotter	Trockener Beton	-	0 % (0 °)	-
Untersuchungsgegenstand	Vorderrad-blockade	Referenz (Vorderrad-blockade)	Referenz (Hinterrad-abheben, Überschlag)	Hinterrad-abheben, Überschlag	Referenz, Vorderrad-blockade	Hinterrad-abheben, Überschlag

Tabelle 9.13: Fahrsituationskatalog (Teil Fahrrad)

Rubrik	Fahrrad							
Parameter	Fahrer			Zuladung			Bremsenkennwert	
Quantifizierung	Klein & Leicht	Durchschnittlich	Groß & Schwer	Keine	Kindersitz & Satteltaschen Hinterrad	Korb Lenker	Nennwert	Toleranzbereich
Wert Simulation	5. Perzentil weiblich & Rahmengröße 46 cm	50. Perzentil männlich & Rahmengröße 56 cm	95. Perzentil männlich & Rahmengröße 61 cm	0 kg	15 & 10 kg	15 kg	1,25	1,25 + 20 %
Wert Fahrversuch	-	75. Perzentil männlich & Rahmengröße 61 cm	-	0 kg	-	-	1,25	-
Untersuchungsgegenstand	Vorderradblockade, Überschlag	Referenz	Hinterradabheben	Referenz	Vorderradblockade	Hinterradabheben, Überschlag	Referenz	Vorderradblockade, Hinterradabheben, Überschlag

9.5 Anforderungen für Blockierverhinderer

Die Anforderung der Fahrzeugstabilität während der Bremsung wird durch die *Blockierzeit*[3] und *Blockierdauer* quantifiziert. Der *Bremsweg* kann ohne zusätzliche Quantifizierungsgröße direkt bewertet werden. Das in Abbildung 9.18 dargestellte Netzdiagramm zeigt die Sensitivität der Grenz- bzw. Richtwerte der einzelnen Quantifizierungsgrößen abhängig vom variierten Parameter. Die *Blockierdauer* und der *Bremsweg* sind im offenen Regelkreis näherungsweise proportional, da während des überwiegenden Teils der Bremsung Gleitreibung zwischen Vorderradreifen und Fahrbahn auftritt.

Einen deutlichen Einfluss auf die Blockierzeit, die Blockierdauer und den Bremsweg besitzt die Variation der *Fahrbahnoberfläche* von rutschig ($\mu_H = 0{,}7$; $\mu_G = 0{,}4$) auf sehr rutschig ($\mu_H = 0{,}5$, $\mu_G = 0{,}3$). Je geringer der Fahrbahnreibwert desto geringer die Blockierzeit und länger die Blockierdauer und der Bremsweg. Eine Variation der *Zuladung* von keine zu Satteltaschen ($m = 10$ kg) und Kindersitz ($m = 15$ kg) am Hinterrad verlängert aufgrund der größeren Fahrzeugmasse die Blockierdauer und den Bremsweg. Die Blockierzeit wird durch die Zuladung nur in geringem Maße beeinflusst, da die Vorderradlast trotz relativer Verschiebung der Radlasten nach hinten ungefähr gleich bleibt. Den größten Einfluss auf die Quantifizierungsgrößen besitzt die Variation der Initialgeschwindigkeit von 25 auf 10 km/h. Kaum einen Einfluss auf Blockierdauer und Bremsweg sowie nur einen mäßigen Einfluss auf die Blockierzeit bedingt die Variation von *Bremsbetätigung* (Notbremsung auf Schreckbremsung), *Fahrer* (durchschnittlich auf klein & leicht) und *Bremsenkennwert* (1,25 auf 1,5, + 20 %).

Abbildung 9.19 übernimmt die Minimalwerte der Quantifizierungsgrößen aus der Einzelparametervariation und zeigt zusätzlich die Grenz- bzw. Richtwerte für die Gesamtparametervariation, welche eine Vorderradblockade begünstigt. Die Kombination der Minimalwerte jeder Quantifizierungsgröße ergeben die Minimalwerte des untersuchten Parameterraums.

[3] Die Zeitspanne von Bremsbeginn bis zur Radblockade im offenen Regelkreis bzw. bis zum ersten Druckabbau im geschlossenen Regelkreis wird als Blockierzeit bezeichnet.

Zusammenfassend ist beim Entwurf des BV die geringe Zeitspanne von Bremsbeginn bis Radblockade von 42 ms herausfordernd. Weiterhin muss sich der BV vor allem robust gegenüber einer veränderten Fahrbahnoberfläche, Zuladung oder Initialgeschwindigkeit vor Bremsbeginn verhalten.

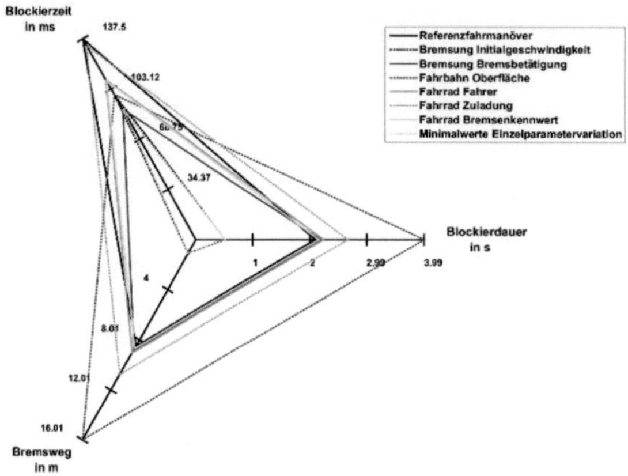

Abbildung 9.18: Blockierverhinderer Sensitivitätsanalyse

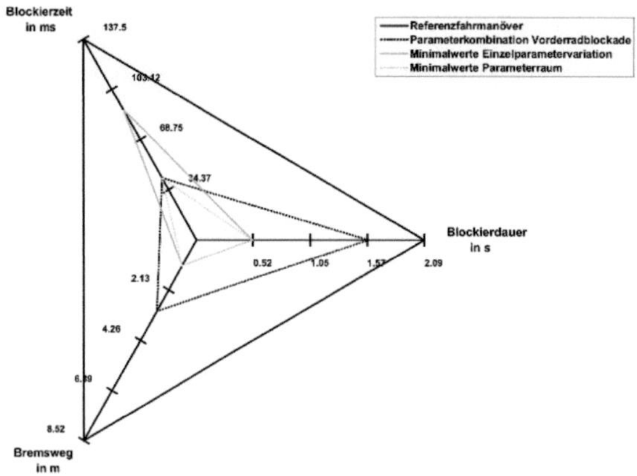

Abbildung 9.19: Blockierverhinderer Quantifizierungsgrößen

9.6 Anforderungsliste bremsdynamisches Assistenzsystem

Tabelle 9.14: Anforderungen Übersicht

Nr.	Anforderung	Kurzname
Bremsdynamisches Assistenzsystem		
1	Typische Fahrrad Fahrgeschwindigkeiten abdecken	Geschwindigkeit
2	Zwei unabhängig voneinander wirkende Bremskreise	Bremskreis-aufteilung
3	Bremse vor und nach Regeleingriff dosierbar	Dosierbarkeit
4	Aktoren des Zielsystems verwenden	Aktorik
5	Sensoren des Zielsystems verwenden	Sensorik
Überschlagverhinderer		
1	Überschlag über den Lenker verhindern	Überschlag
2	Möglichst geringe Abhebehöhe des Hinterrads	Abhebehöhe
3	Möglichst geringe Abhebedauer des Hinterrads	Abhebedauer
4	Hinterradabheben gänzlich vermeiden	Hinter-radabheben
5	Bremsweg mit Hinterradbodenkontakt optimieren	Bremsweg
6	Robustheit gegenüber veränderlichen Parametern	Robustheit
7	Bremse vor und nach Regeleingriff wirkungsvoll	Bremsleistung
8	Möglichst geringe Schwingungsanregung der Gabel	Gabel
Blockierverhinderer		
1	Stabilität des Fahrzeugs aufrechterhalten	Stabilität
2	Minimale Blockierzeit einhalten	Blockierzeit
3	Bremsweg ohne Vorderradblockade optimieren	Bremsweg
4	Robustheit gegenüber veränderlichen Parametern	Robustheit
5	Bremse vor und nach Regeleingriff wirkungsvoll	Bremsleistung
6	Möglichst geringe Schwingungsanregung der Gabel	Gabel

Tabelle 9.15: Anforderungen Quantifizierungsgrößen

<table>
<tr><th>Nr.</th><th>Kurzname</th><th>Quantifizierungsgröße</th><th>Wert</th></tr>
<tr><td colspan="4">Bremsdynamisches Assistenzsystem</td></tr>
<tr><td>1</td><td>Geschwindig-keit</td><td>Initialgeschwindigkeit vor der Bremsung im Wertebereich</td><td>5-75 km/h</td></tr>
<tr><td>2</td><td>Bremskreis-aufteilung</td><td>Regeleingriff nur am Vorderrad</td><td>-</td></tr>
<tr><td>3</td><td>Dosierbarkeit</td><td>Restweg Bremshebel zu Lenker größer als Zahlenwert</td><td>10 mm</td></tr>
<tr><td>4</td><td>Aktorik</td><td>Einkanaliges Hydroaggregat mit Ventilsystem (ohne Pumpe)</td><td>-</td></tr>
<tr><td rowspan="3">5</td><td rowspan="3">Sensorik</td><td>Vorderrad: Drehzahl (evtl. Drucksensor)</td><td>-</td></tr>
<tr><td>Fahrzeugaufbau: inertiales Sensor-Cluster (Beschleunigungen/Drehraten)</td><td>-</td></tr>
<tr><td>Fahrrad: Sensoren des elektrischen Hilfsantriebs</td><td>-</td></tr>
<tr><td colspan="4">Überschlagverhinderer</td></tr>
<tr><td rowspan="2">1</td><td rowspan="2">Überschlag</td><td>Zeitspanne von HR-Abheben bis PNR kleiner als Wert</td><td>125,5 ms</td></tr>
<tr><td>Nickwinkel von HR-Abheben bis PNR kleiner als Wert</td><td>8,9 °</td></tr>
<tr><td>2</td><td>Abhebehöhe</td><td>Maximaler Nickwinkel über Bremsvorgang kleiner als Wert</td><td>37,7 °</td></tr>
<tr><td>3</td><td>Abhebedauer</td><td>Zeitspanne von HR-Abheben bis HR-Aufsetzen kleiner als Wert</td><td>1,33 s</td></tr>
<tr><td rowspan="2">4</td><td rowspan="2">Hinterrad-abheben</td><td>Längsverzögerung kleiner als Zahlenwert</td><td>5,4 m/s²</td></tr>
<tr><td>Bremsdruck kleiner als Zahlenwert</td><td>61 bar</td></tr>
<tr><td>5</td><td>Bremsweg</td><td>Fahrbahnreibwert optimal ausnutzen (Ebene/Gefälle)</td><td>0,55</td></tr>
<tr><td>6</td><td>Robustheit</td><td>Regelung bleibt stabil trotz Parameterveränderung von Wert</td><td>Bremsenkenn-wert/ Steigung</td></tr>
<tr><td>7</td><td>Bremsleistung</td><td>Bremsdruck am Vorderrad nach Regeleingriff größer als Wert</td><td>ca. 40 bar</td></tr>
<tr><td>8</td><td>Gabel</td><td>Möglichst geringe Schwin-gungsanregung der Gabel durch Frequenz der Druckmodulation</td><td>-</td></tr>
</table>

Fortsetzung von Tabelle 9.15

Nr.	Kurzname	Quantifizierungsgröße	Wert
Blockierverhinderer			
1	Stabilität	Bremsschlupf über Bremsvorgang kleiner als Wert	10 %
2	Blockierzeit	Ansprechzeit der Regelung kleiner als Wert	42 ms
3	Bremsweg	Kraftschlussbeiwert möglichst optimal ausnutzen	-
4	Robustheit	Regelung bleibt stabil trotz Parameterveränderung von Wert	Fahrbahnoberfläche Zuladung Geschwindigkeit
5	Bremsleistung	Bremsdruck am Vorderrad nach Regeleingriff größer als Wert	23 bar
6	Gabel	Möglichst geringe Schwingungsanregung der Gabel durch Frequenz der Druckmodulation	-

Tabelle 9.16: Anforderungen Bewertungsmaßstäbe

Nr.	Kurzname	Bewertungsmaßstab	Wert
Bremsdynamisches Assistenzsystem			
1	Geschwindigkeit	System arbeitet zuverlässig im Geschwindigkeitsbereich	-
2	Bremskreisaufteilung	System wirkt nur auf das Vorderrad	-
3	Dosierbarkeit	Subjektive Bewertung der Feinfühligkeit des Druckpunkts	-
4	Aktorik	System nutzt nur das zugelassene Ventilsystem	-
5	Sensorik	System nutzt nur Messgrößen oder aus Messgrößen berechenbare Größen	-

Fortsetzung von Tabelle 9.16

Nr.	Kurzname	Bewertungsmaßstab	Wert
		Überschlagverhinderer	
1	Überschlag	Winkelsumme von Fahrbahn, Schwerpunkt und Nickwinkel kleiner als Zahlenwert	90 °
2	Abhebehöhe	Maximale Abhebehöhe kleiner als Zahlenwert	0,2 m
3	Abhebedauer	Maximale Abhebedauer kleiner als Zahlenwert	1,33 s
4	Hinterradabheben	Bodenkontakt des Hinterrades	-
5	Bremsweg	Mittlere Längsverzögerung nahe kritischer Längsverzögerung für Hinterradabheben	-
6	Robustheit	Winkelsumme von Fahrbahn, Schwerpunkt und Nickwinkel kleiner als Zahlenwert	90 °
7	Bremsleistung	Mindestverzögerung auf trockener Fahrbahn mit Vorderradbremse größer als Zahlenwert (Orientierung DIN 79100)	3,4 m/s²
8	Gabel	Subjektive Bewertung der Schwingungsanregung	-
		Blockierverhinderer	
1	Stabilität	Vorderrad blockiert während des Bremsvorgangs nicht, d.h. Blockierdauer gleich Zahlenwert	0 ms
2	Blockierzeit	Vorderrad blockiert nicht, d.h. Bremsschlupf kleiner Wert	100 %
3	Bremsweg	Bremsweg kürzer als ohne Regelung	10 km/h:1,1 m 25 km/h:8,5 m
4	Robustheit	Vorderrad blockiert während des Bremsvorgangs nicht, d.h. Blockierdauer gleich Zahlenwert	0 ms
5	Bremsleistung	Mindestverzögerung auf nasser Fahrbahn mit Vorderradbremse größer als Zahlenwert (Orientierung DIN 79100)	2,2 m/s²
6	Gabel	Subjektive Bewertung der Schwingungsanregung	-

9.7 Funktionale Systemdekomposition

Die nachfolgenden Ausführungen beschreiben zunächst die Zerlegung der fünf Teilfunktionen einer nicht assistierten Verzögerungsbremsung *Bremse betätigen*, *Fahrerwunsch erfassen*, *Fahrerwunsch umsetzen*, *Vorderrad verzögern* sowie *Fahrzeugaufbau und Hinterrad verzögern* in weitere Unterfunktionen. Die weitere Zerlegung ist notwendig, um eine Funktionsgranularität zu erreichen, welche für die anschließende Findung von realisierbaren Lösungselementen ausreichend ist.

Die Ausgangsgrößen der Teilfunktion *Bremse betätigen* sind der Verzögerungswunsch und die eingebrachte Energie des Fahrers in die hydraulisch betätigte Bremse. Beide Größen werden per Betätigungsweg übertragen und sind Eingangsgrößen der Teilfunktion *Fahrerwunsch erfassen*. Die Teilfunktion beinhaltet die Unterfunktionen *Verzögerungswunsch aufnehmen* und *Energie bereitstellen* (vgl. Abbildung 9.20). Letztere wandelt die in der Hebelbewegung enthaltene Energie in die Aktuierungsenergie für das Bremssystem um. Erstere synthetisiert aus dem Betätigungsweg die Aktuierungsinformation. Die Unterfunktion *Fluid komprimieren* setzt die Aktuierungsinformation und -energie in einen Betätigungsdruck um.

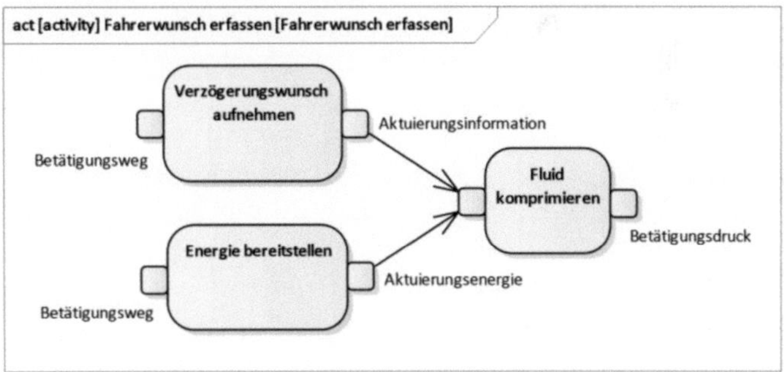

Abbildung 9.20: Aktivität „Fahrerwunsch erfassen“

Der Betätigungsdruck ist Eingangsgröße der Teilfunktion *Fahrerwunsch umsetzen*, welche das zur Vorderradverzögerung erforderliche Bremsmoment ausgibt (vgl. Abschnitt 4.3.3). Die Unterfunktion *Bremsmoment aufnehmen* der Funktion *Vorderrad verzögern* wandelt das Bremsmoment gemäß dem Drallsatz am Rad in eine Winkelverzögerung (vgl. Abbildung 9.21). Durch die Verzögerung des Rads relativ zum Fahrradaufbau entsteht Bremsschlupf. Je nach Größe des Bremsschlupfes ermittelt die (Schein-)Funktion *Bremsschlupf aufbauen* einen Kraftschluss zwischen Reifen und Fahrbahn. Die weitere (Schein-)Funktion *Umfangskraft übertragen* gibt je nach Radlast gemäß dem Coulomb'schen Reibgesetz ein Bremsmoment aus.

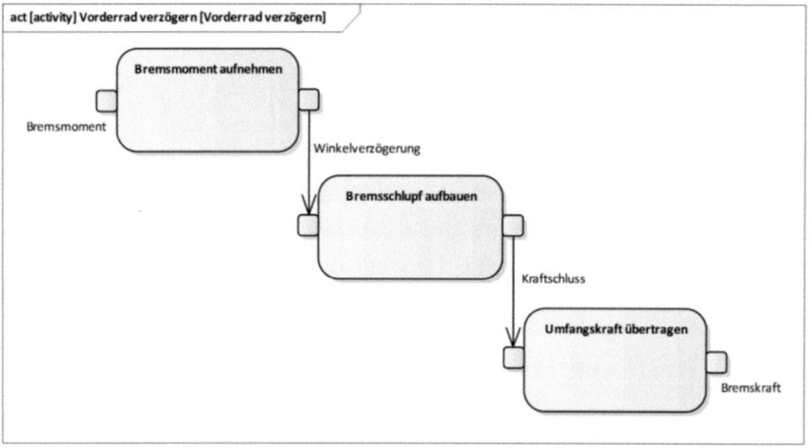

Abbildung 9.21: Aktivität „Vorderrad verzögern“

Die Teilfunktion *Fahrradaufbau und Hinterrad verzögern* untergliedert sich in die beiden (Schein-)Funktionen *Fahrzeugaufbau und Hinterrad verzögern* sowie *Radlast verlagern* (vgl. Abbildung 9.22). Ausgangsgrößen der beiden Unterfunktionen sind die Längsverzögerung und die Nickbeschleunigung, welche der Fahrer zur Regelung der nicht assistierten Verzögerungsbremsung verwendet.

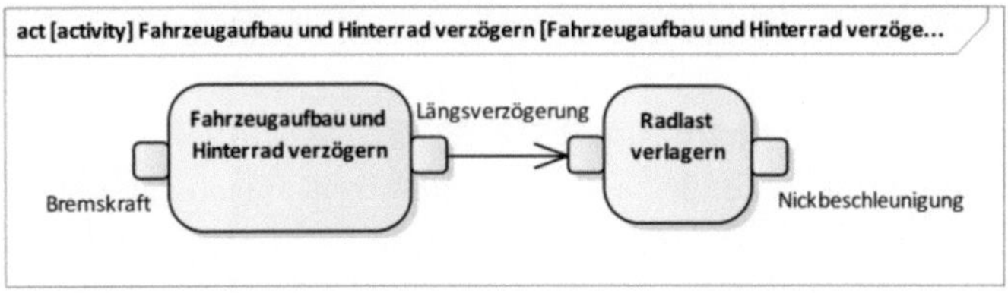

Abbildung 9.22: Aktivität „Fahrzeugaufbau und Hinterrad verzögern“

Die Teilfunktionen des aktiven Sicherheitssystems umfassen *Fahrdynamikgrößen messen, Fahrdynamikgrößen verarbeiten, Fahrsituation analysieren, Sollwerte vorgeben, Reglerausgangsgröße ermitteln, Stellgrößen einstellen* und *Druck modulieren*. Die einzelnen Teilfunktionen werden nachfolgend ebenfalls in Unterfunktionen zerlegt.

Die Teilfunktion *Fahrdynamikgrößen messen* beinhaltet die Unterfunktion *Vorderraddrehzahl erfassen* und *Inertialgrößen erfassen* (vgl. Abbildung 9.23). Letztere nimmt die Inertialgrößen am Fahrradaufbau auf und gibt die Vertikalbeschleunigung und Nickrate aus. Erstere erfasst die Drehzahl am Vorderrad und rechnet diese in die Radumfangsgeschwindigkeit um.

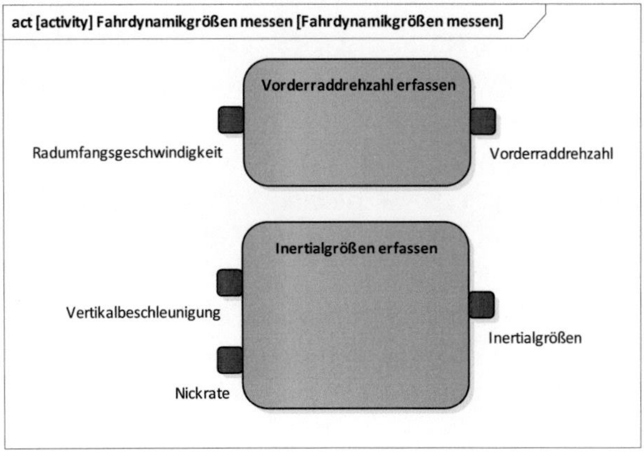

Abbildung 9.23: Aktivität „Fahrdynamikgrößen messen“

Die Rückführgröße Vorderradumfangsbeschleunigung für den BV ist Ausgangsgröße der Unterfunktion *Radumfangsgeschwindigkeit ableiten* innerhalb der Teilfunktion *Fahrdynamikgrößen verarbeiten* (vgl. Abbildung 9.24). Die Rückführgrößen Nickwinkel und Vertikalgeschwindigkeit für den ÜV werden durch die Unterfunktionen *Nickrate integrieren* und *Vertikalbeschleunigung integrieren* generiert.

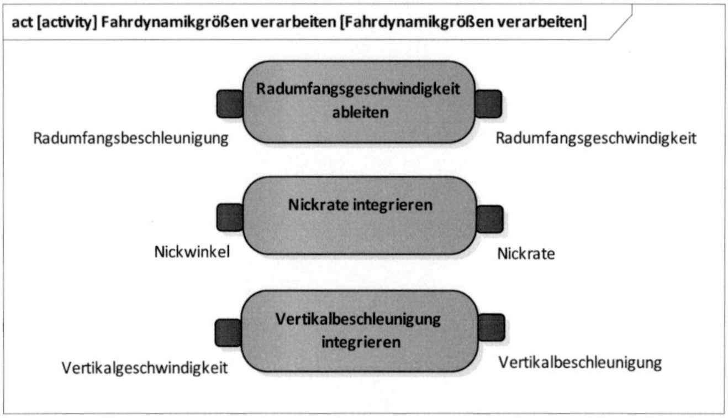

Abbildung 9.24: Aktivität „Fahrdynamikgrößen verarbeiten"

Anschließend werden die Rückführgrößen zunächst der Teilfunktion *Fahrsituation analysieren* zugeführt, welche permanent die Fahrradfahrt beobachtet und die kritischen Fahrzustände Vorderradblockade oder Hinterradabheben erkennt (vgl. Abbildung 9.25). Zu diesem Zweck verfügt die Teilfunktion über die Unterfunktionen *Vorderradblockierneigung erkennen* und *Überschlagneigung erkennen*. Sobald einer der kritischen Fahrzustände auftritt, geben die Unterfunktionen *Sollwerte Blockierverhinderer ausgeben* oder *Sollwerte Blockierverhinderer ausgeben* der Teilfunktion *Sollwerte vorgeben* für die Antiblockier- oder Antiüberschlagregelung entsprechende Führungsgrößen aus (vgl. Abbildung 9.26).

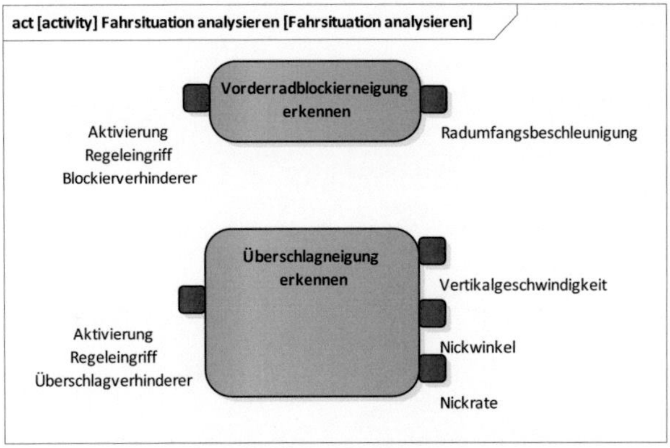

Abbildung 9.25: Aktivität „Fahrsituation analysieren“

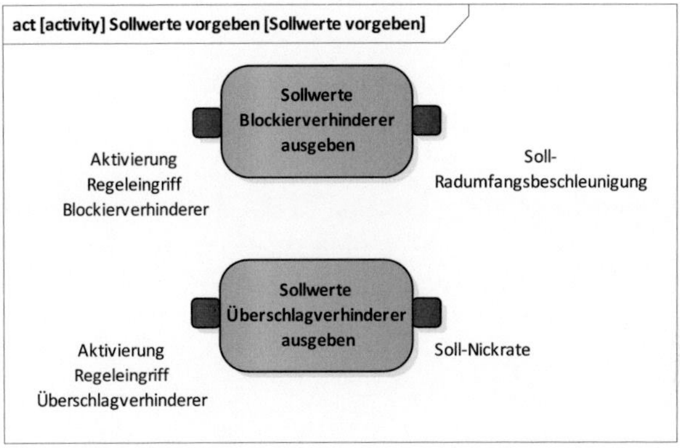

Abbildung 9.26: Aktivität „Sollwerte vorgeben“

Die Teilfunktion *Reglerausgangsgröße ermitteln* vergleicht in den Unterfunktionen *Vorderradblockade ausregeln* und *Überschlag ausregeln* die BV und ÜV spezifischen Führungs- und Rückführgrößen (vgl. Abbildung 9.27). Je nach Regelabweichung geben die Unterfunktionen separate Wunschzustände an die Aktorik zur Bremsdruckmodulation aus. Die Unterfunktion *Reglerausgangsgröße festlegen* nimmt die Wunschzustände auf und entscheidet darüber, welcher Wunschzustand tatsächlich an die Aktorik weitergegeben wird.

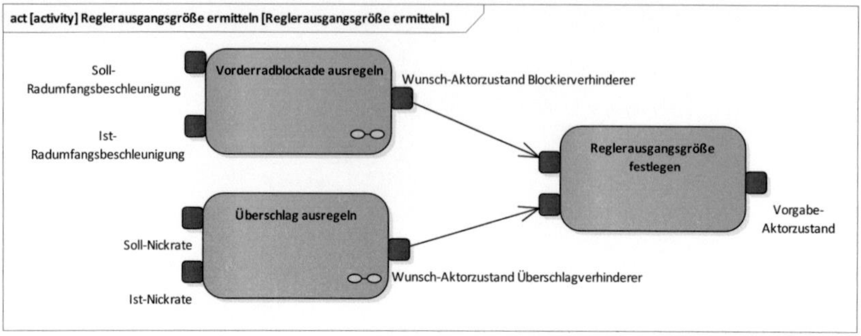

Abbildung 9.27: Aktivität „Reglerausgangsgröße ermitteln“

Die Teilfunktion *Stellgrößen einstellen* nimmt den vorgegebenen Aktorikzustand auf und definiert Einlassventil- und Auslassventilhub (vgl. Abschnitt 4.3.3). Die Ventilhübe werden in der Teilfunktion *Druck modulieren* durch die Unterfunktionen *Druck abbauen*, *Druck halten* und *Druck aufbauen* umgesetzt und bewirken eine Veränderung des am Rad ankommenden Bremsdrucks relativ zum vom Fahrer eingesteuerten Betätigungsdruck (vgl. Abbildung 9.28).

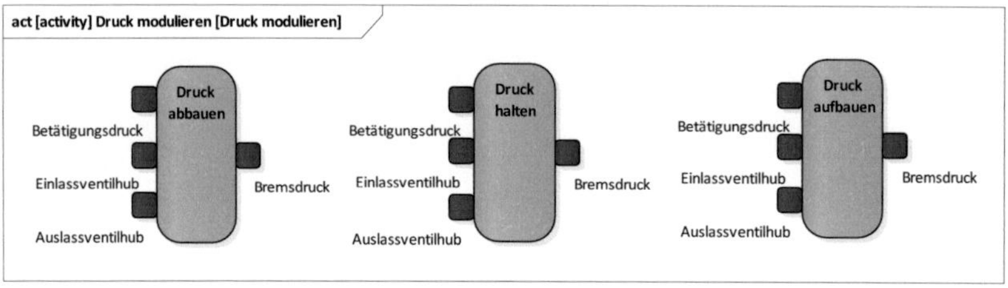

Abbildung 9.28: Aktivität „Druck modulieren“

9.8 Funktionenbaum und Lösungselemente

Tabelle 9.17: Funktionenbaum und Lösungslemente

Gesamtfunktion	Teilfunktion	Lösungselemente
Fahrdynamikgrößen messen	Vorderraddrehzahl erfassen	Funktionsprinzip Sensorik: - Induktiver (passiver) Sensor - **Magnetoresistiver (aktiver) Sensor** Rechtecksignal abtasten: - **Ereignisbasiert (Abtastrate Sensor)** - Diskret (Abtastrate SG) Rechtecksignal auswerten: - **Fixed-Position Algorithmus (mit Zähler)** - Fixed-Time Algorithmus
	Inertialgrößen erfassen	Mikromechanisches Sensor-Cluster mit Beschleunigungssensor: Kapazitives Prinzip Drehratensensor: Coriolis-Effekt
Fahrdynamikgrößen verarbeiten	Radumfangsgeschwindigkeit ableiten	Geschwindigkeit glätten: - Tiefpass-Filter 1. Ordnung - **Tiefpass-Filter 2. Ordnung (Zustandsraum)** - Gleitendes Mittelwert-Filter - Adaptives LMS-Filter - Adaptives Kerb-Filter Geschwindigkeit ableiten: - Einfacher Rückwärtsdifferenzenquotient - Zentraler Rückwärtsdifferenzenquotient - Savitzky-Golay-Filter - **Tiefpass-Filter 2. Ordnung (Zustandsraum)**
Fahrdynamikgrößen verarbeiten	Nickrate integrieren	Numerische Integration (Trapezverfahren): - Permanent - Gesteuert durch externe Impulse - **Gleitendes, abschnittsweises Fenster** - Beobachter
	Vertikalbeschleunigung integrieren	

Fortsetzung von Tabelle 9.17

<table>
<tr><th>Gesamtfunk-
tion</th><th>Teilfunktion</th><th>Lösungselemente</th></tr>
<tr><td rowspan="2">Fahrsituation analysieren</td><td>Vorderradblockier-
neigung
erkennen</td><td>Vergleich mit Schwellen von:
- Radumfangsverzögerung
- Bremsschlupf
- Bremschlupf und dessen Gradient
- Radumfansgverzögerung &
Bremsschlupf</td></tr>
<tr><td>Überschlagneigung
erkennen</td><td>Vergleich mit Schwellen von:
- kritische Längsverzögerung
HR-Abheben
- kritischer Bremsdruck HR-Abheben
- kritischer Nickwinkel abhängig
von Fahrbahnsteigung
- Schaltlinie aus Nickwinkel und
Nickrate
- Vertikale Schwerpunktbewegung
- Support Vector Machine</td></tr>
<tr><td rowspan="2">Sollwerte vorgeben</td><td>Sollwerte BV
ausgeben</td><td>Festlegung der Regelschwellen für
Radumfangsverzögerung:
- starr
- veränderlich
(„Lernen“ aus 1. Regelzyklus)
- veränderlich (zeitabhängig)</td></tr>
<tr><td>Sollwerte ÜV
ausgeben</td><td>Festlegung der Regelschwellen für
Nickrate:
- starr
- veränderlich
(„Lernen“ aus 1. Regelzyklus)
- veränderlich (zeitabhängig)</td></tr>
<tr><td rowspan="2">Regleraus-
gangs-größe
ermitteln</td><td>Vorderradblockade
ausregeln</td><td>Kontinuierlich:
P-Regler
PI-Regler
Diskret:
Zweipunktregler
Dreipunktregler
Mehrpunktregler</td></tr>
<tr><td>Überschlag
ausregeln</td><td>Kontinuierlich: P-Regler oder PD-Regler
Diskret: Zwei- oder Dreipunktregler
Weitere: Fuzzy-Regler</td></tr>
</table>

Fortsetzung von Tabelle 9.17

Gesamtfunktion	Teilfunktion	Lösungselemente
Regleraus-gangsgröße ermitteln	Reglerausgangs-größe festlegen	Priorisierung von: - Blockierverhinderer - Überschlagverhinderer - **Sicherheit**
Stellgrößen einstellen		Ansteuerung der Aktorik: - kontinuierlich - **diskret** -quasikontinuierlich
Druck modulieren	Druck abbauen Druck halten Druck aufbauen	Aktorik nach dem Arbeitsprinzip: - Elektromechanisches Planetengetriebe - **Ventilsystem** - Plungersystem - Staudrucksystem mit Bremskraftverstärkung

9.9 Systemtests Blockierverhinderer

MiL Simulation

Tabelle 9.18 zeigt die Kalibrierungsparameter des BV in der MiL Simulation.

Tabelle 9.18: Blockierverhinderer Kalibrierung Simulation

Parameter	Wert	Einheit
Signalverarbeitung		
Statischer bzw. dynamischer Rollhalbmesser zur Berechnung des Radumfangs	0,35	m
Minimale Radumfangsgeschwindigkeit zur Auswertung des Drehzahlsensors	1	km/h
Grenzfrequenz Tiefpass Filter zur Berechnung Radumfangsbeschleunigung	7	Hz
Filterzeit bis Aktivierung Blockierverhinderer	5	ms
Regler		
-a-Schwelle (Veränderung nach 1s Regeldauer)	-12 (-6)	m/s^2
+a-Schwelle	+2	m/s^2
+A-Schwelle (Veränderung nach 1s Regeldauer)	+16 (+8)	m/s^2
Zulässige kumulierte Druckabbauten	nicht begrenzt	1
Zeitdauer bei fehlender Zustandsänderung bis Rücksetzen Blockierverhinderer	1	s
Ausgangsbeschaltung Ventile		
Ruhezustand	EV = 0 AV = 0	1
Druckhalten	EV = 1 AV = 0	1

Druckabbau	EV = 1 AV = 1 (für 2,8ms) AV = 0 (für 22,2ms) Periode AV: 25ms	1
Druckaufbau (voll)	EV = 1 (für 23ms) EV = 0 (für 2ms) Periode EV: 25ms AV = 0	1
Druckaufbau (gepulst)	EV = 1 (für 23,3ms) EV = 0 (für 1,7ms) Periode EV: 25ms AV = 0	1

Abbildung 9.30 zeigt die Ergebnisse der im virtuellen Fahrsituationskatalog definierten Parametervariationen in Form von Netzdiagrammen. Zur Verifizierung der Anforderungen werden die gleichen Quantifizierungsgrößen wie bei der Ermittlung der Anforderungen dargestellt (vgl. Abschnitt 9.5). Über alle Fahrsituationen hinweg ist die *Blockierdauer* im geschlossenen Regelkreis, d.h. mit integrierter Antiblockierfunktion gleich Null. Zusätzlich ist die *Blockierzeit*[4] bei allen Fahrsituationen außer der „Parameterkombination Vorderradblockade“ deutlich geringer als im offenen Regelkreis. Zusammenfassend ist die Anforderung nach einer stets zu gewährleistenden Fahrzeugstabilität in sieben von acht Fahrsituationen erfüllt. Neben der sichergestellten Fahrzeugstabilität reduziert die Antiblockierfunktion in allen untersuchen Fahrsituationen den *Bremsweg*. Folglich kann auch die Forderung nach einer Bremswegminimierung bestätigt werden.

Die Signalverläufe der „Parameterkombination Vorderradblockade“ sind in Abbildung 9.29 dargestellt. Nach Überwindung des Lüftspiels bricht die Vorderradumfangsgeschwindigkeit bis auf den Wert Null ein. Die Umfangsgeschwindigkeit des ungebremsten Hinterrads verringert sich dagegen nur langsam, wodurch ein Initialschlupf am Vorderrad von bis zu 100 % entsteht. Der Initialschlupf kann durch den BV innerhalb von ca. 350 ms vollständig abgebaut werden. In Fahrversuchen zeigte sich, dass eine Radblockade von

[4] Die Zeitspanne von Bremsbeginn bis zur Radblockade im offenen Regelkreis bzw. bis zum ersten Druckabbau im geschlossenen Regelkreis wird als Blockierzeit bezeichnet.

kleiner 0,5 s nicht zu einem Verlassen der Fahrspur führt, weshalb die vorliegende Fahrsituation trotz kurzer Radblockade als unkritisch eingestuft werden kann. Hinsichtlich der Anforderungen ist das Einhalten der minimalen Blockierzeit nicht erfüllt. Weiterhin wird die Stabilität des Fahrzeugs nur grenzwertig aufrechterhalten, da ein weiteres Teilgleiten des Vorderrades, erkennbar am hohen Bremsschlupf von bis zu 50 %, auftritt. Der Fahrer würde zwar in der vorliegenden Fahrsituation nicht stürzen, dennoch kann die Robustheit gegenüber Einflussgrößen nur eingeschränkt bestätigt werden.

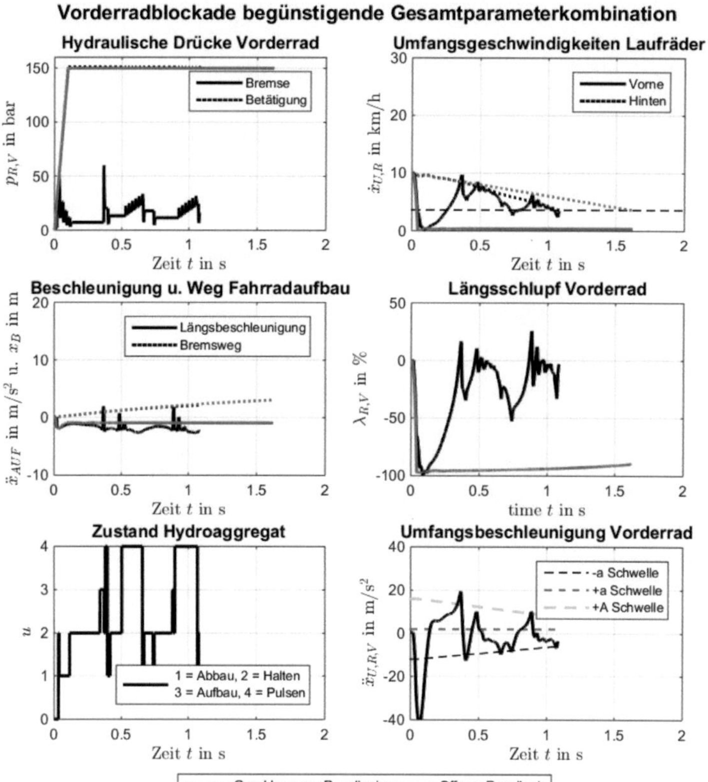

Abbildung 9.29: Blockierverhinderer Simulation Vorderradblockade

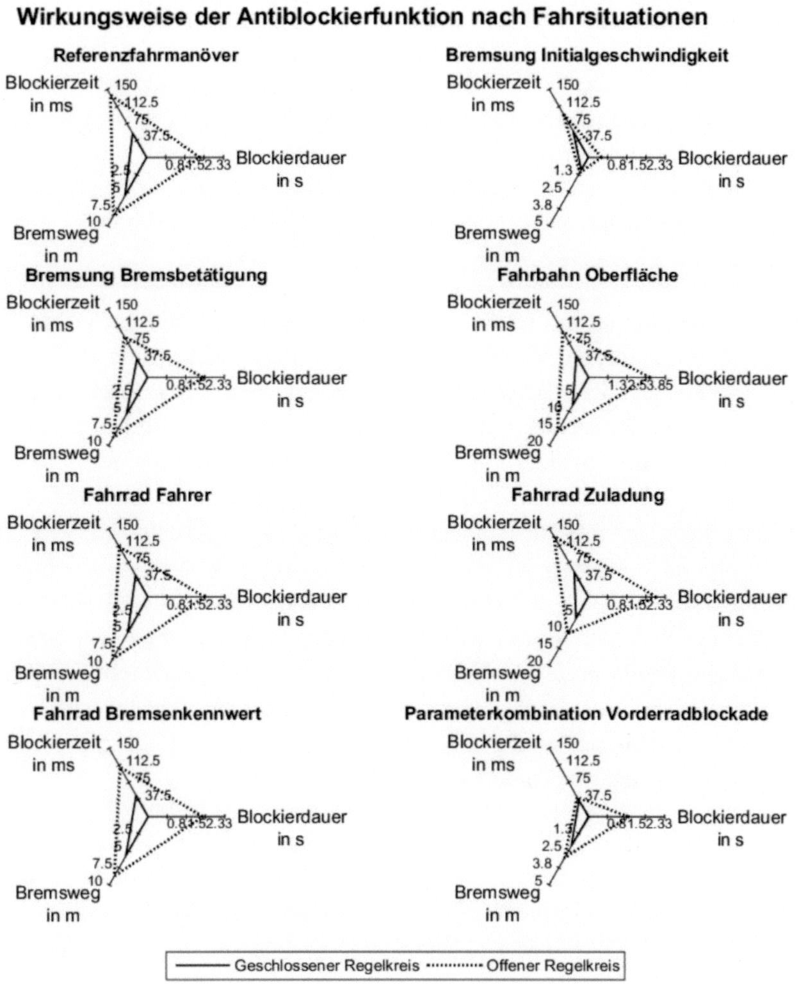

Abbildung 9.30: Blockierverhinderer Simulation Netzdiagramme

HiL Prüfstand

Abbildung 9.31 zeigt bis auf die Variation der Zuladung alle im virtuellen Fahrsituationskatalog definierten Parametervariationen in Form von Netzdiagrammen. Aufgrund der starken Abhängigkeit von Initialgeschwindigkeit vor der Bremsung und Leistungsfähigkeit der Antiblockierfunktion sind zusätzlich die Bremsmanöver aus einer Geschwindigkeit von 20 km/h und 15 km/h dargestellt.

Das Netzdiagramm des Referenzfahrmanövers mit einer Initialgeschwindigkeit vor der Bremsung von *25 km/h* zeigt, dass Blockierzeit und Bremsweg im geschlossenen Regelkreis kleiner sind als im offenen Regelkreis. Zusätzlich ist die Blockierdauer mit Antiblockierfunktion gleich Null. In Summe sind alle Anforderungen erfüllt. Aus dem Netzdiagramm mit einer Initialgeschwindigkeit von *20 km/h* geht hervor, dass weiterhin alle Anforderungen erfüllt sind, allerdings Blockierzeit und Bremsweg im geschlossenen Regelkreis deutlich weniger stark im Vergleich zum offenen Regelkreis reduziert sind. Bei einer Initialgeschwindigkeit von *15 km/h* kann die Antiblockierfunktion eine Vorderradblockade nur teilweise verhindern. Erkennbar ist dies an der Blockierdauer des geschlossenen Regelkreises, welche teilweise Null ist, teilweise nahezu der Blockierdauer des offenen Regelkreises entspricht. Bei einer Initialgeschwindigkeit von *10 km/h* ist die Antiblockierfunktion ohne Wirkung und das Vorderrad blockiert.

Abgesehen von der starken Geschwindigkeitsabhängigkeit des BV, welche im Fahrversuch zu überprüfen ist, zeigt der BV zufriedenstellende Ergebnisse und erfüllt in fünf von sieben Fahrsituationen die Anforderungen hinsichtlich Blockierzeit, Blockierdauer und Bremsweg.

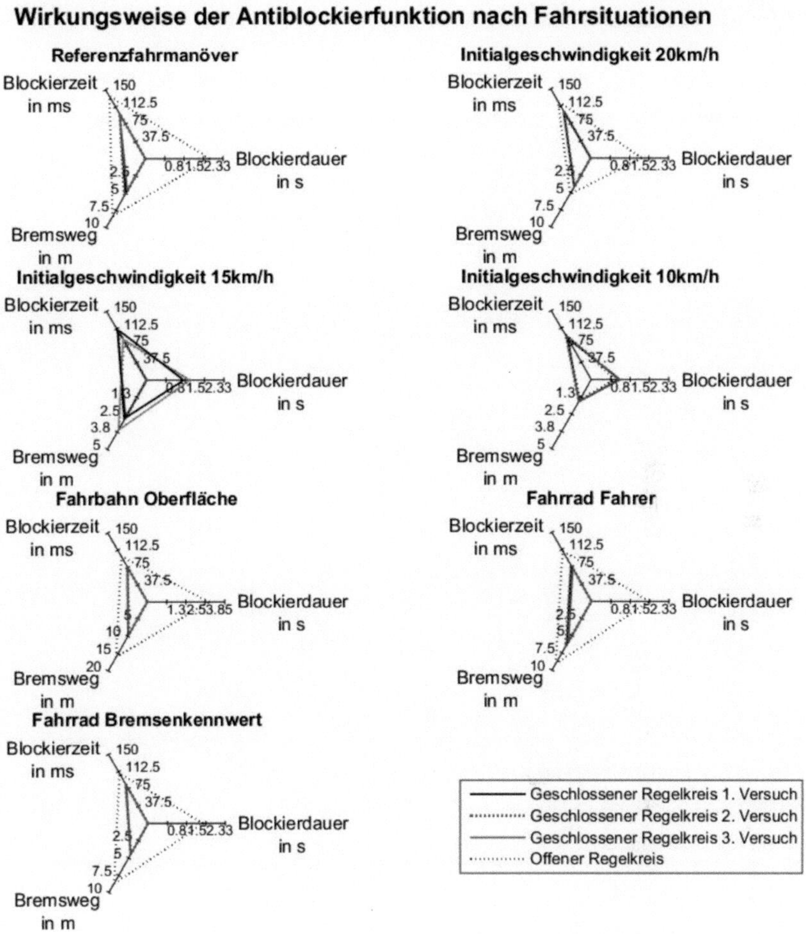

Abbildung 9.31: Blockierverhinderer Prüfstand Netzdiagramme

RCP Fahrversuch

Tabelle 9.19 zeigt die Kalibrierungsparameter des BV im Fahrversuch. Veränderte Zahlenwerte gegenüber der MiL Simulation sind fett markiert.

Tabelle 9.19: Blockierverhinderer Kalibrierung Fahrversuch

Parameter	Wert	Einheit
Signalverarbeitung		
Statischer bzw. dynamischer Rollhalbmesser zur Berechnung des Radumfangs	0,35	m
Minimale Radumfangsgeschwindigkeit zur Auswertung des Drehzahlsensors	1	km/h
Grenzfrequenz Tiefpass Filter zur Berechnung Radumfangsbeschleunigung	**5**	Hz
Filterzeit bis Aktivierung Blockierverhinderer	**25**	ms
Regler		
-a-Schwelle (Veränderung nach 1s Regeldauer)	**-14** **(-7)**	m/s^2
+a-Schwelle	+2	m/s^2
+A-Schwelle (Veränderung nach 1s Regeldauer)	+16 (+8)	m/s^2
Zulässige kumulierte Druckabbauten	**6**	1
Zeitdauer bei fehlender Zustandsänderung bis Rücksetzen Blockierverhinderer	1	s
Ausgangsbeschaltung Ventile		
Ruhezustand	EV = 0 AV = 0	1
Druckhalten	EV = 1 AV = 0	1

Druckabbau	EV = 1 AV = 1 (für 2,8ms) AV = 0 (für **47,2ms**) Periode AV: **50ms**	1
Druckaufbau (voll)	EV = 1 (für **48ms**) EV = 0 (für 2ms) Periode EV: **50ms** AV = 0	1
Druckaufbau (gepulst)	EV = 1 (für **48,3ms**) EV = 0 (für 1,7ms) Periode EV: **50ms** AV = 0	1

Abbildung 9.32 zeigt die Ergebnisse der im realen Fahrsituationskatalog definierten Parametervariationen in Form von Netzdiagrammen. Die bei den Systemtests am HiL Prüfstand festgestellte Geschwindigkeitsgrenze, bis zu welcher der BV eine Vorderradblockade vollständig verhindern kann, zeigt sich in den Netzdiagrammen nicht, da sie im Fahrversuch erst bei kleiner 10 km/h auftritt. In Summe erfüllt der BV in neun von neun untersuchten Fahrsituationen die Anforderungen, wobei in den Netzdiagrammen auf einen Vergleich mit den Ergebnissen aus dem offenen Regelkreis verzichtet wird. Der Grund liegt in der geringen Reproduzierbarkeit der Quantifizierungsgrößen im offenen Regelkreis, da ohne Funktion eine Vorderradblockade auftritt und das Fahrrad zu unterschiedlichen Zeitpunkten durch die Gleitkufen stabilisiert wird.

Abbildung 9.33 zeigt am Beispiel des dreimal durchgeführten Referenzfahrmanövers die durch einen professionellen Testfahrer erreichte hohe Reproduzierbarkeit der Fahrversuche. Die Vorgaben an den Testfahrer umfassten sowohl die Art der Bremsbetätigung als auch die Initialgeschwindigkeit vor der Bremsung. Insbesondere ab Bremsbeginn bis zum Ende des ersten Regelzyklus überdecken sich die Signalverläufe weitestgehend. Erst mit zunehmender Anzahl an Druckmodulation ergeben sich erkennbare Abweichungen, wobei die für die Antiblockierfunktion wichtigen Größen Längsschlupf und Umfangsbeschleunigung sich in ähnlichen Wertebereichen bewegen.

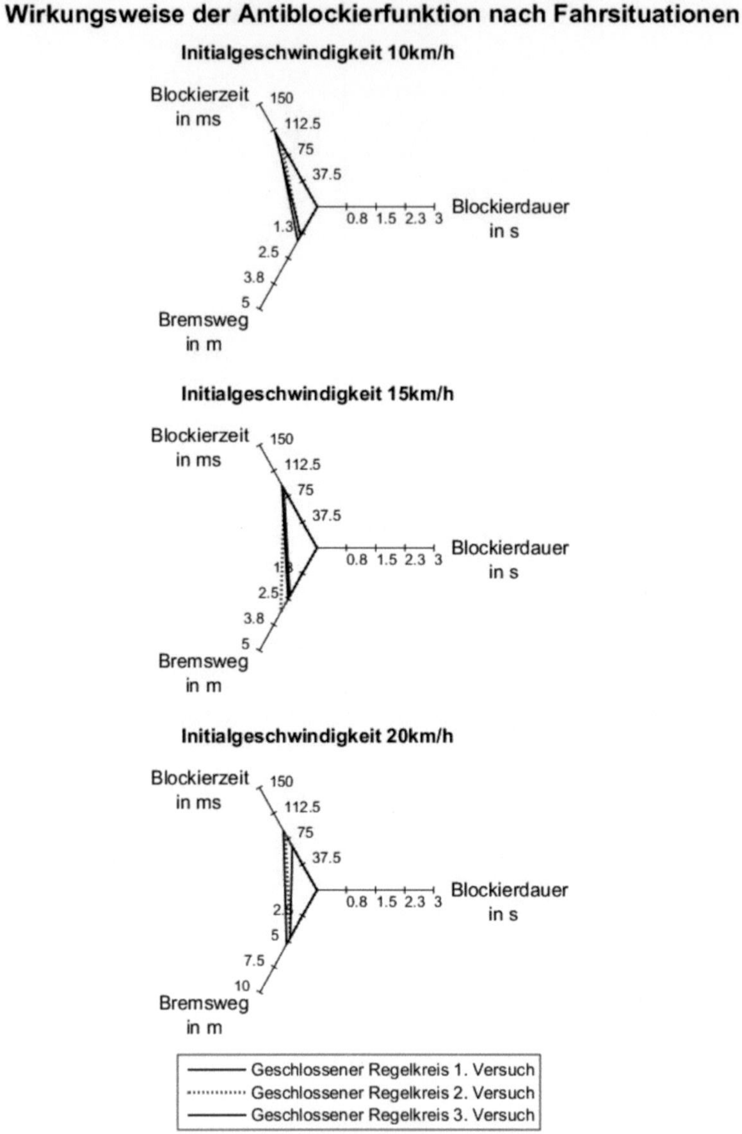

Abbildung 9.32: Blockierverhinderer Fahrversuch Netzdiagramme

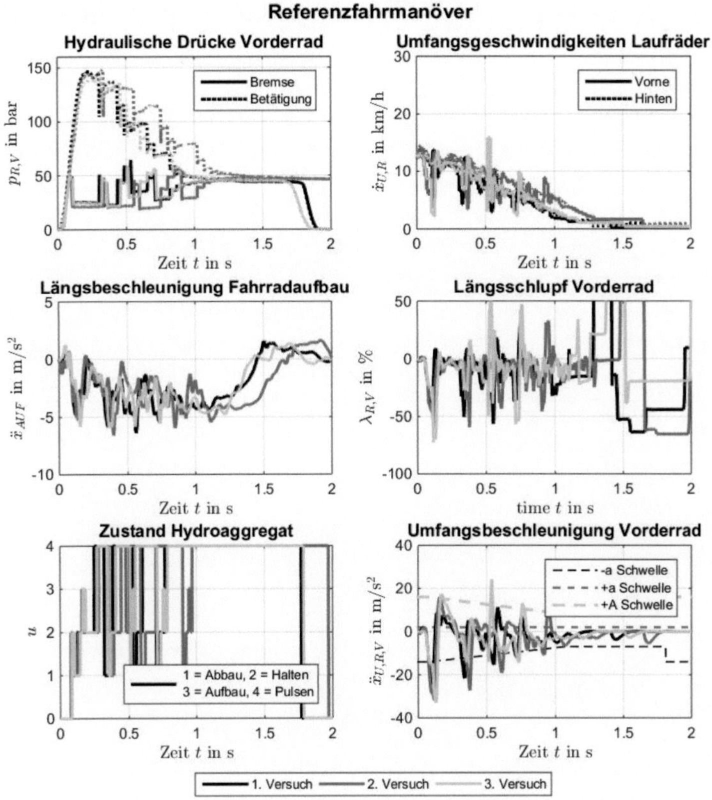

Abbildung 9.33: Blockierverhinderer Fahrversuch Referenz

9.10 Systemtests Überschlagverhinderer

MiL Simulation

Tabelle 9.20 zeigt die Kalibrierungsparameter des ÜV in der MiL Simulation.

Tabelle 9.20: Überschlagverhinderer Kalibrierung Simulation

Parameter	Wert	Einheit
Signalverarbeitung		
Grenzfrequenz Tiefpass Filter zur Berechnung Radumfangsbeschleunigung	7	Hz
Grenzfrequenz Tiefpass Filter zur Nullpunktkorrektur Nickrate	0,05	Hz
Fensterbreite Integration Nickrate	0,5	s
Grenzfrequenz Tiefpass Filter zur Nullpunktkorrektur Vertikalbeschleunigung	0,1	Hz
Fenstergröße Integration Vertikalbeschleunigung	0,1	s
Fahrsituationsanalyse und Regler		
Beobachtungsschwelle Nickrate	15	°/s
Eingriffsschwelle Nickrate	75	°/s
Eingriffsschwelle Nickwinkel	7,5	°
Bewegung Schwerpunkt anhand Vertikalgeschwindigkeit	<0	m/s
Erkennung Umkehrpunkt anhand Nickrate	<0	°/s
Erkennung Hinterradaufsetzen anhand Nickrate	>0	°/s
Beginn Wiederaufbau Bremsdruck anhand Radumfangsbeschleunigung	>0	m/s^2

Übergang gepulster zu vollem Druckaufbau	>150	ms
Zulässige kumulierte Druckabbauten	2	1
Ausgangsbeschaltung Ventile		
Ruhezustand	EV = 0 AV = 0	1
Druckhalten	EV = 1 AV = 0	1
Druckabbau	EV = 1 AV = 1	1
Druckaufbau (voll)	EV = 0 AV = 0	1
Druckaufbau (gepulst)	EV = 1 (für 5ms) EV = 0 (für 2ms) Periode EV: 7ms AV = 0	1

Abbildung 9.34 zeigt die Ergebnisse der im virtuellen Fahrsituationskatalog definierten Parametervariationen in Form von Netzdiagrammen. Nicht dargestellt sind die Einzelparametervariation von Bremsbetätigung und Fahrer. Bei beiden Parametervariationen wird das Vorderrad so stark überbremst, dass eine überlagerte Radblockade auftritt (vgl. Abschnitt 4.2.3). Die wichtigsten Bewertungsgrößen für den ÜV sind die *Zeitspanne* ab Hinterradabheben bis zum *Eingriff*, der aufgebaute *Nickwinkel* zum Zeitpunkt des *Eingriffs,* der *maximale Nickwinkel* während des weiteren Verlaufs der Bremsung sowie die *Zeitspanne* von *Hinterradabheben* bis Hinterrad(wieder)aufsetzen. Aus den Netzdiagrammen geht hervor, dass in allen acht dargestellten Parametervariationen die für die Bewertungsgrößen ermittelten Werte für den geschlossenen Regelkreis innerhalb der Werte für den offenen Regelkreis liegen. Insbesondere sind die geringe Zeitspanne des Hinterradabhebens von kleiner 0,75 s sowie der über die gesamte Bremsung kleine *maximale Nickwinkel* von ca. 15 ° hervorzuheben. Letzterer garantiert in Abhängigkeit der Schwerpunktlage auch bei größerem Fahrbahngefälle eine robuste Überschlagverhinderung.

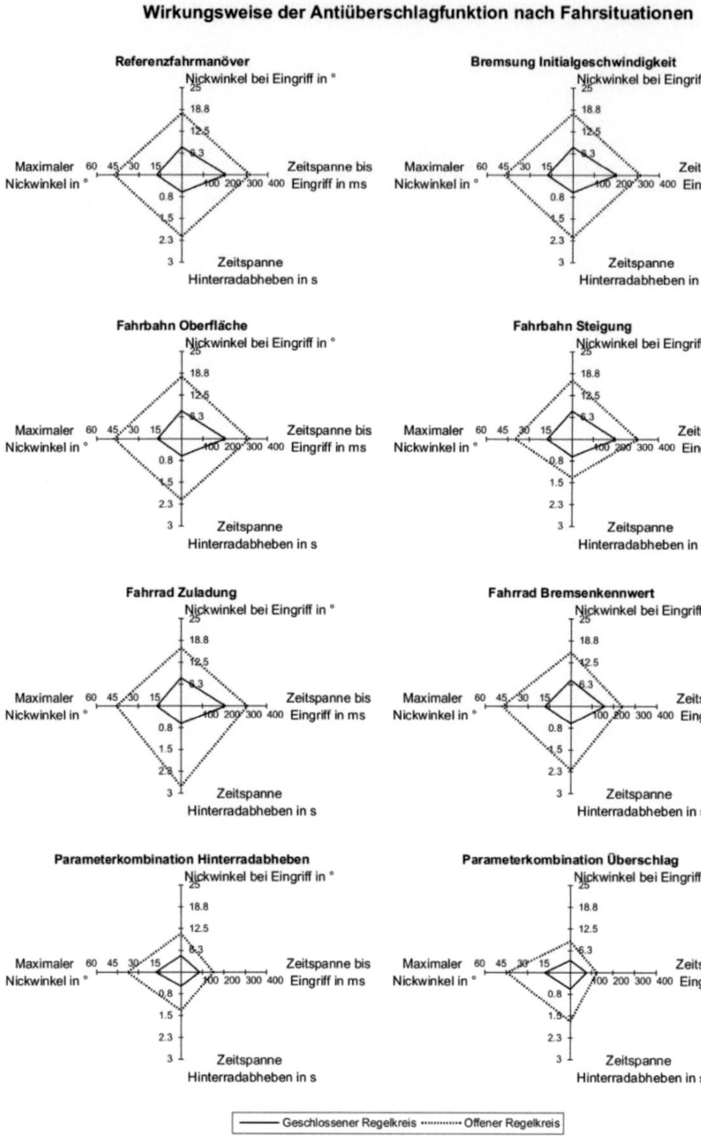

Abbildung 9.34: Überschlagverhinderer Simulation Netzdiagramme

HiL Prüfstand

Die charakteristischen Signalverläufe des ÜV am HiL Prüfstand werden am Beispiel des Referenzfahrmanövers mit variierter Fahrbahnoberfläche von *griffig* zu *sehr griffig* dargestellt. Abbildung 9.35 gibt einen Überblick über die bremsdynamischen Größen bei der Überschlagbewegung, Abbildung 9.36 zeigt die internen Größen der Antiüberschlagfunktion.

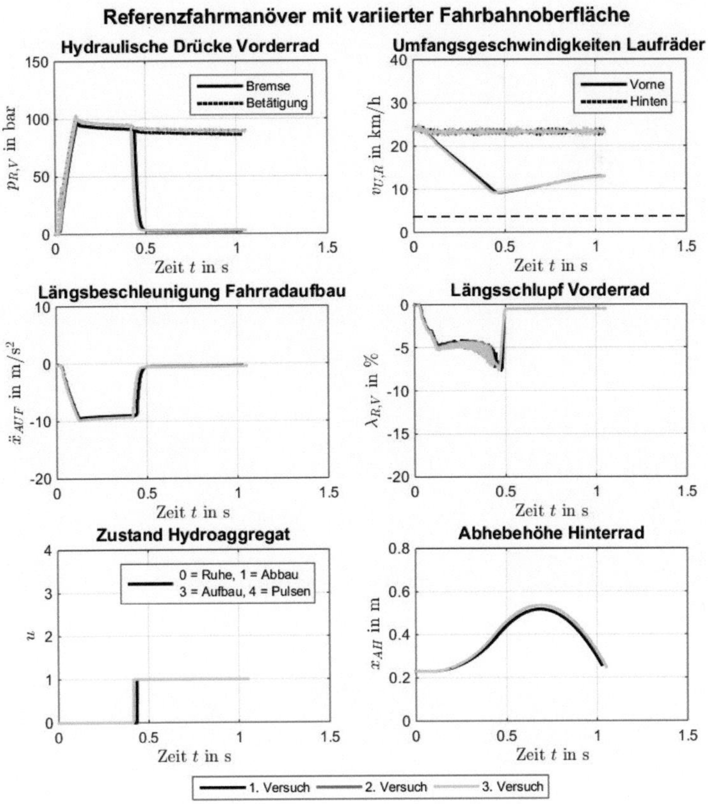

Abbildung 9.35: Überschlagverhinderer Prüfstand Fahrbahnoberfläche

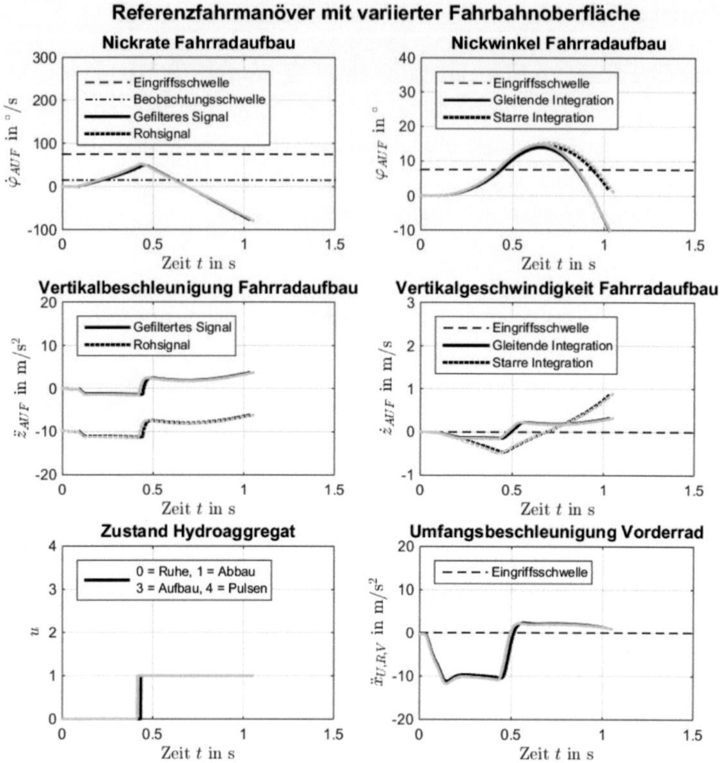

Abbildung 9.36: Überschlagverhinderer Prüfstand Fahrbahnoberfläche

RCP Fahrversuch

Tabelle 9.21 zeigt die Kalibrierungsparameter des ÜV im Fahrversuch. Veränderte Zahlenwerte gegenüber der MiL Simulation sind fett markiert.

Tabelle 9.21: Überschlagverhinderer Kalibrierung Fahrversuch

Parameter	Wert	Einheit
Signalverarbeitung		
Grenzfrequenz Tiefpass Filter zur Berechnung Radumfangsbeschleunigung	**5**	Hz
Grenzfrequenz Tiefpass Filter zur Nullpunktkorrektur Nickrate	0,05	Hz
Fensterbreite Integration Nickrate	0,5	s
Grenzfrequenz Tiefpass Filter zur Nullpunktkorrektur Vertikalbeschleunigung	0,1	Hz
Fenstergröße Integration Vertikalbeschleunigung	0,1	s
Fahrsituationsanalyse und Regler		
Beobachtungsschwelle Nickrate	15	°/s
Eingriffsschwelle Nickrate	75	°/s
Eingriffsschwelle Nickwinkel	7,5	°
Bewegung Schwerpunkt anhand Vertikalgeschwindigkeit	<0	m/s
Erkennung Umkehrpunkt anhand Nickrate	**<-15**	°/s
Erkennung Hinterradaufsetzen anhand Nickrate	**>5**	°/s
Beginn Wiederaufbau Bremsdruck anhand **Zeitdauer nach Hinterradaufsetzen**	**>100**	**ms**
Übergang gepulster zu vollem Druckaufbau	>150	ms

Zulässige kumulierte Druckabbauten	**1**	1
Ausgangsbeschaltung Ventile		
Ruhezustand	EV = 0 AV = 0	1
Druckhalten	EV = 1 AV = 0	1
Druckabbau	EV = 1 AV = 1	1
Druckaufbau (voll)	EV = 0 AV = 0	1
Druckaufbau (gepulst)	EV = 1 (für 5ms) EV = 0 (für 2ms) Periode EV: 7ms AV = 0	1

Abbildung 9.37 zeigt die Ergebnisse der im realen Fahrsituationskatalog definierten Parametervariationen in Form von Netzdiagrammen. Neben der hohen Reproduzierbarkeit fallen die geringe *Zeitspanne des Hinterradabhebens* von kleiner 0,6 s sowie der über die gesamte Bremsung kleine *maximale Nickwinkel* von weniger als 12 ° auf. Letzterer bedeutet, dass das Hinterrad zu keinem Zeitpunkt mehr als ca. 20 cm von der Fahrbahn abhebt.

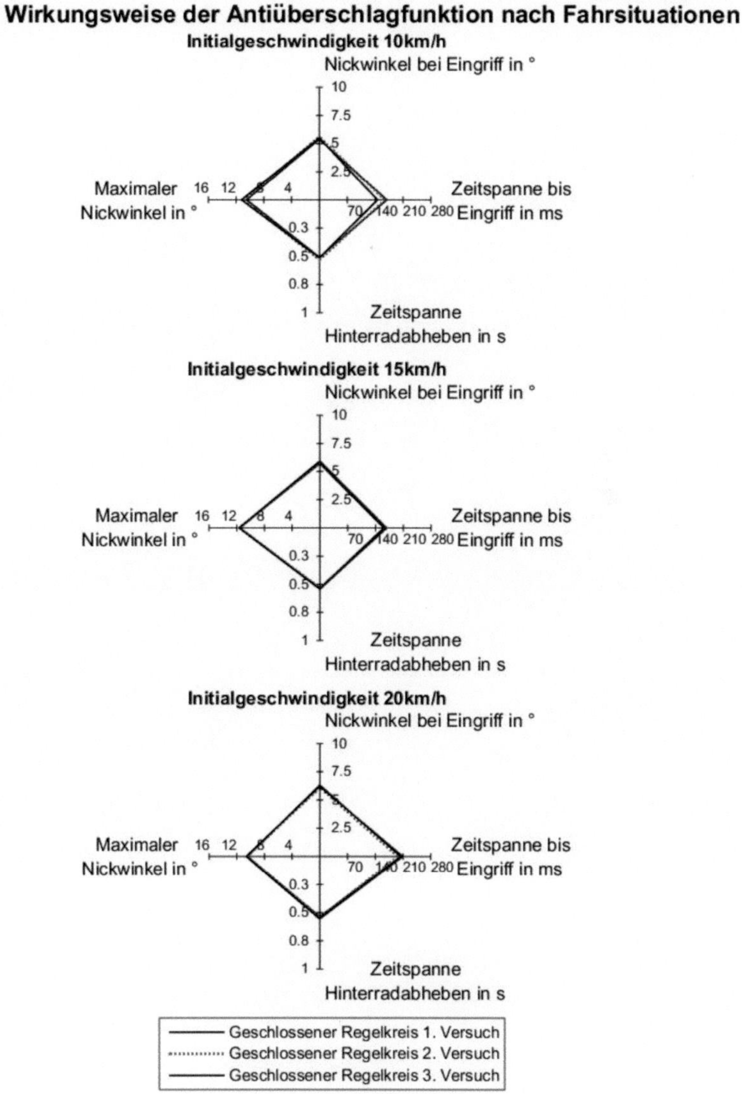

Abbildung 9.37: Überschlagverhinderer Fahrversuch Netzdiagramme

Abbildungsverzeichnis

Tabellenverzeichnis

Literaturverzeichnis

Abel, D., & Bollig, A. (2006). *Rapid Control Prototyping* (1. Ausg.). Berlin: Springer Verlag.

Adamski, D. (2014). *Simulation in der Fahrwerktechnik* (1. Ausg.). Wiesbaden: Springer Vieweg Verlag.

Bankwitz, F. U. (2012). *Europa Patentnr. EP 2 540 606.*

Barzel, P., Bollschweiler, M., & Smolik, C. (2008). *Die neue Fahrradtechnik* (1. Ausg.). Bielefeld: BVA Bielefelder Verlag.

Bauer, K., Schick, S., Wagner, A., Zhou, K., Peldschus, S., & Malczyk, A. (2015). *Untersuchungen zur Schutzwirkung des Fahrradhelms.* Unfallforschung der Versicherer. Berlin: Gesamtverband der Deutschen Versicherungswirtschaft e. V.

Baumgärtner, D. (2015). *Neues Sensorkonzept zur Ermittlung relevanter Zustände und Parameter bei Elektrofahrrädern.* Magdeburg: Otto-von-Guericke-Universität Magdeburg.

Berekoven, L., Eckert, W., & Ellenrieder, P. (2009). *Marktforschung: Methodische Grundlagen und praktische Anwendung* (12. Ausg.). Wiesbaden: Gabler Verlag.

Bielmeier, C. (2012). *Fahrradphysik.* Würzburg: Julius-Maximilians-Universität Würzburg.

Biria, M. (2007). *Europa Patentnr. EP 1 488 993.*

BluBrake. (2017). *BluBrake, S.r.l.* Abgerufen am 17. April 2017 von http://blubrake.com/

BMW. (2000). *BMW Integral ABS.* Abgerufen am 05. März 2017 von www.press.bmwgroup.com

Bosch. (2001). *Technical Customer Documentation: Wheel Speed Sensor DF11.* Gerlingen: Robert Bosch GmbH.

Bosch. (2013). *PI 8314: Motorrad-Stabilitätskontrolle von Bosch geht in Serie.* Abgerufen am 5. März 2017 von www.bosch-presse.de

Bosch. (2013). *PI 8362: Eine Million Motorräder fahren mit ABS von Bosch.* Abgerufen am 05. März 2017 von www.bosch-presse.de

Bosch. (2013). *Technical Customer Documentation: ABS 9.1 M.* Gerlingen: Robert Bosch GmbH.

Bosch. (2013). *Technical Customer Documentation: Sensor Unit SU-MM5.10 for Motorbike.* Abstatt: Bosch Engineering GmbH.

Bosch. (2016). *PI 9452: Mehr Fahrkomfort und Sicherheit mit semi-aktiver Dämpfungsregelung von Bosch.* Abgerufen am 05. März 2017 von http://www.bosch-presse.de

Bott, C. (2015). *Aufbau eines Hardware-in-the-Loop Prüfstands für die modellbasierte Funktionsentwicklung eines bremsdynamischen Assistenzsystems für Elektrofahrräder.* Pforzheim: Hochschule Pforzheim.

Bott, C., Pfeiffer, M., Maier, O., & Wrede, J. (2016). Bicycle Hardware-in-the-Loop Simulator for Braking Dynamics Assistance System. *Proceedings of the IPG Apply & Innovate Conf.* Karlsruhe: IPG Automotive GmbH.

Boufous, S., Senserrick, T., Ivers, R., Richardson, D., & Rome, L. (2014). Circumstances of on-road single-vehicle cyclist crashes in the Australian Capital Territory. *Proceedings of the 3rd International Cycling Safety Conference.* Göteborg: International Cycling Safety Community.

BrakeForceOne. (2017). *BrakeForceOne GmbH.* Abgerufen am 17. April 2017 von http://www.brakeforceone.de/e-bike-abs/

Bretting, G. P., Jansen, H. P., Callahan, M., Bogler, J., & Prunckle, J. (2010). Analysis of Bicycle Pitch-Over in a Controlled Environment. *Int. J. Passeng. Cars – Mech. Syst., 3*(1), S.57-71. doi:10.4271/2010-01-0064

Bulsink, V. E., Doria, A., van de Belt, D., & Koopman, B. (2015). The effect of tyre and rider properties on the stability of a bicycle. *Advances in Mechanical Engineering, 7*(12), S.1-19. doi:10.1177/1687814015622596

Burckhardt, M. (1993). *Radschlupf-Regelsysteme* (1. Ausg.). Würzburg: Vogel Verlag.

Chia-Chin, W. (2012). *Static and dynamic analyses of moutain bikes and their riders.* Glasgow: University of Glasgow.

Clausecker, C., Dieterle, M., Kurrle, M., & Scharpf, S. (2014). *Automatische Bremsbetätigung für Versuche im Forschungsprojekt BikeSafe.* Pforzheim: Hochschule Pforzheim.

Cockburn, A. (2001). *Writing effective use cases* (1. Ausg.). Boston: Addison-Wesley.

Corno, M., Panzani, G., & Savaresi, S. M. (2015). Single-Track Vehicle Dynamics Control: State of the Art and Perspective. *Transactions on Mechatronics, 20*(4), S.1521–1532. doi:10.1109/TMECH.2014.2382717

Cossalter, V. (2006). *Motorcycle Dynamics.* Eastbourne: Gardners Books Ltd.

de Hair, S. H., Kwakkernaat, M., Dubbeldam, R., & Engbers, C. (2015). The intelligent bicycle on the road: first experimental user tests. *Proceedings of the 4th International Cycling Safety Conference.* Hannover: International Cycling Safety Community.

Denger, C., Paech, B., & Benz, S. (2003). *Guidelines - creating use cases for embedded systems.* Kaiserslautern: Fraunhofer IESE.

Dieterle, M., Kurrle, M., & Scharpf, S. (2015). *Integration und Inbetriebnahme von Einkanal-ABS-Hydroaggregaten in hydraulische Fahrrad-Bremssysteme.* Pforzheim: Hochschule Pforzheim.

DIN. (2005). *Norm 33402: Ergonomie - Körpermaße des Menschen.* Berlin: Beuth Verlag.

Doria, A., Tognazzo, M., Cusimano, G., Bulsink, V., Cooke, A., & Koopman, B. (2013). Identification of the mechanical properties of bicycle tyres for modelling of bicycle dynamics. *Vehicle System Dynamics, 51*(3), S.405-420. doi:10.1080/00423114.2012.754048

Dozza, M., & Fernandez, A. (2014). Understanding Bicycle Dynamics and Cyclist Behavior From Naturalistic Field Data. *Transactions on Intelligent Transportation Systems, 15*(1), S.376–384. doi:10.1109/TITS.2013.2279687

Dozza, M., & Werneke, J. (2014). Introducing naturalistic cycling data: What factors influence bicyclists' safety in the real world? *Transportation Research Part F: Traffic Psychology and Behaviour, 24*, S.83–91. doi:10.1016/j.trf.2014.04.001

Dressel, A. E. (2013). *Measuring and modeling the mechanical properties of bicycle tires.* Wisconsin: University of Wisconsin-Milwaukee.

Dressel, A., & Rahman, A. (2012). Measuring sideslip and camber characteristics of bicycle tyres. *Vehicle System Dynamics, 50*(8), S.1365-1378. doi:10.1080/00423114.2011.615408

Eichhorn, U., Gies, S., Layfield, J., & Rischbieter, F. (2012). Fahrzeugtechnische Anforderungen. In B. Breuer, & K. H. Bill, *Bremsenhandbuch* (4. Ausg., S.25-49). Wiesbaden: Springer Vieweg Verlag.

Eisenberger, D. (2016). *Jahresbericht.* Bad Soden: Zweirad-Industrie-Verband e.V.

Eisenberger, D. (2016). *Zahlen – Daten – Fakten zum Deutschen E-Bike-Markt 2015.* Bad Soden: Zweirad-Industrie-Verband e.V.

Eisenberger, D. (2016). *Zahlen – Daten – Fakten zum Deutschen Fahrradmarkt 2015.* Bad Soden: Zweirad-Industrie-Verband e.V.

Elvik, R., & Mysen, A. (1999). Incomplete Accident Reporting: Meta-Analysis of Studies Made in 13 Countries. *Journal of the Transportation Research Board, 1665*, S.133-140. doi:10.3141/1665-18

Engbers, C. (2014). Supporting elderly cyclist with rear-view assistance. *Proceedings of the 3rd International Cycling Safety Conference.* Göteborg: International Cycling Safety Community.

Enisz, K., Szalay, I., Nagy, K., Kohlrusz, G., Fodor, D., & Jakab, R. (2014). Development of a bicycle anti-lock braking system prototype. *International Journal of Automotive Engineering and Technologies, 3*(3), S.111-118.

Ersoy, M. (2013). Fahrwerkentwicklung. In B. Heißing, M. Ersoy, & S. Gies, *Fahrwerkhandbuch* (4. Ausg., S.504-542). Wiesbaden: Springer Vieweg Verlag.

ERTRAC. (2011). *Safe Road Transport.* Brüssel: ERTRAC Working Group on Road Transport Safety and Security.

EU. (2013). *Verordnung (EU) Nr. 168/2013: Genehmigung und Marktüberwachung von zwei- oder dreirädrigen und vierrädrigen Fahrzeugen.* Abgerufen am 5. März 2017 von http://eur-lex.europa.

Flaig, B., & Tautscher, M. (2016). *Fahrrad-Monitor Deutschland 2015.* Heidelberg: Sinus Markt- und Sozialforschung GmbH.

Föllinger, O. (1993). *Nichtlineare Regelungen* (7. Ausg.). München: Oldenbourg Verlag.

Funke, J. (2007). *Belastung und Beanspruchung von Motorradfahrern bei der Bremsung mit verschiednen Bremssystemen.* Düsseldorf: VDI Verlag.

Gehlert, T. (2014). *Neues Risiko Pedelec?* Unfallforschung der Versicherer. Berlin: Gesamtverband der Deutschen Versicherungswirtschaft e. V.

Gougani, M., Lavon, R., Danesh, D., Tavakoli, A., & Blair, Z. (2008). *Bicycle Anti-lock Braking System: Functional Specification.* Cyclic Technologies.

Green, M. (2000). "How Long Does It Take to Stop?" Methodological Analysis of Driver Perception-Brake Times. *Transportation Human Factors, 2*(3), S.195-216. doi:10.1207/STHF0203_1

Gressmann, M., & Müller, E. (2013). *Fachwissen E-Bike: Technik der Leicht-Elektrofahrzeuge* (1. Ausg.). Haan-Gruiten: Europa Verlag.

Grimaldi, T. (2014). New urban qualities: Cycling's (& e-bikes) role in the growing city region. *Proceedings of the 3rd International Cycling Safety Conference.* Göteborg: International Cycling Safety Community.

Györfi, B. (2015). *Aufbau und Validierung eines erweiterten Fahrrad-Modells inklusive Fahrer in einer Mehrkörpersimulationsumgebung.* Pforzheim: Hochschule Pforzheim.

Hannasky, J. (2016). *Modeling of a Hydraulic Unit in Matlab/Simulink for the BikeSafe Research Project.* Pforzheim: Hochschule Pforzheim.

Hansmann, J., Mayer, D., Heller, M., & Baca, A. (2011). Environment for Simulation and Optimization of Mechatronical-Biomechanical Coupled Systems under Considerartion of Usage Profiles. *Proceedings of the ECCOMAS Thematic Conference on MULTIBODY DYNAMICS.* Brüssel.

Hoffmann, C. (2013). Unterteilung der Fahrwerkregelsysteme. In B. Heißing, M. Ersoy, & S. Gies, *Fahrwerkhandbuch* (4. Ausg., S.546). Wiesbaden: Springer Vieweg Verlag.

Isermann, R. (2006). Das mechatronische Fahrzeug. In R. Isermann, *Fahrdynamik-Regelung* (1. Ausg., S.1-26). Wiesbaden: Friedr. Vieweg & Sohn Verlag.

ISO. (2005). *Norm 9000: Qualitätsmanagementsysteme - Grundlagen und Begriffe.* Berlin: Beuth Verlag.

ISO. (2015). *Norm 4210: Sicherheitstechnische Anforderungen an Fahrräder.* Berlin: Beuth Verlag.

Johnson, M., Charlton, J., Oxley, J., & Newstead, S. (2010). Naturalistic cycling study: identifying risk factors for on-road commuter cyclists. *Annual Scientific Conference: Annals of advances in automotive medicine* (S.275-283). Association for the Advancement of Automotive Medicine.

Kienle, L., Le Roy, R., Heise, A., & Bohn, J. (2015). Ein-Kanal-ABS für leichte Krafträder. *ATZ - Automobiltechnische Zeitschrift, 117*(6), S.16-21. doi:10.1007/s35148-015-0048-z

King Industries. (2017). *King Industries Inc.* Abgerufen am 17. April 2017 von http://www.kingindustries.ca/SABS.htm

Klein, M. (2014). *Definition und Aufbau eines E-Bikes als Versuchsträger für Fahrdynamikversuche.* Pforzheim: Hochschule Pforzheim.

Kłodowski, A., Rantalainen, T., Heinonen, A., Sievänen, H., & Mikkola, A. (2011). The use of the flexible multibody approach for lower body skeletal loading analysis. In J. McPhee, & J. Kövecses (Hrsg.), *Procedia IUTAM Symposium on Human Body Dynamics* (S.93-100). Waterloo: Elsevier Ltd. doi:10.1016/j.piutam.2011.04.010

Koch-Dücker, H.-J., & Papert, U. (2010). Antiblockiersystem ABS. In K. Reif, *Bremsen und Bremsregelsysteme* (1. Ausg., S.82-101). Wiesbaden: Vieweg+Teubner Verlag.

Kost, F. (2010). Fahrsicherheit im Kraftfahrzeug. In K. Reif, *Bremsen und Bremsregelsysteme* (1. Ausg., S.10-19). Wiesbaden: Vieweg + Teubner Verlag.

Kovácsová, N., de Winter, J., Schwab, A., Christoph, M., Twisk, D., & Hagenzieker, M. (2016). Riding performance on a conventional bicycle and a pedelec in low speed exercises: Objective and subjective evaluation of middle-aged and older persons. *Transportation Research Part F: Traffic Psychology and Behaviour, 42*, S.28-43. doi:10.1016/j.trf.2016.06.018

Kubatschek, A. (2015). *Featureuntersuchung zur Fahrdynamik von E-Bikes.* Pforzheim: Hochschule Pforzheim.

Kubelka, K., Linder, F., & Zhang, X. (2016). *Inbetriebnahme unbemannter realer Fahrversuche und anschließende Absicherung von Systemkonzepten eines bremsdynamischen Assistenzsystems.* Pforzheim: Hochschule Pforzheim.

Kuß, A. (2012). *Marktforschung: Grundlagen der Datenerhebung und Datenanalyse* (4. Ausg.). Wiesbaden: Gabler Verlag.

Landerl, C., Köhler, H., Wagner, H.-A., Lewien, R., Vilsmeier, G., Heyl, G., & Fritschle, S. (2012). Bremsverhalten und Bremsen von Einspurfahrzeugen. In B. Breuer, & K. H. Bill, *Bremsenhandbuch* (4. Ausg., S.227-270). Wiesbaden: Springer Vieweg Verlag.

Lauhoff, J. (2015). *Deutschland Patentnr. DE 10 2014 007 717.*

Maier, O. (2014). *Simulationsgestützte Untersuchung der Fahrdynamik beim Radblockieren und Überschlag von E-Bikes.* Pforzheim: Hochschule Pforzheim.

Maier, O., Györfi, B., Wrede, J., & Kasper, R. (2017). Design and Validation of a Multi-Body Model of a Front Suspension Bicycle and a Passive Rider for Braking Dynamics Investigations. *Multibody System Dynamics*. doi:10.1007/s11044-017-9576-5

Maier, O., Györfi, B., Wrede, J., Arnold, T., & Moia, A. (2017). In-depth analysis of bicycle hydraulic disc brakes. *Mechanical Systems and Signal Processing, 95*, S.310-323. doi:10.1016/j.ymssp.2017.03.044

Maier, O., Hillenbrand, S., Wrede, J., Freund, A., & Gauterin, F. (2016). Vertical and Longitudinal Characteristics of a Bicycle Tire. *Proceedings of the 35th Annual Meeting and Conf. on Tire Science and Technology.* Akron: The Tire Society.

Maier, O., Kubatschek, A., Györfi, B., Pfeiffer, M., & Wrede, J. (2015). Simulationsgestützte Bewertung kritischer Einflussgrößen auf das Vorderradblockieren bei Elektrofahrrädern. In C. Wahmkow, P. Roßmanek, & R. Wendorf (Hrsg.), *Tagungsband Argesim Report AR 50* (S.257-268). Stralsund: ASIM/GI-Fachgruppen.

Maier, O., Kubatschek, A., Hillenbrand, S., Pfeiffer, M., & Wrede, J. (2015). Signalverarbeitung für ein Antiblockiersystem am Vorderrad von Elektrofahrrädern. In R. Kasper, & K.-H. Grote (Hrsg.), *Tagungsband der 12. Magdeburger Maschinenbautage.* Magdeburg: Universität Magdeburg.

Maier, O., Pfeiffer, M., & Wrede, J. (2015). Bremsdynamisches Assistenzsystem für elektrifizierte Fahrräder: Aufbau und Validierung eines Umgebungsmodells als Grundlage der modellbasierten Entwicklung. In T. Bertram, B. Corves, & K. Janschek (Hrsg.), *Tagungsband der Fachtagung Mechatronik 2015* (S.271-276). Dortmund: VDI.

Maier, O., Pfeiffer, M., & Wrede, J. (2016). Development of a Braking Dynamics Assistance System for Electric Bicycles: Design, Implementation, and Evaluation of Road Tests. *Transactions on Mechatronics, 21*(3), S.1671-1679. doi:10.1109/TMECH.2015.2505186

Maier, O., Pfeiffer, M., Scharpf, S., & Wrede, J. (2016). Conditions for nose-over and front wheel lockup of electric bicycles. *Proceedings of the 17th Int. Conf. on Research and Education in Mechatronics (REM)* (S.219-224). Compiegne: IEEE. doi:10.1109/MECATRONICS.2016.7547145

Maier, O., Pfeiffer, M., Wehner, C., & Wrede, J. (2015). Empirical Survey on Bicycle Accidents to estimate the Potential Benefits of Braking Dynamics Assistance Systems. *Proceedings of the 4th International Cycling Safety Conference.* Hannover: International Cycling Safety Community.

Maier, O., Pfeiffer, M., Wehner, C., & Wrede, J. (2017). Bicycle Accidents concerning Front Wheel Lockup and Nose-Over. *Transportation Research Part F: Traffic Psychology and Behaviour.*

Merry, R. J., van de Molengraft, M. J., & Steinbuch, M. (2010). Velocity and acceleration estimation for optical incremental encoders. *Mechatronics, 20*(1), S.20–26. doi:10.1016/j.mechatronics.2009.06.010

Merry, R. J., van de Molengraft, M. J., & Steinbuch, M. (2013). Optimal higher-order encoder time-stamping. *Mechatronics, 23*(5), S.481–490. doi:10.1016/j.mechatronics.2012.10.011

Metz, L. D. (2010). Road Bicycle Dynamics in the Presence of Idealized Roadway Irregularities. *SAE World Congress.* Detroit, USA: SAE. doi:10.4271/2010-01-0053

Miah, S., Kaparias, I., Stirling, D., & Liatsis, P. (2016). Development and Testing of Prototype Instrumented Bicycle for Prevention of Cyclist Accidents. *Proceedings of the Transportation Research Board 95th Annual Meeting.* Washington: Transportation Research Board.

MISRA. (1994). Development Guidelines for Vehicle based Software. Abgerufen am 24. Februar 2017 von www.misra.org.uk

Mitschke, M., & Wallentowitz, H. (2014). Bremsung. In M. Mitschke, & H. Wallentowitz, *Dynamik der Kraftfahrzeuge* (5. Ausg., S.211-283). Wiesbaden: Springer Vieweg Verlag.

Moore, J. K. (2012). *Human Control of a Bicycle.* Davis: University of California.

Mörbe, M. (2012). *Advanced systems for motorcycles based on inertial sensors.* Fachhochschule Zwickau. Zwickau: Bosch Engineering GmbH.

Mörbe, M. (2015). Fahrdynamiksensoren für FAS. In H. Winner, S. Hakuli, F. Lotz, & C. Singer, *Handbuch Fahrerassistenzsysteme* (3. Ausg., S.223-241). Wiesbaden: Springer Vieweg Verlag.

Müllendorff, N. (2014). *Netzteil und Messwandler für ein eBike ABS.* Pforzheim: Hochschule Pforzheim.

Müller, T., & Müller, E. (2011). *E-Bike-Technik: Funktion und Physik der Elektrofahrräder.* Norderstedt: Books on Demand.

Nilsson, B. (2006). *USA Patentnr. US 7,104,155.*

Oortwijn, J. (18. Oktober 2016). Dutch University and Gazelle Work on Self-Stabilising Bicycle. Dieren, Niederlande. Abgerufen am 24. Februar 2017 von http://www.bike-eu.com/sales-trends/nieuws/2016/10/dutch-university-and-gazelle-work-on-self-stabilising-bike-10127861

Pacejka, H. B., & Besselink, I. (2012). *Tire and Vehicle Dynamics* (3. Ausg.). Oxford: Butterworth-Heinemann.

Petrella, R., Tursini, M., Peretti, L., & Zigliotto, M. (2007). Speed measurement algorithms for low-resolution incremental encoder equipped drives: a comparative analysis. *Proceedings of the International Aegean Conference on Electrical Machines and Power Electronics* (S.780-787). Bodrum, Türkei: IEEE. doi:10.1109/ACEMP.2007.4510607

Pickenhahn, J., & Straub, T. (2012). Auslegung und Simulation von Pkw-Bremsanlagen. In B. Breuer, & K. H. Bill, *Bremsenhandbuch* (4. Ausg., S.85-112). Wiesbaden: Springer Vieweg Verlag.

Puchades, V. M., de Angelis, M., Fraboni, F., Pietrantoni, L., & Prati, G. (2016). Cyclists' Acceptance of Technologies Aimed to Improve Safety: A Classification Tree Analysis. *HFES Annual Meeting.* Washington, USA: Human Factors and Ergonomics Society.

Redfield, R. (2005). Large motion mountain biking dynamics. *Vehicle System Dynamics, 43*(12), S.845-865. doi:10.1080/00423110412331289844

Remfrey, J., Gruber, S., & Ocvirk, N. (2012). Aufbau und Komponenten von Pkw-Bremsanlagen. In B. Breuer, & K. H. Bill, *Bremsenhandbuch* (4. Ausg., S.113-163). Wiesbaden: Springer Vieweg Verlag.

Ren, H., Shim, T., Ryu, J., & Chen, S. (2014). Development of Effective Bicycle Model for Wide Ranges of Vehicle Operations. *SAE Technical Paper 2014-01-0841*. SAE. doi:10.4271/2014-01-0841

Riggs, D. P., Leonard, M., Goalwin, R., & Delheimer, L. (1999). *International Space Station Flight Crew Integration Standard.* Space Station Program Office. Houston: National Aeronautics and Space Administration.

Rose, G. (2012). E-bikes and urban transportation: emerging issues and unresolved questions. *Transportation, 39*, S.81-96. doi:10.1007/s11116-011-9328-y

Sakashita, T., & Takizawa, S. (2003). *Europa Patentnr. EP 1035008.*

Savaresi, S. M., & Tanelli, M. (2010). *Active braking control systems design for vehicles* (1. Ausg.). London: Springer Verlag.

Scharpf, S. (2016). *Entwurf und Implementierung einer Anti-Blockier-Funktion am Vorderrad von elektrifizierten Fahrrädern.* Pforzheim: Hochschule Pforzheim.

Schäuffele, J., & Zurawka, T. (2013). *Automotive Software Engineering* (5. Ausg.). Wiesbaden: Springer Vieweg Verlag.

Schepers, P., & Klein Wolt, K. (2012). Single-bicycle crash types and characteristics. *Cycling Research International, 2*(1), S.119-135.

Schleinitz, K., Franke-Bartholdt, L., Petzoldt, T., Schwanitz, S., Gehlert, T., & Kühn, M. (2014). *Pedelec-Naturalistic Cycling Study.* Unfallforschung der Versicherer. Berlin: Gesamtverband der Deutschen Versicherungswirtschaft e. V.

Schröter, K., Pleß, R., & Seiniger, P. (2015). Fahrdynamikregelsysteme für Motorräder. In H. Winner, S. Hakuli, F. Lotz, & C. Singer, *Handbuch Fahrerassistenzsysteme* (3. Ausg., S.767-794). Wiesbaden: Springer Vieweg Verlag.

Schwab, A. L., & Appleman, N. (2013). Dynamics and Control of a Steer-by-Wire Bicycle. *Proceedings of the 2nd Bicycle and Motorcycle Dynamics Symposium.* Narashino, Japan.

Smolik, C., Bollschweiler, M., & Ziese, V. (2010). *Das Elektrorad: Typen, Technik, Trends* (1. Ausg.). Bielefeld: BVA Verlag.

Stoffregen, J. (2012). Regelungssysteme für Bremsen und Antriebsschlupf. In J. Stoffregen, *Motorradtechnik* (8. Ausg., S.377-408). Wiesbaden: Vieweg+Teubner Verlag.

Strampp, W., & Vorozhtsov, E. V. (2004). Übertragungssysteme. In W. Strampp, & E. V. Vorozhtsov, *Mathematische Methoden der Signalverarbeitung* (S.251-346). München: Oldenbourg Verlag.

StVO. (2017). *Straßenverkehrs-Ordnung*. Düsseldorf: Verkehrs-Verlag Fischer.

Summala, H. (2000). Brake Reaction Times and Driver Behavior Analysis. *Transportation Human Factors, 2*(3), S.217-226. doi:10.1207/STHF0203_2

UN. (1968). *Convention on Road Traffic*. Wien: UNTC.

Unbehauen, H. (2009). *Regelungstechnik II* (9. Ausg.). Wiesbaden: Vieweg + Teubner Verlag.

Urban, P., & Op den Camp, O. (2013). *Vulnerable road user safety*. Brüssel: EARPA.

VDI. (2003). *Richtlinie 2206: Entwicklungsmethodik für mechatronische Systeme*. Düsseldorf: Beuth Verlag.

Wang, E. L., & Hull, M. L. (1997). A Dynamic System Model of an Off-Road Cyclist. *Journal of Biomechanical Engineering, 119*(3), S.248-253. doi:10.1115/1.2796088

Wegman, F., Zhang, F., & Dijkstra, A. (2012). How to make more cycling good for road safety? *Accident Analysis and Prevention, 44*(1), S.19-29. doi:10.1016/j.aap.2010.11.010

Weidele, A. (1994). *Untersuchungen zum Bremsverhalten von Motorrädern unter besonderer Berücksichtigung der ABS-geregelten Kurvenbremsung*. Düsseldorf: VDI Verlag.

Wiedemann. (2014). *Datenblatt: Drucktransmitter M01-CAN*. Kaufbeuren: Sensor-Technik Wiedemann GmbH.

Willumeit, H.-P. (1994). Nick-und Hubbewegungen, Radlasten und Umfangskräfte beim Abbremsen eines Motorrades. *VDI-Berichte 1159*, S.103-119.

Wilson, D. G., Papadopoulos, J., & Whitt, R. F. (2004). Some bicycle physics: Braking. In D. G. Wilson, J. Papadopoulos, & R. F. Whitt, *Bicycling Science* (3. Ausg., S.123-398). Cambridge: The MIT Press.

Winck, R., Marek, K., & Ngoo, C. (2010). Active Anti-lock Brake System for Low Powered Vehicles Using Cable-Type Brakes. *SAE Technical Paper 2010-01-0076.* SAE. doi:10.4271/2010-01-0076

Wolff, C. (2012). Grundlegendes zum Bremsvorgang. In B. Breuer, & K. H. Bill, *Bremsenhandbuch* (4. Ausg., S.13-23). Wiesbaden: Springer Vieweg Verlag.

Wrede, J. (2008). *Deutschland Patentnr. 10 2008 019 469.*

Wrede, J., Kött, S., & Kühne, A. (2008). Mechatronics in Bicycles – Development of a Dynamic Safety System. In D. Toal (Hrsg.), *Proceedings of the 11th Mechatronics Forum Biennial International Conference* (S.1-6). Limerick: University of Limerick.

Yetkin, H., Kalouche, S., Vernier, M., Colvin, G., Redmill, K., & Ozguner, U. (2014). Gyroscopic Stabilization of an Unmanned Bicycle. *Proceedings of the American Control Conference* (S.4549-4554). Portland, USA: IEEE. doi:10.1109/ACC.2014.6859392

Yvolution. (13. März 2014). Jyrobike. Torrance, USA. Abgerufen am 24. Februar 2017 von http://www.jyrobike.com/

Zabler, E., Finkbeiner, S., Welsch, W., Kittel, H., Bauer, C., Noetzel, G., & weitere. (2011). Sensormessprinzipien. In K. Reif, *Bosch Autoelektrik und Autoelektronik* (6. Ausg., S.254-331). Wiesbaden: Vieweg + Teubner Verlag.

Karlsruher Schriftenreihe Fahrzeugsystemtechnik (ISSN 1869-6058)

Herausgeber: FAST Institut für Fahrzeugsystemtechnik

Band 1 Urs Wiesel
Hybrides Lenksystem zur Kraftstoffeinsparung im schweren Nutzfahrzeug. 2010
ISBN 978-3-86644-456-0

Band 2 Andreas Huber
Ermittlung von prozessabhängigen Lastkollektiven eines hydrostatischen Fahrantriebsstrangs am Beispiel eines Teleskopladers. 2010
ISBN 978-3-86644-564-2

Band 3 Maurice Bliesener
Optimierung der Betriebsführung mobiler Arbeitsmaschinen. Ansatz für ein Gesamtmaschinenmanagement. 2010
ISBN 978-3-86644-536-9

Band 4 Manuel Boog
Steigerung der Verfügbarkeit mobiler Arbeitsmaschinen durch Betriebslasterfassung und Fehleridentifikation an hydrostatischen Verdrängereinheiten. 2011
ISBN 978-3-86644-600-7

Band 5 Christian Kraft
Gezielte Variation und Analyse des Fahrverhaltens von Kraftfahrzeugen mittels elektrischer Linearaktuatoren im Fahrwerksbereich. 2011
ISBN 978-3-86644-607-6

Band 6 Lars Völker
Untersuchung des Kommunikationsintervalls bei der gekoppelten Simulation. 2011
ISBN 978-3-86644-611-3

Band 7 3. Fachtagung
Hybridantriebe für mobile Arbeitsmaschinen. 17. Februar 2011, Karlsruhe. 2011
ISBN 978-3-86644-599-4

Karlsruher Schriftenreihe Fahrzeugsystemtechnik (ISSN 1869-6058)

Herausgeber: FAST Institut für Fahrzeugsystemtechnik

Band 8 Vladimir Iliev
Systemansatz zur anregungsunabhängigen Charakterisierung des Schwingungskomforts eines Fahrzeugs. 2011
ISBN 978-3-86644-681-6

Band 9 Lars Lewandowitz
Markenspezifische Auswahl, Parametrierung und Gestaltung der Produktgruppe Fahrerassistenzsysteme. Ein methodisches Rahmenwerk. 2011
ISBN 978-3-86644-701-1

Band 10 Phillip Thiebes
Hybridantriebe für mobile Arbeitsmaschinen. Grundlegende Erkenntnisse und Zusammenhänge, Vorstellung einer Methodik zur Unterstützung des Entwicklungsprozesses und deren Validierung am Beispiel einer Forstmaschine. 2012
ISBN 978-3-86644-808-7

Band 11 Martin Gießler
Mechanismen der Kraftübertragung des Reifens auf Schnee und Eis. 2012
ISBN 978-3-86644-806-3

Band 12 Daniel Pies
Reifenungleichförmigkeitserregter Schwingungskomfort – Quantifizierung und Bewertung komfortrelevanter Fahrzeugschwingungen. 2012
ISBN 978-3-86644-825-4

Band 13 Daniel Weber
Untersuchung des Potenzials einer Brems-Ausweich-Assistenz. 2012
ISBN 978-3-86644-864-3

Band 14 **7. Kolloquium Mobilhydraulik.**
27./28. September 2012 in Karlsruhe. 2012
ISBN 978-3-86644-881-0

Band 15 4. Fachtagung
Hybridantriebe für mobile Arbeitsmaschinen
20. Februar 2013, Karlsruhe. 2013
ISBN 978-3-86644-970-1

Die Bände sind unter www.ksp.kit.edu als PDF frei verfügbar oder als Druckausgabe bestellbar.

Karlsruher Schriftenreihe Fahrzeugsystemtechnik (ISSN 1869-6058)

Herausgeber: FAST Institut für Fahrzeugsystemtechnik

Band 16	Hans-Joachim Unrau **Der Einfluss der Fahrbahnoberflächenkrümmung auf den Rollwiderstand, die Cornering Stiffness und die Aligning Stiffness von Pkw-Reifen.** 2013 ISBN 978-3-86644-983-1
Band 17	Xi Zhang **Untersuchung und Entwicklung verschiedener Spurführungsansätze für Offroad-Fahrzeuge mit Deichselverbindung.** 2013 ISBN 978-3-7315-0005-6
Band 18	Stefanie Grollius **Analyse des gekoppelten Systems Reifen-Hohlraum-Rad-Radführung im Rollzustand und Entwicklung eines Rollgeräuschmodells.** 2013 ISBN 978-3-7315-0029-2
Band 19	Tobias Radke **Energieoptimale Längsführung von Kraftfahrzeugen durch Einsatz vorausschauender Fahrstrategien.** 2013 ISBN 978-3-7315-0069-8
Band 20	David Gutjahr **Objektive Bewertung querdynamischer Reifeneigenschaften im Gesamtfahrzeugversuch.** 2014 ISBN 978-3-7315-0153-4
Band 21	Neli Ovcharova **Methodik zur Nutzenanalyse und Optimierung sicherheitsrelevanter Fahrerassistenzsysteme.** 2014 ISBN 978-3-7315-0176-3
Band 22	Marcus Geimer, Christian Pohlandt **Grundlagen mobiler Arbeitsmaschinen.** 2014 ISBN 978-3-7315-0188-6
Band 23	Timo Kautzmann **Die mobile Arbeitsmaschine als komplexes System.** 2014 ISBN 978-3-7315-0187-9

Die Bände sind unter www.ksp.kit.edu als PDF frei verfügbar oder als Druckausgabe bestellbar.

Karlsruher Schriftenreihe Fahrzeugsystemtechnik (ISSN 1869-6058)

Herausgeber: FAST Institut für Fahrzeugsystemtechnik

Band 24 Roman Weidemann
Analyse der mechanischen Randbedingungen zur Adaption der oszillierenden Hinterschneidtechnik an einen Mobilbagger. 2014
ISBN 978-3-7315-0193-0

Band 25 Yunfan Wei
Spurführungsregelung eines aktiv gelenkten Radpaars für Straßenbahnen. 2014
ISBN 978-3-7315-0232-6

Band 26 David Schmitz
Entwurf eines fehlertoleranten Lenkventils für Steer-by-Wire Anwendungen bei Traktoren. 2014
ISBN 978-3-7315-0264-7

Band 27 Christian Schwab
Beitrag zu einer universellen Baggerschnittstelle zur Übertragung elektrischer und hydraulischer Leistung sowie elektronischer Signale für komplexe Anbaugeräte. 2014
ISBN 978-3-7315-0281-4

Band 28 Peter Dengler
Untersuchung zum effizienten Betrieb von Hydraulikzylindern in Konstantdrucksystemen unter Verwendung einer Zwischendruckleitung. 2015
ISBN 978-3-7315-0295-1

Band 29 Manuel Bös
Untersuchung und Optimierung der Fahrkomfort- und Fahrdynamikeigenschaften von Radladern unter Berücksichtigung der prozessspezifischen Randbedingungen. 2015
ISBN 978-3-7315-0310-1

Band 30 5. Fachtagung
Hybride und energieeffiziente Antriebe für mobile Arbeitsmaschinen
25. Februar 2015, Karlsruhe. 2015
ISBN 978-3-7315-0323-1

Die Bände sind unter www.ksp.kit.edu als PDF frei verfügbar oder als Druckausgabe bestellbar.

Karlsruher Schriftenreihe Fahrzeugsystemtechnik (ISSN 1869-6058)

Herausgeber: FAST Institut für Fahrzeugsystemtechnik

Band 31 Michael Eckert
Energieoptimale Fahrdynamikregelung mehrmotoriger Elektrofahrzeuge. 2015
ISBN 978-3-7315-0332-3

Band 32 Martin Scherer
Beitrag zur Effizienzsteigerung mobiler Arbeitsmaschinen. Entwicklung einer elektrohydraulischen Bedarfsstromsteuerung mit aufgeprägtem Volumenstrom. 2015
ISBN 978-3-7315-0339-2

Band 33 Rinaldo Arnold
Automatische Abstimmung der Sekundärseite eines dreiphasigen Systems zur berührungslosen induktiven Energieübertragung. 2015
ISBN 978-3-7315-0355-2

Band 34 Johannes Gültlinger
Kraftübertragung und Fahrbahnverschleiß durch Spikereifen. 2015
ISBN 978-3-7315-0358-3

Band 35 Thorsten Dreher
Energieeffizienz von Konstantdrucksystemen mit sekundärgeregelten Antrieben beim Einsatz in mobilen Arbeitsmaschinen. 2015
ISBN 978-3-7315-0377-4

Band 36 Steffen Kölling
Konzeptionelle Untersuchung zur Neigekompensation von Stromabnehmern. 2015
ISBN 978-3-7315-0387-3

Band 37 Michael Fritz
Entwicklungswerkzeuge für die Fahrzeugklimatisierung von Nutzfahrzeugen. 2015
ISBN 978-3-7315-0384-2

Die Bände sind unter www.ksp.kit.edu als PDF frei verfügbar oder als Druckausgabe bestellbar.

Karlsruher Schriftenreihe Fahrzeugsystemtechnik (ISSN 1869-6058)

Herausgeber: FAST Institut für Fahrzeugsystemtechnik

Band 38 Ralf Oberfell
Stochastische Simulation von Energieflüssen im Nutzfahrzeug. Ein einsatzorientiertes Bewertungs- und Optimierungsverfahren. 2015
ISBN 978-3-7315-0403-0

Band 39 Christoph Sturm
Bewertung der Energieeffizienz von Antriebssystemen mobiler Arbeitsmaschinen am Beispiel Bagger. 2015
ISBN 978-3-7315-0404-7

Band 40 Florian Netter
Komplexitätsadaption integrierter Gesamtfahrzeugsimulationen. 2016
ISBN 978-3-7315-0414-6

Band 41 Markus Springmann
Auslegung eines asynchronen Langstatorlinearmotors mit großem Luftspalt als Straßenbahnantrieb. 2015
ISBN 978-3-7315-0418-4

Band 42 Alexander Basler
Eine modulare Funktionsarchitektur zur Umsetzung einer gesamtheitlichen Betriebsstrategie für Elektrofahrzeuge. 2015
ISBN 978-3-7315-0421-4

Band 43 Hans-Georg Wahl
Optimale Regelung eines prädiktiven Energiemanagements von Hybridfahrzeugen. 2015
ISBN 978-3-7315-0422-1

Band 44 Jennifer Heck
Zur Simulation des Rad-Schiene-Verschleißes bei Straßenbahnen. 2016
ISBN 978-3-7315-0443-6

Die Bände sind unter www.ksp.kit.edu als PDF frei verfügbar oder als Druckausgabe bestellbar.

Karlsruher Schriftenreihe Fahrzeugsystemtechnik (ISSN 1869-6058)

Herausgeber: FAST Institut für Fahrzeugsystemtechnik

Band 45 Moritz Vaillant
Design Space Exploration zur multikriteriellen Optimierung elektrischer Sportwagenantriebsstränge: Variation von Topologie und Komponenteneigenschaften zur Steigerung von Fahrleistungen und Tank-to-Wheel Wirkungsgrad. 2016
ISBN 978-3-7315-0452-8

Band 46 Philip Nagel
Entwicklung einer Betriebsstrategie zur Energierückgewinnung in hybriden Mehrverbrauchersystemen. 2016
ISBN 978-3-7315-0479-5

Band 47 Matthias Pfriem
Analyse der Realnutzung von Elektrofahrzeugen in kommerziellen Flotten zur Definition einer bedarfsgerechten Fahrzeugauslegung. 2016
ISBN 978-3-7315-0489-4

Band 48 Mohanad El-Haji
Ontologie-basierte Definition von Anforderungen an Validierungswerkzeuge in der Fahrzeugtechnik. 2016
ISBN 978-3-7315-0496-2

Band 49 **9. Kolloquium Mobilhydraulik 22./23. September 2016 in Karlsruhe.** 2016
ISBN 978-3-7315-0573-0

Band 50 6. Fachtagung
Hybride und energieeffiziente Antriebe für mobile Arbeitsmaschinen 15. Februar 2017, Karlsruhe. 2017
ISBN 978-3-7315-0601-0

Band 51 Fabian Schirmaier
Experimentelle Untersuchung und Simulation des Umformverhaltens nähgewirkter unidirektionaler Kohlenstofffasergelege. 2017
ISBN 978-3-7315-0620-1

Karlsruher Schriftenreihe Fahrzeugsystemtechnik (ISSN 1869-6058)

Herausgeber: FAST Institut für Fahrzeugsystemtechnik

Band 52 Mathias Cabrera Cano
Neuronale Netze mit externen Laguerre-Filtern zur automatischen numerischen Vereinfachung von Getriebemodellen. 2017
ISBN 978-3-7315-0621-8

Band 53 Arwed Schmidt
Flottenbetrieb von elektrischen und autonomen Serviceagenten im städtischen Personennahverkehr. 2017
ISBN 978-3-7315-0633-1

Band 54 Katharina Knaisch
Untersuchung von Spulensystemen zur induktiven Energieübertragung von Elektrofahrzeugen. Vergleich von Topologien und Entwicklung einer Auslegungsmethodik. 2017
ISBN 978-3-7315-0630-0

Band 55 Frank Christof Stalter
Ansätze zur akustischen Optimierung von Reifen und Fahrbahnen für Elektrofahrzeuge unter Antriebsmoment. 2017
ISBN 978-3-7315-0645-4

Band 56 Steffen Rose
Modellbildung und Simulation von mobilen Arbeitsmaschinen. Untersuchungen zu systematischen Modellvereinfachungen in der Simulation von Antriebssystemen am Beispiel Bagger. 2017
ISBN 978-3-7315-0684-3

Band 57 Ulrico Peckelsen
Objective Tyre Development. Definition and Analysis of Tyre Characteristics and Quantification of their Conflicts. 2017
ISBN 978-3-7315-0713-0

Band 58 Stefan Haag
Sequentieller Versuch zur HiL-unterstützten Validierung hybrider Antriebssysteme mit gekoppelten Antriebseinheiten. 2018
ISBN 978-3-7315-0752-9

Karlsruher Schriftenreihe Fahrzeugsystemtechnik (ISSN 1869-6058)

Herausgeber: FAST Institut für Fahrzeugsystemtechnik

Band 59 Dirk Hülsebusch
Fahrerassistenzsysteme zur energieeffizienten Längsregelung - Analyse und Optimierung der Fahrsicherheit. 2018
ISBN 978-3-7315-0755-0

Band 60 Christian Pohlandt
Intelligentes Gesamtmaschinenmanagement für elektrische Antriebssysteme. 2018
ISBN 978-3-7315-0774-1

Band 61 Oliver Maier
Modellbasierte Entwicklung eines aktiven Sicherheitssystems für elektrifizierte Fahrräder. 2018
ISBN 978-3-7315-0778-9

Die Bände sind unter www.ksp.kit.edu als PDF frei verfügbar oder als Druckausgabe bestellbar.